作物产量预报方法研究进展及其在甘肃省的实践应用

王　静　方　锋　贾建英等　著

气象出版社
China Meteorological Press

内 容 简 介

农业问题和粮食安全是关系到经济社会可持续发展的基本问题之一,及时、准确、全面地掌握农作物生长和产量信息是解决这一问题的前提条件。开展农作物生长监测与产量预测研究,可为各级政府部门提供急需的、实时的农情信息,提高农业生产宏观管理决策的科学化和现代化水平,从而促进农业的可持续发展。本书系统介绍了当前国内外作物生长监测和产量预测的统计学和动力学方法,以及实现这些方法的主要技术手段,并详细梳理了利用这些方法开展作物生长监测和产量预测的国内外研究进展和存在的问题。在此基础上,利用多种方法,开展了甘肃省主要作物的生长发育监测和产量预测研究。

本书可供农业、生态、气象、环境等方面从事科研和业务的专业人员以及政府部门决策管理人员参考,也可供相关学科的大专院校师生参考。

图书在版编目(CIP)数据

作物产量预报方法研究进展及其在甘肃省的实践应用/
王静等著. -- 北京:气象出版社,2023.3
ISBN 978-7-5029-7834-1

Ⅰ.①作… Ⅱ.①王… Ⅲ.①作物－产量预测－研究
Ⅳ.①S31

中国版本图书馆CIP数据核字(2022)第190049号

作物产量预报方法研究进展及其在甘肃省的实践应用
Zuowu Chanliang Yubao Fangfa Yanjiu Jinzhan jiqi zai Gansu Sheng de Shijian Yingyong

出版发行:气象出版社

地　　址:北京市海淀区中关村南大街46号		**邮政编码**:100081	
电　　话:010-68407112(总编室)　010-68408042(发行部)			
网　　址:http://www.qxcbs.com		**E-mail**:qxcbs@cma.gov.cn	
责任编辑:陈　红　林雨晨		**终　　审**:张　斌	
责任校对:张硕杰		**责任技编**:赵相宁	
封面设计:艺点设计			
印　　刷:三河市君旺印务有限公司			
开　　本:787 mm×1092 mm　1/16		**印　　张**:11	
字　　数:282千字			
版　　次:2023年3月第1版		**印　　次**:2023年3月第1次印刷	
定　　价:58.00元			

前　言

农业问题和粮食安全是关系到经济社会可持续发展的基本问题之一,一直是国际关注的焦点。及时、准确、全面地掌握我国农作物生长信息、分布状况和粮食需求是解决这一问题的前提条件。建立农作物生长监测与产量预测体系,可为各级政府部门提供急需的、实时的农情信息,提高农业生产宏观管理的科学化和现代化水平,从而促进农业的可持续发展。作物生长和产量信息对于政府指导和调整农业生产系统以及提高农业生产效率是非常重要的,也对于一个国家或地区的粮食安全预警、粮食流通贸易、管理部门决策具有至关重要的作用。因此及时、准确、方便地监测和预报区域作物产量对农业生产和管理至关重要。

作物生长与产量形成显著受到外界环境因素影响,在影响作物生长的各种外界环境因素中,气象因子起着关键作用,是作物产量波动的重要影响因素。气象条件是否适宜和气象灾害的轻重幅度,在很大程度上决定了粮食产量的丰歉、品质的优劣和成本的高低。根据农作物播种前及全生育期内的气象条件,以及作物生长过程与气象要素的响应关系,运用合理的方法和模型,开展农业气象产量预报,对农业宏观决策和农业生产管理有一定的实际指导和参考意义。遥感技术是实施现代化农业的一种重要技术手段,在农业资源调查、产量评估、灾害监测等方面,都发挥了举足轻重的作用。作物生长模型是模拟作物生长的有效工具,可模拟作物不同生育期内的各项生理、生化过程,为科学、合理、定量模拟作物生长提供了可靠的手段。随着农业气象产量预报方法、作物生长模型、遥感技术的改进和发展,以及地面观测网的日益完善,综合利用先进的科学技术监测作物生长和预测作物产量具有显著的现实意义。

甘肃省作为西部欠发达省份,自然条件差,农业生产基础比较薄弱,粮食生产仍然没有完全摆脱靠天吃饭的局面。近年来随着人口增加以及工业化、城市化进程加快,出现了耕地面积减少、粮食产量不稳定和年度波动大等问题。因此,科学精准地分析预测甘肃省主要作物的生长与产量情况,对该省及区域的粮食生产、物资调度和农田管理具有非常重要的作用。

本书系统地介绍了当前国内外的作物生长发育监测和产量预报的统计学和动力学方法,以及实现这些方法的主要技术手段,并详细梳理了利用这些方法开展作物生长监测和产量预报的国内外进展和存在的问题。在此基础上,综合利用多种方法,开展了甘肃省主要作物的生长发育和产量预报研究。

该书由王静拟定编写大纲和每章的要点,全书共分为5章。第1章为绪论,阐述了作物产量预报的意义、基本原理、方法,以及作物产量预报模型研制过程,由方锋、贾建英和王静执笔;第2章综述了基于统计学方法的几种主要作物产量预报方法、国内外研究进展和存在的问题,以及基于这些统计学方法开展了甘肃省主要作物产量预报研究,由贾建英、方锋、王兴执笔;第3章详细介绍了基于统计学方法的作物长势和产量遥感监测和预测的现状和研究进展情况,并开展了甘肃省雨养农业区主要作物长势遥感监测研究,由王静、王劲松、岳平、李忆平执笔;第4章,介绍了基于动力学方法开展作物生长监测和产量预测研究的方法和进展情况,以及融合动力模型和观测资料的数据融合方法、技术和进展情况,并以绿洲作物为例,开展了基于数据融合方法的作物生长和产量估计研究,由王静、王素萍、王莺执笔;第 5 章,对现有的基于统计学方法和动力学方法开展作物生长监测和产量预测研究进行展望,由方锋、王静、姚玉璧执笔。书稿全文由方锋、王静和贾建英统稿。

本书出版得到甘肃省自然科学基金项目(20JR10RA454,20JR10RA452)、国家自然科学基金青年基金项目(41101422)、甘肃省气象局重点项目(Zd2023-01;Zd2019-02)、中国气象局"西部优秀气象人才"计划项目(QXYXRC 2022-02-0125(5))、中国气象局兰州干旱气象研究所创新团队建设项目(GHSCXTD-2020-3)、甘肃省气象局"十人计划"项目(GSMArc2019-06)、甘肃省气象局英才计划(GSMArc2019-09、2122rczx-英才计划-07)等基金的资助,在此表示感谢!

著者

2023 年 2 月 25 日

目　　录

第 1 章　绪　论

1.1　作物产量预报研究的意义

　　农业是关系国计民生的重要行业,农业安全是国家安全的重要基础。作物产量预报一直备受农业部门和各级政府的关注,准确的作物产量预报可使政府及时了解和掌握作物产量动态,为政府决策部门制定宏观调控政策,科学合理的安排农业生产,保障国家粮食安全具有重要意义,也大大提升了国家战略决策服务的水平和质量。其次,随着粮食贸易的发展,农业也逐渐受到资本市场的青睐,尤其农产品期货贸易、农作物保险等机构急需粮食产量预报信息,因此作物产量预报也为粮食贮运和交易,以及农业生产调整提供了科学依据。

1.2　作物气象产量预报的基本原理

　　作物产量的形成不仅与农作物内在的品种特性有关,也与外在的农业技术水平、水肥条件、病虫害、气象条件等因子有关,在影响作物产量的各种外界环境因素中,气象因子往往起着重要甚至是关键性作用,是作物产量波动的重要影响因素。气象条件是否适宜和气象灾害的轻重幅度,在很大程度上决定了粮食产量的丰歉、品质的优劣和成本的高低。

　　因此,作物气象产量预报主要是根据农作物播种前及全生育期内的气象条件,尤其是作物关键发育阶段的气象条件,以及作物生长过程与气象要素的响应关系,通过分析气象条件与粮食产量间的相互关系,运用合理的方法和模型,精准地预测作物最终产量,并从分析中获取提高作物产量的方法,以及估计未来农业生产的发展趋势,避免或减轻气象灾害危害的一种农业气象预报。

　　广义上说,作物气象产量预报是一种专业性的气象预报,它是根据气象条件对农业生产(产量)的影响(已经和将要产生的)而发布的一种农作物产量预报,是农业气象预报的一种。农业生产所遵循的生物学规律和气象条件演变的物理学基础都是作物气象产量预报所必须遵循的基本理论基础。农业生产与气象条件相结合后形成的各种独特的农业气象规律,是作物气象产量预报的基本原理,它主要表现为:

　　(1)农业气象条件对农业生产过程影响的持续性:作物产量与气象条件及其他许多影响因子之间存在着密切的相互关系,这些关系可以表达为各种定量的数学函数关系,可称为气象条件对作物生长发育状况的作用规律。换言之,作物生长发育状况可以定量地表述为气象因子的数学方程,而生长期内气象条件的利弊程度也可最终地体现为作物产量的高低。

　　(2)作物生长发育状况对环境气象条件反应的前后相关性:无论是大气条件、下垫面特征或各天文物理因子均经由大气环流影响天气气候,进而影响作物的生长发育和产量形成,这些影响均有一定的时间滞后性,或称之为"影响的持续性""后延性""惰性"等。这意味着环境气象条件时时刻刻地对作物生长发育产生影响,这种影响又持续不断地影响着作物日后的生长与发育。此外,某些环境气象条件(如土壤水分)还可以暂时地被积累或贮存起来,以便以后持续地影响作物的生长发育,满足其需要,因此,以当前或前期的天气气候要素、下垫面特征和其他环境影响因子来预报作物的未来产量是可行的。这就是说,可以作物生长前期已经出现的天气气候条件和作物现状来估算作物未来的生产能力——产量;即使在未来天气不正常的情况下,由于作物各阶段气象条件与生长状态对最终产量贡献的不等同性,亦可根据前期或近期状况作出比较近似的预测。

(3)农业气象条件和农业生产的相对稳定性:种植在大田里的作物群体的生长发育,在一定的地域范围内是比较相似的,其环境气象条件,尤其是温度和辐射,在相当大的地域范围内也是相对稳定的、均匀分布的,这种准同步性的生物物理过程,为选取几个代表站估测相应地区作物产量的合理性与充分性提供了生物学和物理学基础。

(4)环境气象条件对作物生长发育和产量形成的综合性:鉴于当前的农业生产绝大多数是在大田里进行的,作物的生长发育和产量形成直接受制于天气气候条件的影响。因此,虽然由于种种原因,现有的大量社会产量资料在系统性、精确性和可靠性等方面深受影响,但这些资料仍然会隐含有大量的天气气候条件对其影响的信息。因此,在充分细致地调查研究与分析的基础上应用这些社会产量资料,通过分解、浓缩、组合和转换等多种途径,提取气象影响信息仍然是可能的、可行的和可信的。

总之,农业生产所遵循的生物学规律,环境气象条件演变的物理学基础,各种农业气象规律以及各种农业产量气象预报的具体预报方法的内在(特有)规律,都是开展作物气象产量预报的基本原理和理论依据。

1.3 作物气象产量预报类型

我国作物产量预报的探索始于20世纪50年代,从70年代末开始,在国务院农村发展中心组织的全国产量预测研究中,气象部门开始进行比较系统的作物产量预报技术研究。到80年代前期,开始在全国气象部门逐步发展起来,组织了较大规模的全国协作。到80年代中期,对作物产量的气象预测预报方法进行了更深入系统的研究,研制了一系列适合我国不同时空尺度的作物产量预报模式。到80年代后期,全国产量预报工作有了较大的发展,在作物产量预报业务化试验的基础上,实现了业务化应用,开展了国内作物产量预报。到90年代初,已开始对国外重点产粮区作物产量进行预报。几十年来,作物产量预报技术不断发展。作物产量气象预报经历了从大宗作物产量预报到特色经济作物产量预报,从年景展望、趋势预报、定量预报到逐月趋势/定量动态预报的发展过程,从固定时间、一次静态预报发展为在农作物全生育期、连续的、多次动态的预报。目前,全国已逐步建成了国家级、省级、地市级和县级的作物产量预报业务体系。甘肃省气象部门也已形成了以省级和市州为主体的覆盖大宗作物的全省产量气象预报业务体系,为各级政府和相关部门提供作物产量预报服务。以下是对现有的作物气象产量预报类型进行的简要概述:

根据预报时效分类,作物气象产量预报可分为年景预报、趋势预报、定量预报和动态预报四种。

(1)年景预报:根据对未来天气气候的短期气候预测结果,结合作物的生长发育全过程及其对气象条件的需求,评述气象条件对作物生长和产量形成的利弊影响而开展的农业气象产量预报。一般在作物播种前后发布,它对指导年度种植计划有非常重要的意义。

(2)趋势预报:根据作物播种前后至收获前两个月的气象条件及其对作物生长发育的利弊影响和对未来天气气候的预测及影响评价,而对作物产量丰歉趋势进行预测的一种农业气象产量预报。一般在作物收获前两个月发布,对农业宏观决策和农业生产管理有一定的实际意义。

(3)定量预报:根据作物播种前后至收获前一个月的气象条件及其对作物生长发育的利弊影响和对未来天气气候的预测及影响评价,而对作物产量丰歉趋势进行预测的一种农业气象产量预报。一般在作物收获前一个月发布,对农业宏观决策及粮食购销、储运、流通和消费有一定的参考价值。

(4)动态预报:以上三种时效的预报是我国目前业务服务中最基本的预报。但是,随着全球变暖和我国经济发展,传统的作物产量预报已经不能满足国家防灾减灾、粮食安全预警和农业生产者的需要,因此,根据天气气候的变化及时预测作物产量波动,成为作物产量预报业务的重要内容,据此,提出了动态预报的思路。动态预报是依据天气条件对作物生长发育和产量形成的影响而适时开展的产量预报。在作物播种后,根据播种前至播种后某一时刻的气象条件及其对作物生长发育的利弊影响,充分考虑未来天气的可能影响,以月(旬、候)为时间步长,跟踪预报作物产量的一种农业气象产量预报。由于它能够结合气象条件的变化及时开展产量预测,时效性大大提高,可及时地反映极端气候事件对作物产量波动的影响,指导农业生产者采取有效措施,趋利避害,确保农业稳产高产,对国家粮食安全具有非常重要的意义。近年来,作物产量动态预报方法已在国家级和省级作物产量预报服务中得到初步应用。

1.4　作物产量预报方法

近几十年来,国内外学者已对作物产量预报技术开展了诸多研究,产量预报的准确度和精细化程度逐渐提高。作物产量预报技术主要通过作物产量预报模型实现,作物产量预报模型,可归纳为一种表示农业生产产品与环境气象条件关系的数学函数式或逻辑框图,可最终地表示为由变量、参数、系数、常数和各种数学符号组成的一个或一个以上的数学方程或示意框图,以描述农业生产的最终产品及其形成累积过程与环境气象条件的关系。按作物产量预报模型的时间尺度、资料来源、方法目的和应用等,作物产量预报方法可分为利用作物生长模型预测作物产量的方法,基于遥感技术的作物产量预报方法和基于数理统计学的作物产量预报方法,也常简称为基于数理统计、遥感估产和动力生长模拟 3 类方法。

(1)数理统计方法:数理统计预报是基于作物生长过程与气象条件之间的相互关系,采用各种相关回归技术探索作物产量和影响因子之间的统计关系,建立相应的统计预报模型,经信度检验后应用于业务的一种预报方法,比较常用的数理统计方法有气候适宜度方法、关键气象因子方法及历史丰歉气象影响指数方法,亦可从统计回归角度分为经验统计模型、多元回归模型(包括逐步、积分回归、岭回归等)、判别分析模型(包括最优分割模式等)、时间序列-周期分析模型和聚类分析模型等五大类型。

数理统计方法简单实用,具有清晰的数理统计学意义、较长的预报时效和较高的预报准确率,是目前农业气象业务预报中应用最广泛的一种方法,但该方法缺少作物生理生态学基础,未全部揭示作物产量和气象影响因子的内在因果关系,解释性较差。

(2)遥感估产方法:遥感估产方法是指根据生物学原理,在通过传感器采集各种农作物不同生育期不同光谱特征的基础上,分析作物生长特征和光谱信息或光谱信息构成的植被指数之间的关系,建立作物生长量或产量的估计模型,从而监测作物生长状况,并在作物收获前,预测作物产量的一系列方法。基于遥感技术的作物估产方法可实现大范围地估产,但也存在许多缺陷,如存在作物信息提取受云层覆盖影响大,作物种类识别精度有限,需要大量的地面观测资料支持等缺点。

（3）动力生长模拟方法:动力生长模拟预报是基于作物生长过程中的物质、能量平衡和转换原理,利用作物生长发育的观测资料和环境气象资料,以光、温、水和土壤等为环境驱动变量,从模拟作物生长发育的基本生物物理和生物化学过程着手,模拟作物产量形成和生物量(干重)积累的一种产量预报方法,其模拟结果将定量地描述作物生长发育和产量形成与环境气象条件之间的关系。

作物生长模拟通过用系统科学的观点模拟处理整个生长过程,使农业气象的研究从主观到客观,从经验到理论,从定性描述到定量分析,从只考虑单因子到综合考虑多因子。并且这种预报手段能大大地缩短实验的周期,从而改变传统的农业试验手段,加快农业科研(试验)的进程。这种方法涉及数学、物理学、气象学、气候学、微气象学、生物学、植物生理学、生态学、土壤学以及与环境有关的其他一些学科领域,由于其模拟过程涉及大气中的各种物理过程、生物圈中的各种生物和化学过程,因此,其模拟过程要比一般大气过程的数值模拟复杂得多,目前还很难投入业务应用,仍处于研究或小范围试用阶段。

1.5　作物产量预报模型研制过程

作物产量预报模型的研制过程一般包含以下几个步骤:

（1）确定预报对象和项目:通常可由使用部门提出要求,经过初步调研和分析,商定具体的预报对象和项目,诸如预报作物种类、单产或总产量、预报次数、预报时间等。

（2）收集资料:按预报要求、对象和项目,广泛收集气象、作物和有关农业资料,对资料进行整编审核和订正补漏,必要时进行实地调研考察,了解当地农业生产背景情况。在资料不足或历史资料可能有误和丢失的情况下,尤为必要。

（3）选择预报方法,设计模型方案:在上述工作基础上,决定建立什么模型,如统计型还是模拟模型? 采用什么技术方法? 并设计具体的关系函数及相应的数学模式。

（4）建模与检验:通过资料的分析与计算、求解,调试与选择模型的各项参数和系数,并对其进行检验,对模拟效果进行统计检验、逻辑检验、拟合回代检验、试报检验和误差分析。

（5）预报应用,提供服务:向使用部门发布产量预报,提供粮食生产发展趋势信息,开展相应的咨询服务,有助于政府领导和生产管理部门进行合理决策,采取措施,指挥和安排生产。与此同时也为预报部门进行预报效果反馈检验,不断优化、完善模型,收集与评价社会经济效益提供实况基础。

第 2 章　基于统计学方法的甘肃省主要
作物产量预报研究

目前国内应用较为成熟的主要还是基于统计学的作物产量预报方法,该方法是在气象产量提取的基础上,通过数理统计方法建立气象条件与气象产量间关系的统计模型,该方法为研究气象因子对产量的影响提供了认识途径,对作物产量预报评估具有现实意义。

统计学方法具备预报技术成熟、预报模型简单实用、预报准确率高、预报时效较长等优点,适用于距收获期较长时间的农业产量趋势预估,是国家级和省级农业气象业务单位开展作物产量预报的主要手段,是目前农业气象科研和业务中应用最广泛的方法。不足之处是统计模型中的预报因子生物学意义有待完善,进行动态预报时需建立较多预报方程,比较繁琐。近几年在全国产量预报业务上应用最为广泛的统计学方法为作物生长期关键气象因子方法、历史丰歉气象影响指数方法和气候适宜度方法,这三种方法具有不同的优缺点。

关键气象因子方法是统计学方法中应用最广泛的作物产量预报方法之一。该方法认为作物最终产量的形成是播种到成熟各个生育期生物量不断累积的过程,而温度、降水、光照等气象条件贯穿整个生长发育过程,是影响其生长发育的基础,在某个生育期内,如果光、温、水中的其中一个因素或几个因素对产量形成起到关键作用,就可以认为这些因素就是影响产量形成的关键气象因子。通常采用相关系数来描述气象因子与作物产量间的相关程度,用 t 检验或 F 检验对相关系数进行信度检验,筛选出对作物产量显著影响的关键气象因子,在此基础上进行回归分析或其他统计分析,构建预测模型,进而预测作物产量。关键气象因子方法考虑了作物生长发育期内,关键时段或敏感期内气象因子对作物产量的影响,但大多数研究主要考虑温度、降水和日照的影响,而忽视了其他气象因子的效应,如土壤水分因子的影响。

历史丰歉气象影响指数方法,是根据相关系数和相似距离原理,对作物生长发育阶段的各类气象因子进行综合聚类分析,建立综合诊断指标,继而寻找各类气象要素的历史相似年,根据历史相似年作物产量丰歉气象影响指数,采用加权分析、大概率等方法确定预报年作物产量丰歉气象影响指数,从而预测产量。历史丰歉气象影响指数方法计算相对比较简单,能够客观定量地预报出气象条件对作物产量丰歉的影响,并且解决了传统统计方法在短时间内筛选因子困难的问题,缺点是没有考虑作物生长发育过程中的生理生态过程,同时也很难找到真正相似的年份,所以预报结果有一定的局限性和不稳定性。

气候适宜度模型可以定量分析光、温、水等气象要素对作物生长发育的综合影响,通过构建温度、降水和日照的隶属函数,并设置各因子的影响权重实现多因素综合评判,可为综合多要素气象条件影响,准确预报作物发育期和产量提供参考。该方法综合考虑了光、温、水三要素对作物的影响,能客观反映气象条件对作物生长发育的满足程度,同时充分考虑了作物的生物学特性,从生长发育所需的上下限温度、最适温度、需光性、需水量等方面,建立气候适宜度与气象产量之间的关系模型。预报准确率普遍较高,但在趋势预报上具有一定的不稳定性。

　　目前这些统计方法已广泛应用于全国和各省、地市的作物产量预报中,但在长期的应用中发现,不同产量预报方法有不同的优势和不足,且在不同区域、不同时段,作物产量的预报结果也存在差异,因此,如何优选出适合本地区的产量预报方法也非常关键。

2.1　基于统计学方法的作物产量预报研究进展

2.1.1　基于关键气象因子方法的作物产量预报研究

　　统计方法中应用最为广泛的是关键气象因子方法,即采用相关分析,提取对作物气象产量影响显著的关键气象因子,在此基础上进行回归分析或神经网络分析,构建预测模型,进而预测作物产量。关键气象因子方法具有模型参数获取便利,业务服务中便于应用等优点,一直是气象部门和农业部门的共同研究领域,在农业气象预报中不断普及和发展,预测精度也逐步提高。已有众多学者采用该方法先后研制了适合不同区域的作物发育期及产量预报模型,目前已在全国多地的玉米、大豆、小麦、水稻等作物的产量预报中得到了广泛应用,达到了较好的预报效果。

　　如李伟英等(2001)用正交多项式分离出山东省菏泽地区花生气象产量,并与本地气象要素进行相关分析,从而初步揭示了花生产量与气象条件的关系;魏中海等(2004)分析了关键气象因子方法在粮食产量预测中的具体步骤和建模方法;顾本文等(2006)基于灰色关联度法和关键气象因子法建立了云南小麦产量预报模型;张玉兰等(2009)研究了宁夏中卫环香山地区气候条件对硒砂瓜产量的影响,并建立了产量动态预报模式;朱秀红等(2010)分析了山东日照市茶叶产量与气象因子之间的关系,建立了日照茶叶产量的多元回归模型;孙俊等(2010)对马铃薯气候产量与气象因素进行了相关性分析,用逐步回归方法建立了宁夏西吉县马铃薯产量预报模型,拟合率较好;张利华等(2010)分析了江苏省徐州地区小麦产量与气象因子间的关系,并采用逐步回归方法建立了小麦产量预报模型;罗梦森等(2011)分析了气象因子与江苏盐城市水稻产量的关系;唐余学等(2011)利用中稻单产和生育期的多年资料,以旬为统计时段,分析了重庆市中稻全生育期内每旬平均气温、降水量、日照时数与气象产量的相关性,筛选出显著相关的关键气象因子,建立气象产量动态预报的多元回归模型,并应用该模型实现了中稻单产动态预报;钱锦霞等(2012)利用关键气象因子建立了河南郑州地区冬小麦产量构成要素的回归模型;程远等(2012)分析了黑龙江气象因子与水稻产量的关系;王二虎等(2012)运用灰色关联分析理论,对河南开封市花生产量和气象因素的关联度进行分析,发现开封花生产量与温度条件的关联度最大,建立了基于气象因子的开封市花生产量预测模型;李超等(2013)从湖北省大悟县 1994—2010 年逐年花生产量资料中分离出随气象因素变化的气象产量,分析了花生气象产量率和气温、降水量、日照时数等气象要素的相关关系,并且建立了基于气象因子的大悟县花生产量预测模型;尹贞钤等(2014)运用逐步回归方法建立了陕西渭南市冬小麦年景和气象产量预测模型;李树岩等(2014a)建立了基于关键气象因子方法的河南省夏玉米产量预报模型;王禹等(2014)利用积分回归方法和正交变换方法,分析了气象因子对河南省花生单产的影响,构建了河南省花生单产模型;张育慧等(2014)研究了浙江金华市晚稻产量与气象要素的关系,表明晚稻产量与 7 月中旬、8 月中旬平均气温呈负相关,与 7 月中旬降水、9 月上旬日照呈正相关,并建立了金华晚稻单产的产量预报模型;康西言等(2015)以光、温、水气象因子为基础,分析其与冬小麦发育速率之间的关系,探讨适合业务应用的河北冬小麦发育期预报方法;李涵茂等(2015)通过分析湘北早稻产量与早稻生育期间的气象要素的关系,选出影响早稻产量的关键气象因子,并建立了湘北地区早稻产量预报模型;冯耀飞等(2016)利用灰色关联度分析了影响云南省景洪市橡胶产量的关键气象因子,并利用逐步回归方法建立了西双版纳橡胶产区橡胶产量的预测模型;张利才等(2016)利用西双版纳州平均温度、最低气温、最高气温、降水量、日较差等气象资料,分析气象因子和气象产量的相关性,认为三月的水分条件对橡胶产胶影响大,继而通过逐步回归建立了该地区橡胶气象产量动态预报模型;徐芳等(2016)采用逐步回归方法建立了气象产量预报方程,并建立了广西梧州市早稻产量的定量预测模型;贾建英等(2016)分析了甘肃陇中、陇东、陇南冬麦区气候因子对冬小麦产量的影响,并基于积分回归法建立了不同产区和全省的冬小麦产量动态预报模型;刘春涛等(2017)分析了影响青岛崂山地区樱桃产量形成的关键气象因子,并建立了崂山地区樱桃趋势产量和气象产量的预报模型;李琳琳等(2017)明确了影响辽宁省水稻产量的关键气象因子,并建立了水稻产量动态预报模型;刘春等(2018)研究表明光热条件与水稻生物量(干重)积累和茎叶生长有很大的相关性;朱海霞等(2018)分析了黑龙江省玉米、水稻和大豆主产县的产量资料和气候因子的相关性,并采用积分回归方法建立了春玉米、水稻、大豆单产动态预报模型;李茂芬等(2018)分析了气象因子对海口晚稻生长发育的影响,认为 10 月上旬降水量和平均相对湿度是晚稻产量的主要限制因子,而日照则有增产作用;黄珍珠等(2018)确定了影响广东省橡胶产量的关键气象因子,并利用多元线形回归方法建立了广东省橡胶产量预报模型,对橡胶产量进行中期预估预报和后期最终预报;邓吉良等(2018)研究了海南省早稻产量与气象因子的关系,认为早稻产量与平均风速、日照时间相关性非常高;蒋元华等(2018)基于 47 类气象因子和江西省宜春市油茶产量数据,筛选出油茶花期关键气象因子,并利用逐步回归方法,构建了油茶产量模型;万永建等(2018)运用逐步线性回归方法研究了广东省普宁市早稻全生育期降水、气温、日照等多种气象因子与早稻气象产量之间的关系,并建立了普宁市早稻产量预报模型;王占林等(2019)分析了青海省贵南县影响油菜产量的关键气象因子,并利用多元回归方法建立了高寒地区春油菜产量预测模型;吴门新等(2019)分析了黑龙江省玉米、水稻和大豆主产县的产量资料与气候特征的关系,采用积分回归方法建立了玉米、水稻和大豆单产动态预报模型,开展积分回归法在黑龙江省主要作物产量动态预报中的适用性研究,继而实现了黑龙江省三大作物的精细化、动态化及定量化产量预报;马耀绒等(2020)分析了陕西渭南市玉米产量和玉米生育期内的光、温、水各气象因子的相关性,并筛选了相关性较高的气象因子,采用多元线性回归方法,与气象产量建立了渭南玉米产量预报模型;杨小兵等(2020)采用直线滑动平均法分析产量,用灰色关联度法分析了气象因子与产量的关联程度,最后运用逐步回归法建立了安徽省花生产量预测模型;金林雪等(2020)筛选了影响内蒙古大豆发育期和产量形成的关键气象因子,并建立了适用于内蒙古的大豆发育期预报模型及以旬为步长的产量预报模型;杨宁等(2020)分析影响鲁南地区夏玉米产量的主要气象因子是气温,其次是光照时数,最后是降水量;胡园春等(2020)应用灰色关联分析法获取了影响山东枣庄冬小麦产量的关键气象因子,并运用逐步回归分析方法,建立了冬小麦产量与关键气象因子的回归方程;刘洪英等(2020)统计了四川南充市旬平均气温、降水量和日照时数等气象因子与水稻产量的相关性,建立了基于关键气象因子的水稻产量统计预报模型;孔维财等(2021)认为各气象因子之间存在相关性,故先采用主成分分析方法,消除各气象因子之间的共性影响,继而建立了适用于南京地区的产量模型;薛思嘉等

(2021a)利用因子膨化技术,对马铃薯生育期间的逐旬平均气温、降水量和日照时数进行膨化,提取了对马铃薯气象产量影响显著的关键气象因子及其影响时段,建立了河北省马铃薯产量预测模型;彭晓丹等(2021)分析了广东增城荔枝产量与同期气象因子的相关性,认为当年荔枝产量主要受上一年8月至当年7月气象条件的影响,并选取显著相关、具有明显生物学意义的11个关键气象因子做逐步回归,得到了荔枝拟合预报方程。

以上研究可以看出,首先,关键气象因子法充分考虑了作物生长发育期内关键时段气象因子对气象产量的影响,能客观定量刻画关键气象因子对作物生长发育的影响,但目前该方法也存在诸多不足,如考虑气象要素过于单一,而作物的生长过程十分复杂,受到诸多气象要素的影响,仅考虑部分气象因子,很难挖掘出影响该作物产量的其他气象因子,也会影响作物产量预报的准确性。

其次,目前国内外学者在气象因子与作物产量的关系方面已经做了大量的研究,且建立了较多基于关键气象因子的作物产量预测模型,但由于各地气候特点、播种季节、作物品种存在显著差异,不同地区对作物生产影响的关键生育期也存在差异,影响作物的关键气象因子不尽相同,这就需要研发适用于当地产量预报的模型。

第三,多数研究中建立的作物产量预报模型是依据独立的月或旬的气象因子进行预报,而气象条件对作物产量的影响有时间上的连续性,以月、旬尺度进行预报,易产生人为间断作物生育过程的问题,不利于提高作物产量预报准确率。

第四,目前基于关键气象因子对作物产量的影响研究,主要采用统计方法,早期的统计方法以线性模型为主,将气象因子与产量的非线性关系简化成线性关系进行产量预估,但气象因子与产量之间存在着复杂的非线性关系,气象因子之间也存在明显的相关性,因此,线性统计方法在处理简单因子时能够满足业务需求,但在面对大量数据的复杂关系时误差相对较大。近年来,越来越多的研究者开始采用非线性统计方法来提高预测准确率,如聚类分析、神经网络、支持向量机等,这些方法都取得了一定的效果。

2.1.2　基于气候适宜度的作物产量预报研究

2.1.2.1　气候适宜度的概念

近年来,随着社会经济的发展,农业生产对作物产量预报的需求日益增加,准确预报作物产量变化,为农业生产提供预测信息,对保障粮食安全和农业发展具有重要意义。随着气候适宜度理论的不断完善和发展,气候适宜度近年来成为研究气候变化对作物生长发育影响的主要方法之一,据此诸多学者提出了应用气候适宜度指数开展作物产量动态预报的建议,并进行了大量的研究。气候适宜度方法为农业气候资源的定量分析和分类评价开辟了一个新的途径,在作物产量趋势分析、作物种植布局优化和气候变化影响评估等方面发挥着越来越重要的作用。目前,已成为研究气候变化对作物生长发育定量化影响的主要方法之一,利用气候适宜度指数建立的产量预报模型也被广泛应用。

基于气候适宜度指数的产量预报方法的总体思路,是认为农作物的生长发育和产量形成受温度、降水和日照等气象要素的综合影响,将温度、水分和日照看成3个模糊集,通过模糊数学中隶属函数的方法,分别构建温度、降水、日照隶属函数,把气象因子(温度、日照、降水)的影响,转化成对作物生长发育、产量形成、品质优劣的适宜程度,定量描述气候资源对作物生长发育和产量的影响,继而进行作物产量预报。

气候适宜度模型综合反映了光、温、水等气候资源对作物生长发育和产量形成的气候适宜程度,不仅可较好地对作物气候适应性问题进行定量分析,同时还可对不同影响因子进行较为全面与综合的比较研究,能在一定程度上评价该地区农业生产结构类型、耕作制度、作物布局及作物产量的高低和品质的优劣,来研究作物适宜种植、作物种植制度以及评价气象条件对作物生长发育和产量形成的优劣程度。同时,气候适宜度模型的建立是作物气候适宜度评估的基础,也是开展作物产量动态预报的基础。近年来,国内不少学者对其进行了系统的分析探讨,主要集中在气候要素适宜度曲线、隶属函数的建立,农业气候适宜度模型建立,作物生育期气候资源分区与评价,作物产量预报等方面。

2.1.2.2　气候适宜度的计算方法

作物气候适宜度模型通常包含 3 个子模块,分别为温度适宜度模块、日照适宜度模块和降水适宜度模块。温度适宜度模块一般采用 Beta 函数,参数主要为作物生长的三基点温度(即上下限温度和最适温度);日照适宜度模块一般为指数形式,参数主要有临界日照时数;降水适宜度模块则主要采用双曲线与线性组合的分段函数形式,参数有作物各生育阶段的需水量。气候适宜度模型各模块的方程形式较为固定,对于特定作物,光温参数值也大体一致,但目前也有部分学者对模型提出了调整和修订(黄维 等,2017)。然后通过设置各因子的权重,来评判气象因素综合影响作用,建立气候适宜度模型。

（1）温度适宜度模型

为定量分析热量资源对作物各生育期生长发育及产量形成的影响程度,引入作物生长对温度条件的反应函数,即温度适宜度函数:

$$S(T_{ij}) = [(T_{ij} - T_1)(T_2 - T_{ij})^B] / [(T_0 - T_1)(T_2 - T_0)^B] \tag{2.1}$$

$$B = (T_2 - T_0) / (T_0 - T_1) \tag{2.2}$$

式中,$S(T_{ij})$ 为第 j 站第 i 旬作物的温度适宜度;T_{ij} 为第 j 站第 i 旬的旬平均气温;T_1、T_2、T_0 分别是作物各生育期生长发育的下限温度、上限温度和最适温度。

$S(T)$ 是由实际气温和 T_1、T_2、T_0 决定的作物温度适宜度。根据作物生长发育与温度的关系,当 $T \leqslant T_1$ 时,$S(T) = 0$;当 $T = T_0$ 时,$S(T) = 1$;当 $T \geqslant T_2$ 时,$S(T) = 0$。$S(T)$ 反映了温度条件从不适宜到适宜及从适宜到不适宜的连续变化过程。该函数反映了一个普遍的规律,即作物产量随气温的升高而增长,到达某一值后,产量随气温升高迅速下降。

（2）降水适宜度模型

降水适宜度表征作物各个生长阶段对水分条件的满足程度,采用某一阶段降水量与该阶段作物需水量的比值定量评价水分对作物产量的影响:

$$S(R_{ij}) = \begin{cases} R_{ij}/ETm_{ij} & R_{ij} < ETm_{ij} \\ 1 & R_{ij} \geqslant ETm_{ij} \end{cases} \tag{2.3}$$

式中,$S(R_{ij})$ 为第 j 站第 i 旬降水适宜度,R_{ij} 为第 j 站第 i 旬降水量,ETm_{ij} 为第 j 站第 i 旬作物需水量。其中,作物需水量(ETm)采用 FAO 推荐的 Penman-Monteith 公式和作物系数 K_c 计算:

$$ETm = K_c \cdot ET_0 \tag{2.4}$$

$$ET_0 = \frac{0.408\Delta(R_n - G) + \gamma \dfrac{900}{T+273} U_2 VPD}{\Delta + \gamma(1 + 0.34U_2)} \tag{2.5}$$

式中，ET_0 为参考蒸散量（mm/d）；R_n 为作物表面净辐射（MJ/m²·d）；G 为土壤热通量（MJ/m²·d）；T 为 2 m 高度处日平均气温（℃）；U_2 为 2 m 高度处的平均风速（m/s）；VPD 为饱和水汽压差（kPa）；Δ 为饱和水汽压曲线的斜率（kPa/℃）；γ 为干湿度常数（kPa/℃）。

（3）日照适宜度模型

与温度和降水一样，光照条件对作物生长的影响亦可理解为模糊过程，即在"适宜"与"不适宜"之间变化。根据研究，日照时数达可照时数的 70%（日照百分率）为临界点，认为日照百分率达到 70% 以上，作物对光照条件的反应即达到适宜状态，日照适宜度函数为：

$$S(S_{ij}) = \begin{cases} \exp\{-[(s_{ij}-s_0)/b]^2\} & s_{ij} < s_0 \\ 1 & s_{ij} \geqslant s_0 \end{cases} \tag{2.6}$$

式中，$S(S_{ij})$ 为第 j 站第 i 旬日照适宜度；s_{ij} 为第 j 站第 i 旬实际日照时数（h）；s_0 为日照百分率为 70% 的日照时数；b 为常数。

（4）气候适宜度模型

作物生长发育及产量形成受光、温、水综合气候因子影响，用下式来表示光、温、水对作物的综合作用：

$$SC(i) = aS(T_i) + bS(R_i) + cS(S_i) \tag{2.7}$$

式中，$SC(i)$ 为作物气候适宜度；a, b, c 分别为温、水、光的权重系数，参考以往的研究结果，并结合当地气候因子与作物产量关系，采用相关系数法确定温、水、光的权重系数。

2.1.2.3　气候适宜度研究进展

随着气候适宜度的提出，气候适宜度研究也成为当前农业和气象领域的研究热点。国内外不少学者在气候要素对作物适宜度的隶属函数建立、作物气候适宜度估算、不同尺度农业生态气候资源的分区与分类评价等方面进行了大量研究。

如王雪娥（1992）通过运用系统论观点和模糊数学方法建立了玉米气候适宜度动态模型，并比较了我国河北省和美国密苏里州的玉米气候指数；黄璜等（1996）研究了中国红黄壤地区水稻、玉米、小麦等作物生育期内的气候适宜度，并由此提出了相应的生产管理措施；罗怀良等（2001）对四川洪雅县农业气候适宜度进行了评价，分析主要农作物气候适宜度的变化原因，同时提出了主要农作物的农业生产管理措施以及作物结构调整对策；赵峰等（2003）以河南省冬小麦为例，运用模糊数学方法，建立了逐旬温度、降水和光照适宜度函数，并运用相关系数法和因子分析法设置全生育期各旬的权重，最后采用几何平均法计算光温水的综合气候适宜度，并分析了作物生长季节气候适宜度的变化情况；刘清春等（2004）利用温度适宜度，研究得出了河南省棉花高、中、低三个气候适宜类型区；任玉玉等（2006）分析了河南省棉花气候适宜度变化特征，得出气候适宜度呈下降趋势，且适宜度的变化有明显的地域差异；魏瑞江等（2007）采用绝对值法确定生育期各旬权重系数，建立了河北省冬小麦气候适宜度动态模型；俞芬等（2008）定量分析了淮河流域各县区水稻的日照、降水及气候适宜度，证实了各区的水稻气候适宜度均呈下降趋势；姚树然等（2009）建立了河北省棉花气候适宜度模型，获得了各发育期的气候适宜度时空分布特征，并划分出河北省棉花温度、降水、日照适宜度的高低值地区；赖纯佳等（2009）分析了淮河流域双季稻的温度、降水、日照和气候适宜度，得出了淮河流域水稻种植的最适宜区、适宜区、次适宜区和不适宜区；李蒙等（2010）运用隶属度函数模型，建立了普洱市烤烟种植气候适宜性定量评价指标体系，并对烤烟种植气候适宜性进行了区划；段海来等（2010）构建了柑橘气候适宜度模型，并评价了中国亚热带地区柑橘生产的气候适宜性及时空差异；杨东等

(2010)利用模糊数学方法,分析了甘肃陇南地区的农作物气候适宜性;姚小英等(2011)研究了气候暖干化背景下甘肃旱作区玉米气候适宜性变化规律,认为玉米全生育期温度、光照适宜度呈上升趋势,降水适宜度呈下降趋势;蒲金涌等(2011)构建了甘肃河东地区冬小麦和玉米气候适宜度模型,发现该区域冬小麦和玉米的降水适宜度均呈下降趋势,另外还建立了天水地区桃生长发育的气候适宜度评估模型,客观评价了气候因子对桃生长发育适宜程度的影响;段居琦等(2012)选取积温、持续日数、年降水、湿润指数等 9 种影响因子,结合最大熵模型,从年尺度分析了中国单季稻种植区的气候适宜性;黄淑娥等(2012)对江西双季稻生育期内临界日照时数参数本地化,修正适宜日照时数,建立了江西省双季稻生长季温、光、水及气候适宜度评价模型,认为气候适宜度模型和参数的本地化处理有利于提高分析结果的精度和可靠性;田俊等(2012)建立了江西省晚稻气温、日照和降水适宜度模型,并用小波分析法分析了江西省晚稻温、光、水适宜度多时间尺度的变化特征和趋势;张建军等(2012)建立了安徽油菜不同时间尺度的气候适宜度评价模型,实现了气候条件对油菜生长发育的实时、定量评价;宫丽娟等(2013)分析了东北三省玉米气候适宜度的年际变化特征,结果发现,玉米全生育期内温度适宜度呈上升趋势,光照、降水和综合气候适宜度呈下降趋势;景毅刚等(2013)分析了陕西关中地区冬小麦不同生育期和全生育期的气候适宜度特征,得出冬小麦生长发育期间温度适宜度和光照适宜度最高,降水适宜度最小的结论;张艳红等(2014)根据气候适宜度模型的模拟结果发现,黄淮海地区冬小麦光照和温度适宜度较高,降水适宜度较低;李树岩等(2014b)构建了河南省夏玉米气候适宜度评价模型,并将该模型推广到全省夏玉米主产区,评价了不同生育阶段的气候适宜度及空间分布特征,揭示制约夏玉米各生育阶段安全生产的关键气象条件;何永坤等(2014)运用模糊数学隶属度函数模型分析了渝东地区烤烟气候适宜度的时空变化特征;金志凤等(2014)分析了浙江省茶叶的气候适宜度特征;孙园园等(2015)对四川优质稻生产气候适宜性进行研究,认为将日照百分率、天文辐射、水汽压等指标作为优质稻气候生态区划的指标,其评价结果更准确;蔡福等(2015)根据农业气象干旱指标建立了辽宁省玉米不同发育期的水分适宜度模型;张建涛等(2016)建立了河南省冬小麦气候适宜度评价模型;张佩等(2015)建立了江苏省冬小麦气候适宜度的动态模型,分析了冬小麦历年全生育期和各生育期的气候适宜度,证实江苏省各地冬小麦气候适宜度均维持在较高水平,其中冬小麦生育期内温度适宜度最高,降水适宜度维持在较低水平,日照是其生产过程中的关键性制约气象因子;罗怀良等(2016)以盐亭县为例,构建了小尺度区域种植业气候适宜度模型和种植活动对区域种植业气候适宜度的影响度模型,探讨小尺度区域种植业气候适宜度、种植活动对区域种植业气候适宜度的影响程度;王连喜等(2016)分析了江苏省冬小麦气候适宜度空间分布特征,得出温度适宜度、降水适宜度和气候适宜度呈弱增加趋势,而日照适宜度呈微弱减少趋势;王东方等(2016)分析了气候变暖背景下,绍兴市油菜气候适宜度的变化及空间分布特征;刘晓英等(2016)分析了廊坊地区夏玉米气候适宜度的时空特征;武晋雯等(2017)分不同气候区建立了水稻气候适宜度日尺度模型,准确评价了辽宁省水稻整个发育进程气候适宜度状况,通过与旬尺度模型对比,认为日尺度模型更能诠释中短时灾害情景下的气候适宜度状况;刘维等(2018)计算了南方地区早熟稻生育期温度适宜度,发现提前早熟稻移栽期有利于提高华南和江南地区抽穗—成熟期温度适宜度,减少高温热害对水稻生长的不利影响;刘新等(2018)构建了内蒙古地区玉米气候适宜度指数,分析了该地区玉米气候适宜度的变化特征;王学林等(2019)构建了基于日尺度的安徽省双季早稻气候适宜度模型,并分析了安徽省双季早稻不同发育阶段光温水适宜度时空分布特征和年际变化规律;郭志鹍等(2019)建立了海南昌江地区芒果开花期逐日温度、日照和湿度等气候适宜度模型,并定量评价了芒果开花期的气候适宜性;金林雪等(2019)分析了内蒙古大豆的气候适宜性,并探讨了未来气候情景下大豆气候适宜性的变化趋势;李阳等(2020)分析了宁夏中南部山区马铃薯气候适宜度的时空变化特征。

2.1.2.4　基于气候适宜度的产量预报研究进展

在气候适宜度评价的基础上,国内外学者开始采用气候适宜度方法在作物发育期模拟、作物产量预报等方面开展深入研究。

如刘伟昌等(2008)构建了温度、降水及日照适宜度函数和气候适宜度模型,并建立了河南省冬小麦从播种至任意时段的产量预报模型;宋迎波等(2008)利用气候适宜度模型对全国油菜产量进行了动态预报;魏瑞江等(2009)基于气候适宜度模型建立了河北省8个市不同时段的夏玉米产量预报模型;易雪等(2011)利用不同时段的气候适宜度指数和早稻产量建立了湖南早稻产量动态预报模型;游超等(2011)基于气候适宜度指数,建立了四川盆地水稻气象产量动态预测模型;代立芹等(2011)建立了河北省冬小麦逐日光、温、水适宜度模型,分析了河北省冬小麦各阶段日照、降水、温度和气候适宜度的时空变化特征;李昊宇等(2012)基于其构建的冀、鲁、豫冬小麦气候适宜度评价模型,建立了冀、鲁、豫3省9个区域冬小麦发育期预报模型;李曼华等(2012)基于气候适宜度指数,利用历史年与预测年冬小麦播种以后的逐日气象资料,建立了山东地区冬小麦产量动态预报模型;代立芹(2012)基于气候和土壤水分综合适宜度指数建立了河北省8个小麦主产市的冬小麦产量预报模型,实现了冬小麦产量及时、准确、动态的预报与评估;李树岩等(2013)利用气候适宜度方法建立了河南省及各地市的夏玉米产量动态预报模型;孙小龙等(2014)建立了基于气候适宜度的河套灌区玉米发育期模拟模型;柳芳等(2014)评价了天津棉花各生育期的气候适宜度,探讨了气候适宜度与产量的量化影响关系,得出了适合天津地区棉花的气候适宜度模型参数,并建立了棉花不同生育期的产量动态预报模型;帅细强(2014)利用早稻产量和不同时段的历年气候适宜指数的关系,建立了湖南省早稻产量预报模型;易灵伟等(2015)构建了湖北中稻生育期内的光温水适宜度隶属函数,并得出了湖北中稻气候适宜度变化特征及其对产量影响的模型;邱美娟等(2015)建立了综合考虑土壤墒情和气象因子的山东省冬小麦产量动态预报模型;易灵伟等(2016)构建了适用于江西地区晚稻的光温水适宜度模型和气候适宜度指数,并构建了晚稻产量动态预报模型;徐延红(2017)建立了洛阳市夏玉米温度、光照、水分适宜度模型,并利用夏玉米生长季内不同时段的气候适宜度指数与气象产量的相关关系,构建了夏玉米产量预报模型;王贺然等(2018a)基于气候适宜度,建立了辽宁省14个市和全省的春玉米产量动态预报模型,实现了逐候产量预报;孙贵拓等(2019)计算了昆明市水稻各发育阶段综合气候适宜度,并构建了基于气候适宜度的水稻发育期预报模型;王丽伟等(2020)基于气候适宜度指数,构建了吉林省春玉米产量动态预报模型。

气候适宜度方法综合考虑光、温、水气象要素对作物生长发育的影响,可以客观反映气象条件对作物生长发育的满足程度,且模型参数易获取,产量预测精度较高,因此在农用天气预报中广泛应用。

但气候适宜度方法也存在一定的缺点,如不同地区作物生长发育有较大差异,气候适宜度模型及指标有很强的区域适用性。因此,需根据不同区域的作物生长发育情况,建立相应的气候适宜度模型,才能提高当地的农业气象预报水平;第二,现有研究主要针对作物旬或月时间尺度的气候适宜性进行分析,但作物生长是连续动态过程,这两种时间尺度都较难反映因短时灾害性天气而引起的气候适宜度变化,易存在气候条件适宜,但作物产量却大幅下降,气候适宜性评价与实际不符的现象,目前有学者提出了日尺度气候适宜度模型,能客观反映生长过程中作物与气象条件的关系;第三,水分适宜度模型还不完善,在建立水分适宜度模型时,主要考虑当旬或当月降水状况与作物需水量的关系,而忽略了降水的滞后效应,欠缺考虑前期降水量的影响,且土壤储水量对作物生长的影响也未考虑;第四,多数研究主要集中在气象要素对具体作物的适宜性上,少有考虑种植生产活动的影响;第五,针对某一地区具体作物进行的静态适宜性研究多,而对气候变化背景下的动态适宜性研究少;第六,现有研究主要基于国家级气象站气象资料开展作物气候适宜度时空变化分析,在空间尺度上以县域为单位,较少考虑更高空间分辨率的气候适宜度情况(王东方 等,2016)。此外,气候适宜度方法从生长发育所需的上下限温度、最适温度、需光性、需水量等方面,建立了气候适宜度与气象产量之间的关系模型,预报准确率较高,但在趋势预报上具有一定的不稳定性(徐敏 等,2020)。

2.1.3　基于历史丰歉气象影响指数的作物产量预报研究

历史丰歉气象影响指数的作物产量预报方法是结合作物的生理指标,通过历史年与预报年作物播种后逐日最高气温、最低气温、日照时数和降水量以及生育期等资料,计算播种后的积温、标准化降水量、累积日照时数等,再利用欧式距离和相似系数法计算预报年气象要素与历史上任意一年同一时段同类气象要素的差异,建立综合诊断指标,根据诊断指标,确定历史最大类似年型,利用类似年型作物产量丰歉气象影响指数,研究预报年的作物产量丰歉气象影响指数,建立作物产量动态预报模型(邱美娟 等,2014)。

历史丰歉气象影响指数方法已应用于多省多种作物的产量预报中,得到了较好的效果。如郑昌玲等(2007,2008)分别利用早稻和大豆不同生育阶段气象因子的综合聚类指标选择气象相似年型,再根据相似年的产量变化确定分析年产量气象影响指数,建立了全国和区域早稻单产动态预报模型,以及全国大豆单产动态预报模型,从而实现了早稻和大豆产量的连续、动态、定量化预报;宋迎波等(2008)利用全国及主产区油菜产量资料和气象资料,通过相似系数和欧氏距离建立综合诊断指标,根据历史年油菜产量丰歉气象影响指数,研究分析预报年的油菜产量丰歉气象影响指数,以此建立了全国和各主产区油菜产量动态预报方法;杜春英等(2010)也基于相似系数和欧氏距离建立综合诊断指标,根据历史年水稻产量丰歉气象影响指数,建立了黑龙江省水稻产量丰歉趋势动态预报模型;邱美娟等(2019)探讨了历史丰歉相似年方法在吉林省春玉米产量预报中的应用情况,并比较了加权法与大概率法在吉林春玉米产量预报中的效果,认为加权法预报效果好于大概率法;赵艺等(2020)利用四川盆区 30 个站点多年油菜产量资料和逐日气象资料,基于相关系数和欧氏距离建立综合诊断指标,判定历史相似年型,通过分析预报年与历史相似年油菜产量气象影响指数间的关系,确定了四川盆区油菜产量动态预报方法;邱美娟等(2020)基于相似距离和相关系数构建综合诊断指标筛选光温水等各类气象要素历史相似年,根据各类气象要素历史相似年与预报年的玉米产量丰歉气象影响指数之间的关系,建立吉林省春玉米产量动态预报模型;帅细强等(2021)建立了基于历史丰歉气象影响指数的湖南油菜产量月尺度动态预报方法;薛思嘉等(2021b)采用产量历史丰歉气象影响指数方法中常用的大概率法和加权平均法,预报了河北省马铃薯的单产丰歉气象影响指数,并分析比较两种预报方法的准确率高低。

历史丰歉气象影响指数方法计算相对简单,能够客观定量地预报出气象条件对作物产量丰歉的影响,并且解决了传统统计方法在短时间内筛选因子困难的问题,缺点是没有考虑作物生长发育过程中的生理生态过程,且实际上也很难找到真正相似的年份,所以预报结果有一定的局限性和不稳定性(徐敏 等,2020)。

2.1.4　基于集成统计方法的作物产量预报研究

上述的研究成果大多基于某一种统计预报方法,而不同的统计预报方法有各自的优势和不足,且针对不同地域范围和不同生长阶段,受当时当地天气气候条件影响,各种作物产量预报方法的预报效果亦不尽相同。

因此,在实际应用中,人们往往采用集成预报方法来弥补各个方法的缺陷与不足,取长补短,提高最终的预报效果。简而言之,集成产量预报方法是由许多预报模型组成的模型系统,最终预报结果由这些子模型集成得出。常用的集成方法包括相关集成、权重集成、回归集成等。

2.1.4.1　作物产量预报集成方法

(1)相关集成

若用来集成的子预报模型是回归性模型,则每个子模型都有复相关系数 R_i,这时可按下式进行相关集成:

$$Y = \frac{R_1 Y_1 + R_2 Y_2 + \cdots + R_n Y_n}{R_1 + R_2 + \cdots + R_n} = \frac{\sum\limits_{i=1}^{n} R_i Y_i}{\sum\limits_{i=1}^{n} R_i} \tag{2.8}$$

式中,$Y_1, Y_2, \cdots, Y_n$ 为各子预报模型产量的估计值。

(2)权重集成

这是一种按各集成部分实际作用的大小(比重)估测模拟最终产量的方法。它是一种易于理解和计算的集成方法,常用于模拟计算(或预测)较大区域的产量。其计算公式如下:

$$Y = \frac{S_1 Y_1 + S_2 Y_2 + \cdots + S_n Y_n}{S_1 + S_2 + \cdots + S_n} = \frac{\sum\limits_{i=1}^{n} S_i Y_i}{\sum\limits_{i=1}^{n} S_i} \tag{2.9}$$

式中,S_i 为各分区之面积或相关系数;Y_i 为各分区之产量的预报值。具体又可分为面积加权集成和相关权重集成两种,前者系按各地区的实际播种面积进行加权,后者则按各地区所起作用(即相关程度)进行加权。

(3)回归集成

这是另一种比较简单和客观的集成方法。在当前某些影响机理还得不到明确解释之前,应用这种方法在一定程度可以起到稳定甚至缩小预报误差的作用,使其局限性在随机概率误差范围内,因此获得了较为广泛的应用。由各个分区(或代表站)子模型直接回归集成为某一较大区域的最终产量模型,是一种常用的空间集成方法。而多时效动态模型则是时间回归集成方法的应用,使最终模型具有多时段或准实时追踪预测(或模拟)的功能。

2.1.4.2　基于集成统计方法的作物产量预报研究进展

目前,已有许多学者为了充分利用各种统计预报方法的优势,将两种或多种产量预报统计方法相结合进行产量预测。

　　如易雪等(2011)应用历史丰歉气象影响指数、气候适宜度指数和作物生长模拟模型 ORYZA 分别建立了早稻产量动态预报方法,并对湖南早稻产量进行了动态模拟预报,在分析预报误差的基础上,确定了每种方法的预报权重,建立了动态集成预报方法。检验结果表明,集成预报方法的丰歉趋势预报正确率和产量预报准确率都较任意单一预报方法明显提高和稳定;帅细强等(2015)基于多年数据,分别建立了基于气候适宜度、关键气象因子、作物生长模型的湖南省早稻产量丰歉值动态预报方法。比较了 3 种方法的预报准确率,认为气候适宜度预报方法的趋势预报准确率最高,而基于作物生长模型预报方法的产量预报准确率最高,因此建议产量趋势预报选用气候适宜度的方法,定量预报选用作物生长模型方法;张利才等(2016)分析了气象因子和气象产量的相关性,通过逐步回归建立了橡胶气象产量预报模型,并利用橡胶产量丰歉值的方法建立了气象产量动态预报模型;邱美娟等(2016)分别利用历史丰歉气象影响指数、关键气象因子、气候适宜度、作物生长模型 WOFOST(World Food Studies)等方法对山东省各个地区冬小麦产量进行动态预报,发现 4 种产量预报方法在各区域各时段的预报准确率很不稳定,波动较大。在以上四种方法预报结果基础上,提出了基于加权方法的山东省冬小麦产量集成动态预报技术,证实集成预报方法对山东省各区域冬小麦产量动态预报准确率较 4 种单一预报方法均有所提高,且其预报结果稳定性更好,变化更加平稳,认为集成预报方法更适合在业务上应用;艾劲松等(2018)基于历史丰歉指数和气候适宜度方法构建了荆州市冬小麦产量动态预报模型,并比较了两种方法的预报效果,最终选择最优的冬小麦产量动态预报模型和最适宜的预报时间,应用于荆州市作物产量气象预报业务中;王贺然等(2018b)基于关键气象因子和气候适宜度指数分别建立了辽宁省大豆产量动态预报模型,并比较了两种预报方法在辽宁大豆产量预报中的预报效果,认为在进行大豆产量趋势预报时,可以优先考虑关键气象因子预报模型,在未出现重大气象灾害的正常年份,可以赋予气候适宜度预报模型更多权重;余焰文等(2019)基于气象要素建立了江西省油菜产量关键气象因子模型、气候适宜度模型、辐热积模型,并根据模型预测准确率确定权重系数构建了油菜产量集成预测模型,通过对集成模型的预测效果和基础模型进行对比分析,认为油菜集成模型预测的准确性和稳定性总体优于基础模型;徐敏等(2020)利用江苏省 69 个基本气象观测站多年逐日气象资料和冬小麦产量数据及生育期资料,测试了五种气象产量分离方法,认为对于同一种预报方法,不同的产量分离方法对预报精度影响较大,二次曲线分离法要好于其他四种方法。其次评估了丰歉相似年法、关键气象因子法、气候适宜度法三种统计方法在江苏省冬小麦单产预报中的模拟效果,最终筛选出预报能力强的模型,建立集成预报模型,认为集成预报方法预报准确率高于单一预报方法,在一定程度上可以弥补单一预报方法预报结果稳定性差的不足,可进一步提高预报准确率;张加云等(2020)利用云南省一季稻生育期内的气象资料和产量资料,分别采用相似气象年型法和关键气象因子法,建立了云南省一季稻动态产量预报模型,评价了两种模型的预报效果。此外,国家气象中心也基于关键气象因子法、丰歉指数法、气候适宜度方法,通过加权集成建立了中国作物产量气象统计预报综合系统(侯英雨 等,2018)。

2.1.5　作物产量预报模型误差分析

　　统计预报的基本原则是假设未来预报年预报对象和预报因子之间的相关关系仍与两者在过去历史演变中所形成的相互关系相同,即作物产量与环境气象条件在历史演变中形成的相互关系将不随时间而变。但实际情况并非如此,预报对象与预报因子之间的相关回归关系在时间序列上是不稳定的。所以应用原有的模型关系进行未来年的外推预测,必将使预报效果受到影响。这就是统计模型外推预测中误差的主要来源,它往往会成为产量预报成败的关键。根据实践经验一般认为,统计模型用于未来 1~2 a 的外推预报,其预报误差尚有可能不会很大;若外延时间再长,出现失误的可能性会大大增加。统计模型的另一局限性在于其通用性不大,即为某一地区所建立的模型只反映了该地区特定条件下的作物产量与气象条件的统计关系,而不适用于条件不同的其他地区。

当然,预报的失误错原因很多,但分析其最终的表达形式——误差,则主要有随机误差、估计误差、模型误差、系统误差和外推误差等几类。随机误差是统计预报模型中无法完全消除的误差。估计误差来源于不同的估计参数的方法。选择不同的函数关系会产生不同的模型误差。而当样本资料对所考虑因子来讲并不属于同一样本总体时,又会带来可观的系统误差。最后,还有模型外延预报应用中的外推误差。因此,必须从设法减少上述各项误差着手,以求进一步改进和提高统计预报模型的准确率。

还必须指出的是,从统计学角度来看,模拟产量时,不仅要考虑剩余平方的大小,还应同时考虑自由度对模型效果的影响。

2.2　甘肃省冬小麦产量气象预报模型

2.2.1　研究数据及处理

2.2.1.1　气象资料

甘肃省冬小麦主要分布在陇东、陇南、陇中,由于三大主产区地形地貌、气候特征、土壤类型等存在差别,按播种面积、发育期及产量水平筛选了 16 个代表县站(陇东 7 个、陇南 6 个、陇中 3 个)。气象资料包括 16 个代表县站 1980—2011 年逐日平均气温、最高温度、最低温度、降水、日照时数、风速、相对湿度资料。

2.2.1.2　发育期资料

陇中、陇东、陇南三大主产区 2006—2008 年冬小麦平均发育期如表 2.1。

表 2.1　2006—2008 年冬麦区平均发育期(月/旬)

产区	播种	三叶	停止生长	返青	拔节	抽穗	乳熟	成熟
陇中	9/下旬	10/中旬	11/上旬	3/中旬	5/中旬	6/上旬	6/下旬	7/中旬
陇东	9/下旬	10/中旬	11/中旬	3/上旬	4/中旬	5/下旬	6/中旬	7/上旬
陇南	10/中旬	11/上旬	12/中旬	2/下旬	3/下旬	5/中旬	6/上旬	6/下旬

2.2.1.3　产量资料

1980—2011 年 38 个冬小麦种植县播种面积和总产资料来源于《甘肃省农村年鉴》。以 1980—2008 年产量资料为建模样本,以 2009—2011 年实际产量数据为模型检验样本。

2.2.1.4　生理指标及相关参数

通过文献查阅,整理了甘肃省冬小麦各发育期三基点温度指标及气候适宜度方法中所需相关参数,详见表 2.2。

表 2.2 冬小麦不同生育期三基点温度及相关参数

参数	播种—三叶期	三叶—停止生长	停止生长—返青期	返青—拔节期	拔节—抽穗期	抽穗—乳熟期	乳熟—成熟期
T_1	5	3	−15	3	10	13	13
T_0	17	13	−5	14	19	20	20
T_2	20	18	5	30	32	27	25
b	4.15	4.14	4.38	4.50	4.61	4.93	4.99
K_c	0.3	0.3	0.2	0.3	1.2	1.2	0.3

2.2.2 甘肃省冬小麦趋势产量预报模型

利用 5 年滑动平均法,分离三大主产区及全省冬小麦趋势产量和气象产量。采用正交二次多项式逐步回归法建立了甘肃省冬小麦趋势产量预报模型如下式:

$$Y_t = -0.7047(x-1980)^2 + 50.879(x-1980) + 1403.5 \tag{2.10}$$

式中,Y_t 为趋势产量;x 为预报年份;$R^2 = 0.8882$,通过 0.01 显著性水平检验(图 2.1)。

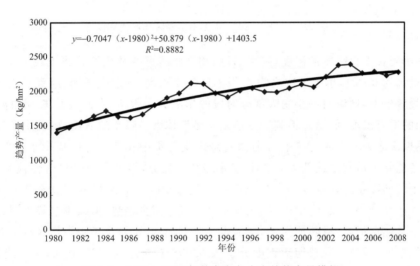

图 2.1 1980—2008 年甘肃省冬小麦趋势产量模拟

2.2.3 基于气候适宜度法的甘肃省冬小麦气象产量预报模型

采用气候适宜度方法,以旬为时间尺度,计算各代表站冬小麦生育期内逐旬光、温、水适宜度及气候适宜度,分析陇中、陇东、陇南三大区域光、温、水适宜度及气候适宜度特征,并分别与分离出的气象产量进行相关分析。根据业务需求,分别在 3 月下旬、4 月下旬、5 月下旬建立陇中、陇东、陇南三大区域的冬小麦气候适宜度气象产量预报回归模型。

2.2.3.1 陇中气象产量预报模型

陇中冬麦区主要分布在定西市中东部和临夏州南部,该区域大部分属于温和半干旱气候区,农作物常年受干旱威胁,水分条件是限制作物生长发育的主要因子。1985—2011 年陇中冬麦区温度、降水、日照适宜度平均值分别为 0.718、0.530、0.704,其中温度适宜度最高,日照适宜度次之,降水适宜度最低,综合气候适宜度平均值为 0.615,呈略微增加趋势但不显著(图 2.2)。

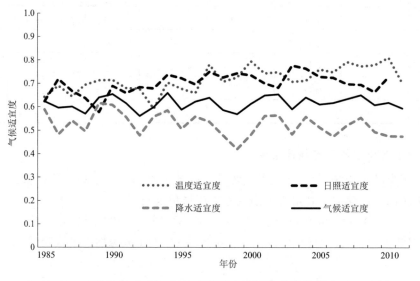

图 2.2　1985—2011 年陇中冬麦区气候适宜度

陇中冬小麦各生育阶段的温度、降水、日照和气候适宜度及线性趋势见表 2.3。温度适宜度:成熟期最高为 0.921,越冬期次之为 0.789,旺盛生长期、冬前生长期、返青—拔节期依次减小;气候变暖背景下,增温对冬小麦大部分时段的影响为正效应,冬小麦生长期内温度逐渐趋于各生长期的适宜温度,而增温不利于冬小麦越冬期休眠。降水适宜度:冬前生长阶段最高为 0.737,成熟期次之为 0.664,这是由于甘肃省降水主要集中在 7—9 月,集中了全年 60% 以上的降水;越冬期降水适宜度最低为 0.381,呈平缓增加趋势,但没有通过显著性检验;返青—拔节期、旺盛生长期降水适宜度分别为 0.595、0.4,且分别以 0.115/(10 a)、0.079/(10 a)速率减少,这与前人研究结果一致,陇中地区春、夏季降水量呈减少趋势,但减少趋势不明显。日照适宜度:拔节—乳熟期最高,成熟期次之,冬前生长阶段最低,这是由于陇中地区秋季多连阴雨天气;返青—拔节期、拔节—乳熟期适宜度分别以 0.098/(10 a)、0.077/10 a)速率线性增加,说明陇中冬小麦主要生长季节日照资源丰富,且呈增加趋势。

表 2.3　1985—2011 年陇中冬麦区各生育期气候适宜度

不同生育阶段	温度适宜度		降水适宜度		日照适宜度		气候适宜度	
	均值	线性趋势(10a^{-1})	均值	线性趋势(10a^{-1})	均值	线性趋势(10a^{-1})	均值	线性趋势(10a^{-1})
冬前生长	0.608	0.103**	0.737	−0.007	0.484	0.005	0.679	0.006
越冬	0.789	−0.038**	0.381	0.025	0.696	−0.001	0.577	−0.001
返青—拔节	0.527	0.132**	0.595	−0.115**	0.720	0.098**	0.592	0.007
拔节—乳熟	0.692	0.149**	0.400	−0.079	0.817	0.077**	0.569	0.025*
成熟	0.921	0.031*	0.664	−0.032*	0.810	0.031	0.716	0

注:*、** 分别表示通过了 0.05、0.01 显著性水平检验。

1985—2011 年陇中气候适宜度年平均值为 0.615,变化趋势不明显,与气象产量的相关性为 0.50(通过 0.05 显著性水平检验)。而降水适宜度与气象产量的相关性达 0.625(通过 0.01 显著性水平检验)。陇中冬麦区气象产量与降水适宜度的相关性要远高于与光、温、水组合的气候适宜度。因此,陇中冬麦区气象产量预报模型是基于降水适宜度单个因子而建立,即光、温的权重系数 $a=0$,$c=0$,3 月下旬、4 月下旬、5 月下旬气象产量预报模型如表 2.4。

表 2.4　陇中冬麦区气候适宜度气象产量动态预报模型

预报时间	预报模型	相关系数	F 值
3 月下旬	$Y_{w陇中}=127.281S(R_m)-67.779$	0.555**	8.03
4 月下旬	$Y_{w陇中}=141.826S(R_m)-76.415$	0.599**	10.08
5 月下旬	$Y_{w陇中}=198.817S(R_m)-104.139$	0.686**	15.99

注:** 表示通过了 0.01 显著性水平检验;$S(R_m)$ 为冬小麦第 m 旬降水适宜度。

2.2.3.2　陇东气象产量预报模型

陇东是甘肃省冬小麦种植面积最大的区域,庆阳和平凉各市县均有种植,面积接近全省冬小麦种植面积的一半。该区域属温和半湿润气候区,气温适中,降水较丰富,但水分条件仍然是限制作物生长发育的主要因子。1985—2011 年陇东冬麦区温度、降水、日照适宜度平均值分别为 0.718、0.530、0.704,其中日照适宜度最高,温度适宜度次之,降水适宜度最低。温度、日照适宜度呈平缓增加趋势,而降水适宜度呈现减少趋势,均未通过显著性水平检验。综合气候适宜度平均值为 0.626,呈逐年减少趋势,也未通过显著性检验(图 2.3)。

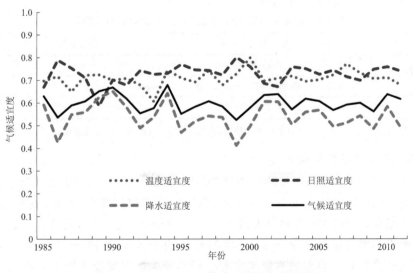

图 2.3　1985—2011 年陇东冬麦区气候适宜度

陇东冬麦区各生育阶段的温度、降水、日照和气候适宜度及线性趋势见表 2.5。温度适宜度:拔节—乳熟期和成熟期最高均为 0.836,越冬期次之,冬前生长阶段最低;气候变暖对冬小麦不同阶段生长发育影响不同,增温对冬前生长阶段和返青—拔节期正效应比较显著,而越冬期和成熟期温度均高于冬小麦休眠和成熟的适宜温度,适宜度呈线性递减趋势。降水适宜度:成熟期最高为 0.825,冬前生长阶段次之为 0.687,需水关键期的拔节—乳熟期最低为 0.417;冬小麦主要生长阶段降水适宜度较低,且有逐年减少趋势,气候变暖背景下降水对陇东冬麦区的制约将进一步加大。日照适宜度：冬前生长阶段最低为 0.6，越冬期为 0.698，返青—拔节期、旺盛生长期、成熟期依次增加，分别为 0.757、0.842、0.864；冬前生长阶段日照适宜度呈不显著降低趋势，可能是秋季连阴雨日数增多的原因，其余生育期都呈增加趋势，其中返青—拔节期日照适宜度呈增加趋势较显著。气候适宜度：成熟期最高为 0.836，冬前生长阶段次之为 0.654，拔节—乳熟期为 0.636，返青—拔节期为 0.603，越冬期最低为 0.575。

表 2.5　1985—2011 年陇东冬麦区各生育期气候适宜度

不同生育阶段	温度适宜度		降水适宜度		日照适宜度		气候适宜度	
	均值	线性趋势$(10a^{-1})$	均值	线性趋势$(10a^{-1})$	均值	线性趋势$(10a^{-1})$	均值	线性趋势$(10a^{-1})$
冬前生长	0.603	0.124**	0.687	0.0	0.600	−0.025	0.654	0.013
越冬	0.714	−0.09**	0.431	0.022	0.698	0.001	0.575	−0.018
返青—拔节	0.631	0.135**	0.520	−0.09*	0.757	0.086**	0.603	0.017
拔节—乳熟	0.836	0.06**	0.417	−0.053	0.842	0.017	0.636	−0.003
成熟	0.836	−0.078**	0.825	0.009	0.864	0.006	0.836	−0.020

注：*、** 分别表示通过了 0.01、0.05 显著性水平检验。

陇东冬小麦全生育期气候适宜度与气象产量的相关性为 0.491（通过 0.05 显著性水平检验），全生育期降水适宜度与气象产量的相关性达 0.534（通过 0.05 显著性水平检验），陇东冬麦区气象产量与降水适宜度的相关性高于与光、温、水组合的气候适宜度，所以陇东冬麦区气象产量预报模型是基于降水适宜度单个因子而建立，即光、温的权重系数 $a=0$，$c=0$，陇东麦区 3 月下旬、4 月下旬、5 月下旬预报模型如表 2.6 所示。

表 2.6　陇东冬麦区气候适宜度气象产量动态预报模型

预报时间	预报模型	相关系数	F 值
3 月下旬	$Y_{w陇东}=151.503S(R_m)-80.552$	0.456*	4.73
4 月下旬	$Y_{w陇东}=195.098S(R_m)-102.288$	0.564**	8.41
5 月下旬	$Y_{w陇东}=272.780S(R_m)-137.615$	0.676**	15.11

注：*、** 分别表示通过了 0.01、0.05 显著性水平检验；$S(R_m)$ 为冬小麦第 m 旬降水适宜度。

2.2.3.3　陇南气象产量预报模型

冬小麦在天水市和陇南市各地均有种植，天水市大部及礼县、西和等县区属于温暖半湿润气候区，气温较高，年降水量在 470～570 mm，陇南市北部包括两当、徽县、成县、康县等县属于温热湿润气候区，热量富裕，年降水量在 630～800 mm，陇南市南部的文县、武都、舟曲等县属于北亚热带半湿润气候区，热量丰富，降水不充足，年降水量为 440～500 mm。陇南冬麦区温度适宜度最高为 0.689，日照适宜度次之为 0.671，降水适宜度最低为 0.543，气候适宜度为 0.618。日照适宜度有逐年增加趋势，温度、降水、气候适宜度均呈逐年减少趋势，均未通过显著性检验（图 2.4）。

陇南冬麦区各生育阶段的温度、降水、日照和气候适宜度及线性趋势见表 2.7。温度适宜度：成熟期最高，返青—拔节期次之，冬前生长阶段最低；气候变暖对冬小麦不同阶段生长发育影响不同，增温对冬前生长阶段和返青—拔节期的生长影响为正效应，而越冬期和成熟期温度均高于冬小麦休眠和成熟的适宜温度，适宜度呈线性递减趋势。降水适宜度：冬前生长阶段最高为 0.643，成熟期次之为 0.617，这是由于降水主要集中在 7—9 月，集中了全年 45%～70% 的降水，

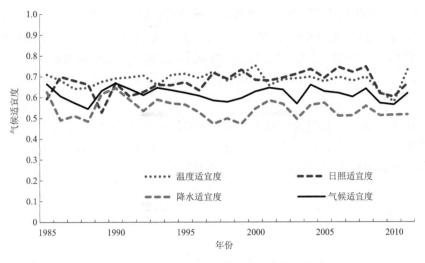

图 2.4　1985—2011 年陇南冬麦区气候适宜度

越冬期和拔节—乳熟期最低,且拔节—乳熟期适宜度呈线性递减趋势,水资源短缺加剧将对冬小麦生产构成更大威胁。日照适宜度:冬前生长阶段和返青—拔节期最低,其中返青—拔节期有线性增加的趋势,拔节—乳熟期和成熟期较高,且都有逐年增加趋势但不显著。气候适宜度:成熟期最高为 0.742,冬前生长阶段次之为 0.627,其次为返青—拔节期为 0.621,再次是拔节—乳期期为 0.592,越冬期最低为 0.552,大部分生育时段气候适宜度呈减少趋势但不显著。

表 2.7　1985—2011 年陇南冬麦区各生育期气候适宜度

不同生育阶段	温度适宜度		降水适宜度		日照适宜度		气候适宜度	
	均值	线性趋势($10a^{-1}$)	均值	线性趋势($10a^{-1}$)	均值	线性趋势($10a^{-1}$)	均值	线性趋势($10a^{-1}$)
冬前生长	0.491	0.057*	0.643	−0.007	0.588	−0.010	0.627	0.003
越冬	0.699	−0.066**	0.393	0.007	0.637	0.002	0.552	−0.011
返青—拔节	0.759	0.006	0.592	−0.023	0.588	0.102*	0.621	−0.01
拔节—乳熟	0.733	0.046**	0.430	−0.048*	0.756	0.042	0.592	0.0
成熟	0.867	−0.071**	0.617	−0.04	0.843	0.047	0.742	−0.032

注:*、** 分别表示通过了 0.01、0.05 显著性水平检验。

陇南冬小麦全生育期降水适宜度与气象产量的相关性达 0.52(通过 0.05 显著性水平检验),气候适宜度与气象产量的相关性为 0.53(通过 0.05 显著性水平检验),陇南冬麦区气象产量预报模型是基于气候适宜度而建立,即光、温、水的权重系数 $a=0.2$,$b=0.32$,$c=0.48$,陇南冬麦区 3 月下旬、4 月下旬、5 月下旬气象产量预报模型如表 2.8 所示。

表 2.8　陇南冬麦区气候适宜度气象产量动态预报模型

预报时间	预报模型	相关系数	F 值
3 月下旬	$Y_{w陇南}=118.083SC(m)-71.393$	0.585**	9.36
4 月下旬	$Y_{w陇南}=134.639SC(m)-80.953$	0.579**	9.07
5 月下旬	$Y_{w陇南}=169.6SC(m)-102.166$	0.600**	10.1

注:** 表示通过了 0.01 显著性水平检验;$SC(m)$ 为冬小麦第 m 旬气候适宜度。

2.2.4　基于积分回归法的甘肃省冬小麦气象产量预报模型

以旬为时间尺度,分别计算陇中、陇东、陇南三大区域1985—2008年冬小麦逐旬光、温、水三要素,利用积分回归方法,分析了影响陇中、陇东、陇南冬小麦生产的主要气象要素和关键时期,并分别在3月下旬、4月下旬、5月下旬建立甘肃省冬小麦产量动态预报模型。

2.2.4.1　陇中气候因子对产量影响

1985—2008年陇中冬麦区逐旬光温水积分回归影响系数(图2.5)和陇中冬麦区气象产量复相关系数为0.9610,F值为6.97,且通过了0.01显著性水平检验,说明降水和气温对陇中冬小麦气象产量影响较大,日照时数对其影响相对较小。

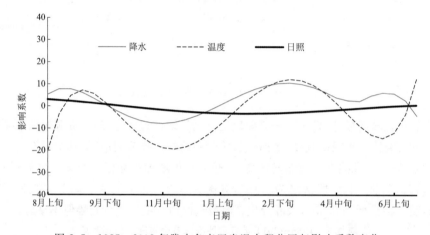

图2.5　1985—2008年陇中冬麦区光温水积分回归影响系数变化

温度对陇中地区冬小麦气象产量影响系数呈"两峰两谷"型,波峰区出现在播种前后、越冬后期和返青起身期,期间温度升高对产量影响为正效应;波谷区主要出现在冬前生长阶段、越冬前期和拔节抽穗期,此阶段温度升高对冬小麦产量影响为负效应。

陇中冬麦区播种前后气温升高对冬小麦产量影响为正效应,峰值出现在9月上旬,标准化气温每升高1个单位,对气象产量影响系数为7.2,气温升高利于冬小麦播种出苗。越冬后期和返青起身期气温升高对冬小麦生长为正效应,峰值出现在3月上旬,影响系数为12.2,春季气温多变,常出现寒潮和"倒春寒"天气,气温升高利于冬小麦的返青起身。冬前生长阶段和越冬前期气温升高对冬小麦生长为负效应,峰值出现在11月下旬,影响系数为−19.3;主要是由于气温升高易造成冬小麦冬前旺长,养分积累减少,不利于形成大蘖和安全越冬。气温升高对冬小麦拔节—抽穗期影响为负效应,峰值出现在5月下旬,标准化气温每升高1个单位,对产量的影响系数为−14.4。拔节—孕穗期正值小花分化期,在适宜的范围内,气温偏低,有利于延长小花分化时间,对小花分化有利。

陇中冬麦区降水量增加对冬小麦生长大部分时段均为正效应,呈"三峰一谷"型,波峰区出现在麦田休闲期、越冬后期—拔节期和拔节—乳熟期,此期间降水增加对冬小麦产量影响的正效应显著,波谷区主要出现在冬前生长—越冬前期,此阶段降水减少利于冬小麦产量形成。

麦田休闲期峰值出现在8月中、下旬,标准化降水每增加1个单位,产量影响系数为7.8。此期间为冬小麦休闲贮水阶段,降水量占全年降水量的25%~40%,此阶段降水不仅关系到播种和苗期生长,也关系到次年冬小麦返青后的生长,正效应显著。越冬后期—拔节期峰值出现在 3 月上旬,影响系数为 10.5。甘肃省冬春干旱较频繁,是影响冬小麦生产最主要的气象灾害,1—3 月陇中冬麦区降水量仅占全年降水总量的 2%～6%,因此,此阶段降水量的增加利于冬小麦返青起身,对陇中地区冬小麦正效应非常显著。拔节—乳熟期峰值出现在 5 月下旬,影响系数为 6.1。拔节—孕穗期和抽穗—扬花期均为冬小麦需水关键期,正效应较显著。冬前生长—越冬前期降水增加对冬小麦产量影响为负效应,峰值出现在 11 月中旬,影响系数为－7.8;主要是由于冬小麦播种—出苗期和苗期生长主要依赖于麦田休闲期贮水,而陇中冬麦区 10—12 月降水仅占年降水量的 6%～12%,此阶段降水的增加易造成冬小麦冬前旺长,养分积累减少,不利于安全越冬。

2.2.4.2　陇东气候因子对产量影响

1985—2008 年陇东冬麦区气象要素逐旬积分回归影响系数变化如图 2.6 所示,光温水积分回归影响系数与陇东冬麦区气象产量复相关系数为 0.9819,F 值为 9.60,通过了 0.01 显著性水平检验,说明降水和温度要素对气象产量影响较显著,日照影响系数变化幅度较小。

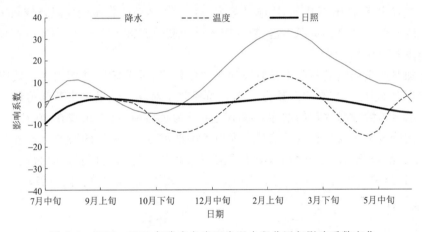

图 2.6　1985—2008 年陇东冬麦区光温水积分回归影响系数变化

温度对陇东地区冬小麦气象产量的影响系数呈“一峰两谷”型,波峰区出现在越冬中后期—返青起身期,期间温度升高对产量影响为正效应;波谷区主要出现在苗期—越冬前期和拔节—抽穗期,该阶段温度升高对冬小麦产量影响为负效应。

越冬中后期—返青起身期波峰出现在 2 月中旬,影响系数为 12.7,此阶段气温升高利于冬小麦返青起身。苗期—越冬前期波谷出现在 11 月中旬,标准化气温每升高 1 个单位,对气象产量的影响系数为－13.5,主要是由于气温升高易造成冬小麦冬前旺长,消耗养分积累,不利于成大蘖和抗寒锻炼。拔节—抽穗期波谷出现在 5 月上旬,影响系数为－15.5,此阶段适当的低温有利于冬小麦小穗小花分化。

降水增加对陇东麦区基本均为正效应,影响系数呈现“两峰一谷”型,仅在越冬前期有一个弱的负效应;正效应时段出现一大一小波峰,小波峰为冬小麦区休闲期,大波峰出现在停止生长后,降水增加对冬小麦生长发育均为正效应。

越冬前期小波谷出现在 10 月下旬,标准化降水每增加 1 个单位,对气象产量的影响系数为－4.6,陇东麦区冬前生长主要依赖于麦田休闲期降水,此阶段降水增加易造成冬小麦冬前徒长,不利于安全越冬。休闲期小波峰出现在 8 月中旬,影响系数为 11.2,此阶段降水对播种、苗期生长及次年返青后冬小麦生长的正效应均较显著。停止生长后的大波峰出现在 2 月中旬,标准化降水每增加 1 个单位,对气象产量的影响系数为 33.5,陇东麦区 1—3 月降水仅占全年降水量的 3%～7%,易出现冬春旱,冬小麦返青起身缓慢,起身后植株长势弱,对冬小麦产量影响较大,越冬后期—返青起身期降水量的增加对冬小麦正效应非常显著。进入拔节期后,陇东麦区降水逐渐增多,冬小麦需水量也逐步增加,降水量增加对冬小麦生长发育的正效应也较显著。

2.2.4.3　陇南气候因子对产量影响

1985—2008 年陇南冬麦区光温水对冬小麦气象产量逐旬影响系数变化如图 2.7 所示,光温水积分回归影响系数与陇南冬麦区气象产量复相关系数为 0.9976,$F = 24.93$,$p = 0.04$。降水和温度对气象产量影响较大,且影响系数变化曲线较相似,日照时数影响系数变幅相对较小。

温度升高对气象产量的影响在播种前—返青前均为负效应,其他时段影响不明显。播种前—返青前波谷出现在 10 月中旬,影响系数为 −15.2。冬前生长阶段气温降低利于冬小麦壮苗,分蘖多,陇南冬麦区热量资源丰富,越冬期冬小麦遭受冻害风险较低,因此越冬期适当低温可抑制冬小麦冬季生长。

降水增加对产量影响除冬前生长阶段为弱的负效应,其余阶段基本均为正效应。麦田休闲期波峰出现在 8 月上旬,影响系数为 4.5,此阶段降水对冬小麦播种出苗和苗期生长均有重要作用。冬前生长阶段降水量的增加对冬小麦生长为负效应,波谷出现在 10 月下旬,影响系数为 −3.3,此阶段冬小麦生长主要依赖于麦田休闲期贮水,降水量的增加易造成冬小麦冬前旺长,不利于壮苗分蘖。越冬开始后,降水量的增加对冬小麦的生长发育均为正效应,波峰出现在 3 月上旬,影响系数为 9.6;返青后影响系数变化较平缓,均在峰值附近波动。

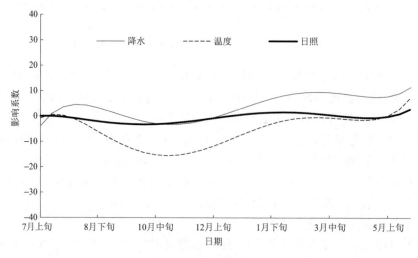

图 2.7　1985—2008 年陇南冬麦区光温水积分回归影响系数变化

2.2.4.4　区域产量动态预报模型

依据冬小麦产量预报业务需求,分别在 3 月下旬、4 月下旬、5 月下旬建立陇中、陇东和陇南 3 大冬麦区产量动态预报模型(表 2.9),模型均通过了 0.01 显著性水平检验,其中,陇东冬麦区预报模型相关系数最高。

表 2.9　陇中、陇东和陇南冬麦区冬小麦气象产量动态预报模型

预报时间	预报模型	相关系数	F 值
3 月下旬	$Y_{w陇中}=0.36989+0.05291\alpha(m)$	0.625^{**}	11.52
	$Y_{w陇东}=0.42211+0.04232\alpha(m)$	0.861^{**}	51.66
	$Y_{w陇南}=0.11641+0.03095\alpha(m)$	0.617^{**}	11.09
4 月下旬	$Y_{w陇中}=0.36989+0.05776\alpha(m)$	0.707^{**}	18.01
	$Y_{w陇东}=0.42211+0.04004\alpha(m)$	0.907^{**}	83.47
	$Y_{w陇南}=0.11641+0.03707\alpha(m)$	0.722^{**}	19.61
5 月下旬	$Y_{w陇中}=0.36989+0.05625\alpha(m)$	0.706^{**}	17.84
	$Y_{w陇东}=0.42211+0.03961\alpha(m)$	0.879^{**}	57.84
	$Y_{w陇南}=0.11641+0.02539\alpha(m)$	0.565^{**}	8.46

注：$**$ 表示通过了 0.01 显著性水平检验；$\alpha(m)$ 为气象条件对冬小麦气象产量的影响系数。

2.2.5　甘肃省冬小麦产量预报及检验

2.2.5.1　甘肃省冬小麦产量预报模型

根据不同统计预报方法建立甘肃省陇中、陇东、陇南三大主产区的冬小麦气象产量预报回归模型，模拟各主产区冬小麦气象产量，甘肃省冬小麦的气象产量(Y_w)预报模型如下：

$$Y_w=e \cdot Y_{w陇中}+f \cdot Y_{w陇东}+g \cdot Y_{w陇南} \tag{2.11}$$

式中，$Y_{w陇中}$、$Y_{w陇东}$、$Y_{w陇南}$分别为陇中、陇东、陇南冬小麦气象产量；e,f,g分别为各区域面积权重系数，为 2004—2008 年甘肃省各区域冬小麦播种面积占全省冬小麦面积的比例，分别为0.12,0.48,0.4。

结合趋势产量(Y_t)预报结果，可得到甘肃省冬小麦产量(Y)，从而实现了甘肃省冬小麦产量气象预报。

2.2.5.2　两种方法预报模型检验

运用基于气候适宜度和积分回归两种方法建立的甘肃省冬小麦产量动态预报模型分别对2009—2011 年甘肃省冬小麦单产在 3 月下旬、4 月下旬、5 月下旬进行预报模型检验（表2.10）。基于气候适宜度预报模型平均准确率为 97.77%，基于积分回归原理预报模型平均准确率为 95.06%，预报平均准确率都在 95%以上，预报准确率较高，完全满足实际业务需求，特别是基于气候适宜度产量动态预报模型准确率达 97%以上，预报效果较好。

表 2.10　2009—2011 年冬小麦产量预报准确率比较(%)

年份	3 月下旬		4 月下旬		5 月下旬		全年平均	
	适宜度	积分回归	适宜度	积分回归	适宜度	积分回归	适宜度	积分回归
2009	99.97	98.57	98.13	95.76	97.85	96.68	98.56	97.00
2010	98.69	97.83	97.98	95.80	99.02	99.06	98.65	97.56
2011	94.44	88.28	97.10	93.09	96.71	90.44	96.08	90.60
平均准确率	97.70	94.90	97.74	94.88	97.86	95.39	97.77	95.06

从两种预报方法预报准确率对比可知，基于气候适宜度产量动态预报模型无论是预报时段早或晚，单产准确率普遍都高于积分回归方法。这与两种预报方法选用的预报因子有关，气

候适宜度方法是基于冬小麦在不同发育期对气象条件的要求用光温水要素来构建模糊隶属函数作为预报因子,表征气象条件满足冬小麦生长发育的适宜度,积分回归方法直接用积分回归的统计学原理回归出光温水要素对冬小麦生长发育的影响系数。前者对冬小麦生理特性考虑更多,后者则更侧重于统计学方法,因而前者准确率要高于后者。

因此,在实际业务应用中,基于气候适宜度预报模型预报结果的参考价值更高,可作为冬小麦产量预报的主要预报模型,基于积分回归方法的预报模型则作为辅助参考模型。

2.3　甘肃省春小麦产量气象预报模型

2.3.1　研究数据及处理

2.3.1.1　气象资料

甘肃省春小麦主要分布在河西和陇中,河西和陇中黄河沿岸地区为灌溉区,陇中其余地方则以雨养农业为主。按种植方式、播种面积及产量水平筛选 22 个代表县站,其中河西和陇中沿黄灌溉区 14 个(统称为河西主产区),陇中雨养区 8 个。气象资料包括 22 个代表县站1980—2013 年逐日平均气温、最高温度、最低温度、降水、日照时数、风速、相对湿度资料。

2.3.1.2　产量资料

1980—2013 年全省春小麦种植县产量资料来源于《甘肃省农村年鉴》。以 1980—2009 年产量资料为建模样本,以 2010—2013 年数据作为模型检验样本。

2.3.1.3　发育期及相关指标

各农业气象观测站点 2006—2008 年春小麦平均发育期及三基点温度和气候适宜度方法中相关参数见表 2.11。

表 2.11　2006—2008 年甘肃省春小麦平均发育期三基点温度及相关参数

参数	播种—出苗期	出苗—拔节期	拔节—抽穗期	抽穗—乳熟期	乳熟—成熟期
	3月中旬至4月上旬	4月中旬至5月中旬	5月下旬至6月上旬	6月中旬至6月下旬	7月上旬至7月中旬
T_1	5	8	10	13	13
T_0	17	18	19	20	20
T_2	20	30	32	27	25
B	0.25	1.20	1.44	1.00	0.71
K_c	0.9	0.5	1.43	1.31	0.61
b	4.15	4.14	4.61	4.93	4.99

2.3.2　甘肃省春小麦趋势产量预报模型

利用 5 年滑动平均法,分离全省春小麦趋势产量和气象产量。采用正交二次多项式逐步回归法,建立了甘肃省春小麦趋势产量预报模型如下式:

$$Y_t = -0.7932(x-1980)^2 + 80.959(x-1980) + 2184.9 \quad (2.12)$$

式中,Y_t 为趋势产量;x 为预报年份;$R^2 = 0.9748$,通过 0.01 显著性水平检验(图 2.8)。

2.3.3　基于气候适宜度法的甘肃省春小麦气象产量预报模型

采用气候适宜度方法,以旬为时间尺度,分别计算各代表站 1980—2009 年春小麦生育期

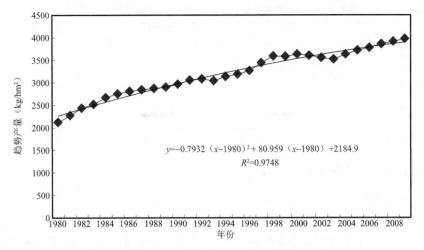

图 2.8　1980—2009 年甘肃省春小麦趋势产量模拟

内逐旬光、温、水适宜度。由于影响灌溉区和雨养区春小麦产量形成的气候因子不同,光、温、水权重系数的确定是根据光温水适宜度与气象产量的相关系数以及所有因子与气象产量相关系数绝对值和的比值得到。河西灌溉区光温水要素对气象产量形成的权重系数分别为 0.2、0.3 和 0.5,陇中雨养春麦区光温水要素对气象产量形成的权重系数分别为 0.1、0.1 和 0.8。依据确定的光温水权重系数可得到河西、陇中区域气候适宜度,进一步分析与气象产量的相关性,最后建立气象产量预报模型。

　　根据业务需求,分别在 5 月上旬、6 月中旬建立灌溉区和雨养区春小麦气候适宜度气象产量预报回归模型(表 2.12)。模型均通过了 0.05 和 0.01 显著性水平检验,其中,两大主产区均为 6 月中旬预报模型相关性较高。

表 2.12　甘肃省春小麦气候适宜度法气象产量动态预报模型

预报时间	预报模型	相关系数	F 值
5 月上旬	$Y_{w河西} = 150.713SC(m) - 51.335$	0.443*	5.12
	$Y_{w陇中} = 43.162SC(m) - 17.592$	0.425*	5.03
6 月中旬	$Y_{w河西} = 283.193SC(m) - 118.429$	0.551**	9.13
	$Y_{w陇中} = 126.228SC(m) - 54.368$	0.564**	9.25

注:*、** 分别表示通过了 0.05、0.01 显著性水平检验;$SC(m)$ 为第 m 旬春小麦气候适宜度。

2.3.4　基于积分回归法的甘肃省春小麦气象产量预报模型

　　利用积分回归方法原理,以旬为时间尺度,分别计算甘肃省河西、陇中春麦区 1985—2008 年冬小麦逐旬光温水三要素,分析了影响河西灌溉区和陇中雨养区春小麦生产的主要气象要素和关键时期,并分别在 5 月上旬、6 月中旬建立了甘肃省春小麦产量动态预报模型(表 2.13),陇中雨养春麦区预报模型预报效果较河西灌溉区更可靠。陇中春麦区预报模型均通过了 0.01 以上显著性水平检验,6 月中旬预报模型优于 5 月上旬;河西灌溉区 5 月上旬预报模型通过 0.05 显著性水平检验,6 月中旬预报模型未通过信度检验,灌溉区产量更依赖于灌溉条件和河流来水量,且河西灌溉区温高光足,气象条件对产量影响有限,这与灌溉区实际情况比较相符,在后期研究中,应将河西灌溉区灌溉量考虑进去进一步改进模型。

表 2.13　甘肃省春小麦积分回归法气象产量动态预报模型

预报时间	预报模型	相关系数(R)	F 值
5月上旬	$Y_{w河西}=0.9164+2.3395\alpha(m)$	0.426*	4.649
	$Y_{w陇中}=月\,1.3445+6.7306\alpha(m)$	0.528**	5.128
6月中旬	$Y_{w河西}=0.9164+2.8357\alpha(m)$	0.378	3.474
	$Y_{w陇中}=月\,1.3445+10.2477\alpha(m)$	0.836**	48.61

注:*、**分别表示通过了 0.05 和 0.01 显著性水平检验;$\alpha(m)$为气象条件对春小麦气象产量的影响系数。

2.3.5　甘肃省春小麦产量预报及检验

2.3.5.1　甘肃省春小麦产量预报模型

根据气候适宜度和积分回归两种预报方法建立甘肃省河西、陇中产区的春小麦气象产量预报回归模型,模拟各主产区春小麦气象产量,甘肃省春小麦的气象产量(Y_w)预报模型如下:

$$Y_w=e\cdot Y_{w河西}+f\cdot Y_{w陇中} \hspace{3cm}(2.13)$$

式中,$Y_{w河西}$、$Y_{w陇中}$分别为河西、陇中春小麦气象产量;e,f 分别为各区域面积权重系数,为 2004—2008 年各区域春小麦播种面积占全省春小麦面积的比例,分别为 0.6 和 0.4。

结合趋势产量(Y_t)预报结果,可得到甘肃省春小麦产量(Y),从而实现了全省春小麦产量气象预报。

2.3.5.2　两种方法预报模型检验

运用基于气候适宜度和积分回归两种方法建立的甘肃省春小麦产量动态预报模型,分别对 2010—2013 年甘肃省春小麦单产在 5 月上旬、6 月中旬进行预报准确率检验(表 2.14),气候适宜度方法预报模型平均准确率分别为 95.2%、95.9%,积分回归原理预报模型平均准确率分别为 94.1%、95.1%,两种方法预报平均准确率都在 94% 以上,基本能满足实际业务需求,为业务正常开展提供了一定的理论支撑。气候适宜度方法预报结果整体略好于积分回归方法,在实际业务中,主要参考气候适宜度方法预报结果,辅助参考积分回归方法预报结果。

表 2.14　2010—2013 年春小麦预报准确率比较(%)

年份	5月上旬		6月中旬	
	适宜度	积分回归	适宜度	积分回归
2010	92.80	95.76	93.20	96.68
2011	96.00	95.80	96.50	99.06
2012	99.00	93.09	99.10	90.44
2013	94.20	93.00	94.70	93.40
平均准确率	95.2	94.1	95.9	95.1

2.4　甘肃省玉米产量气象预报模型

2.4.1　研究数据及处理

2.4.1.1　气象资料

玉米是甘肃省主要粮食作物,近 10 年面积和产量均为全省第一,除甘南州外,玉米在全省均有种植。按气候类型、种植方式及产量水平筛选 57 个代表县站,分为三大主要种植区,分别是河西干旱区 12 个,陇中陇东半干旱半湿润区 28 个,陇南半湿润湿润区 17 个。气象资料包括 57 个代表县站 1980—2012 年逐日平均气温、最高温度、最低温度、降水、日照时数、风速、相对湿度资料。

2.4.1.2　产量资料

1980—2012 年全省玉米种植县产量资料来源于《甘肃省农村年鉴》。以 1980—2009 年产量资料为建模样本,以 2010—2012 年数据为模型检验样本。

2.4.1.3　发育期资料

2006—2008 年主产区农业气象观测站点玉米平均发育期见表 2.15。

表 2.15　甘肃省 2006—2008 年玉米平均发育期(月/旬)

	播种	出苗	抽雄	成熟
河西春玉米区	4/中旬	5/上旬	7/下旬	9/下旬
陇中陇东春玉米区	4/中旬	5/上旬	7/中旬	9/中旬
陇南中北部春玉米区	4/中旬	4/下旬	7/上旬	8/下旬
陇南南部夏玉米区	6/上旬	6/中旬	8/上旬	9/下旬

2.4.1.4　生理指标及相关参数

通过文献查阅,整理了甘肃省玉米各发育期上、下限温度和最适温度指标及气候适宜度方法中所需参数见表 2.16。

表 2.16　玉米不同生育期三基点温度及相关参数

发育期	T_0	T_1	T_2	K_c	B	b
播种—出苗	25	10	35	0.4	0.667	4.77
出苗—抽雄	26	12	35	1.15	0.643	5.08
抽雄—成熟	24	15	30	1.05	0.667	5.17

2.4.2　甘肃省玉米趋势产量预报模型

利用 5 年滑动平均法,分离三大主产区及全省玉米趋势产量和气象产量。采用正交二次多项式逐步回归法建立了甘肃省玉米趋势产量预报模型如下式:

$$Y_t = -5.4206(x-1980)^2 + 240.47(x-1980) + 2151.5 \qquad (2.14)$$

式中,Y_t 为趋势产量;x 为预报年份;$R^2 = 0.9414$,通过 0.01 显著性水平检验(图 2.9)。

2.4.3　基于气候适宜度法的甘肃省玉米气象产量预报模型

利用气候适宜度方法,以旬为时间尺度,分别计算各代表站 1980—2009 年玉米生育期内逐旬光温水适宜度。由于影响不同区域玉米产量形成的关键气候因子不同,不同区域构建气候适宜度指数的光、温、水权重系数也不同,根据光温水适宜度与气象产量的相关系数以及所有因子与气象产量相关系数绝对值和的比值确定各主产区各要素权重系数。河西主产区光、温、水要素对玉米气象产量形成的权重系数分别为 0.7、0.2 和 0.1,河西灌溉区玉米产量依赖于灌溉条件和河流来水量,玉米是喜温喜光作物,气象产量主要取决于日照和温度因子,降水因子对产量影响有限,这与河西灌溉区实际情况比较相符。河东区域(陇中陇东和陇南主产

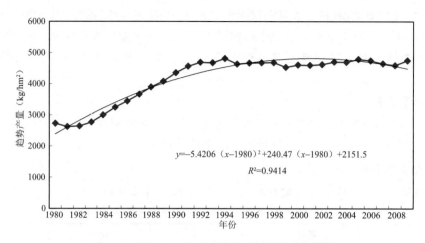

图 2.9　1980—2009 年甘肃省玉米趋势产量模拟

区)光、温、水要素对气象产量形成的权重系数分别为 0.20、0.32 和 0.48,由于河东大部分为雨养农业,玉米气象产量主要取决于降水因子,同时甘肃省近些年大力推广全膜双垄沟播技术,该项技术通过保墒增温大幅度提高玉米产量,再加之玉米关键生长期与雨热同季,玉米降水因子权重系数没有冬小麦和雨养春小麦大,这也比较符合甘肃省玉米实际生产情况。

　　采用区域平均法得到河西、陇中陇东、陇南三大区域光温水适宜度及气候适宜度,并分别与三大区域分离出的气象产量进行相关分析,根据业务需求,分别在 6 月下旬、7 月下旬、8 月下旬建立三大主产区玉米气候适宜度气象产量预报回归模型(表 2.17)。河东主产区 6 月下旬预报模型未通过信度检验,主要是因为 6 月下旬玉米仍处于营养生长阶段,气候因子对产量形成影响不明显,随着玉米进入生殖生长阶段,产量对气候因子特别是降水的依赖性较高,模型对气象产量的模拟效果逐步提高,8 月下旬陇中陇东主产区和陇南主产区预报模型均通过0.01 显著性水平检验。河西主产区预报模型随着发育期推进模拟效果也在逐步提升,均通过0.05 显著性水平检验。

表 2.17　玉米气候适宜度法气象产量动态预报模型

预报时间	预报模型	相关系数(R)	F 值
6 月下旬	$Y_{w河西}=260.959SC(m)-152.1$	0.431*	4.80
	$Y_{w陇中陇东}=95.061SC(m)-0.502$	0.297	2.03
	$Y_{w陇南}=146.231SC(m)-40.199$	0.277	1.74
7 月下旬	$Y_{w河西}=373.291SC(m)-221.815$	0.472*	6.01
	$Y_{w陇中陇东}=188.155SC(m)-6.446$	0.479*	6.25
	$Y_{w陇南}=237.49SC(m)-73.549$	0.470*	5.94
8 月下旬	$Y_{w河西}=454.551SC(m)-271.593$	0.497*	6.89
	$Y_{w陇中陇东}=296.814SC(m)-17.831$	0.573**	10.25
	$Y_{w陇南}=307.855SC(m)-101.4$	0.546**	8.90

注:*、** 分别表示通过了 0.05、0.01 显著性水平检验;$SC(m)$ 为第 m 旬玉米气候适宜度。

2.4.4　基于积分回归法的甘肃省玉米气象产量预报模型

　　利用积分回归方法原理,以旬为时间尺度,分别计算甘肃省河西、陇中陇东、陇南三大区域

1980—2009 年玉米逐旬光温水三要素,分析了影响河西、陇中陇东、陇南玉米生产的主要气象要素和关键时期,根据玉米产量预报业务需求,分别在 6 月下旬、7 月下旬、8 月下旬建立三大主产区玉米气象产量动态预报模型(表 2.18)。河东主产区 6 月下旬预报模型未通过信度检验,原因同 2.4.3 小节分析一致,7 月下旬和 8 月下旬预报模型均通过 0.01 显著性水平检验,河西主产区预报模型 6 月下旬和 7 月下旬通过 0.05 显著性水平检验,8 月下旬则通过 0.01 显著性水平检验。

表 2.18　玉米积分回归法气象产量动态预报模型

预报时间	预报模型	相关系数(R)	F 值
6 月下旬	$Y_{w河西}=0.2174+0.6055\alpha(m)$	0.444*	5.16
	$Y_{w陇中陇东}=0.3732+0.1215\alpha(m)$	0.264	1.58
	$Y_{w陇南}=0.8557+0.3517\alpha(m)$	0.224	1.11
7 月下旬	$Y_{w河西}=0.2174+0.9042\alpha(m)$	0.467*	5.85
	$Y_{w陇中陇东}=0.3732+0.2209\alpha(m)$	0.592**	11.24
	$Y_{w陇南}=0.8557+0.802\alpha(m)$	0.589**	11.13
8 月下旬	$Y_{w河西}=0.2174+1.465\alpha(m)$	0.532**	8.31
	$Y_{w陇中陇东}=0.3732+0.2247\alpha(m)$	0.604**	11.93
	$Y_{w陇南}=0.8557+0.92\alpha(m)$	0.586**	11.0

注:*、** 分别表示通过了 0.05、0.01 显著性水平检验;$\alpha(m)$ 为气象条件对玉米气象产量的影响系数。

2.4.5　甘肃省玉米产量预报及检验

2.4.5.1　甘肃省玉米产量预报模型

根据气候适宜度和积分回归两种预报方法建立甘肃省河西、陇中陇东、陇南三大主产区的玉米气象产量预报回归模型,模拟各主产区玉米气象产量,甘肃省玉米的气象产量(Y_w)预报模型如下:

$$Y_w=e \cdot Y_{w河西}+f \cdot Y_{w陇中陇东}+g \cdot Y_{w陇南} \tag{2.15}$$

式中,$Y_{w河西}$、$Y_{w陇中陇东}$、$Y_{w陇南}$ 分别为甘肃省河西、陇中陇东、陇南玉米气象产量;e,f,g 分别为各区域面积权重系数,为 2004—2008 年三大主产区域玉米播种面积占全省玉米面积的比列,分别为 0.19,0.6,0.21。

结合趋势产量(Y_t)预报结果,可得到甘肃省玉米产量(Y),从而实现了全省玉米产量气象预报。

2.4.5.2　两种方法预报模型检验

运用基于气候适宜度和积分回归两种方法建立的甘肃省玉米产量动态预报模型,分别对 2010—2012 年甘肃省玉米单产在 6 月下旬、7 月下旬、8 月下旬进行预报准确率检验(表 2.19)。基于气候适宜度预报模型平均准确率分别为 91.1%、92.9% 和 93.9%,基于积分回归原理预报模型平均准确率分别为 91%、91.4% 和 91.5%,两种方法预报平均准确率都在 91% 以上,基本能满足实际业务需求,其中基于气候适宜度产量动态预报模型准确率相对积分回归方法预报效果更优,在实际业务中,主要参考气候适宜度方法预报结果,辅助参考积分回归方法预报结果。

表 2.19 2010—2012 年玉米预报准确率比较(%)

年份	6月下旬		7月下旬		8月下旬	
	适宜度	积分回归	适宜度	积分回归	适宜度	积分回归
2010	95.2	99.6	97.4	99.5	98.7	99.5
2011	93.6	91.2	94.9	91.9	94.8	92.9
2012	84.4	82.3	86.6	82.7	88.4	82.3
平均准确率	91.1	91.0	92.9	91.4	93.9	91.5

2.5 甘肃省马铃薯产量气象预报模型

2.5.1 研究数据及处理

2.5.1.1 气象资料

甘肃 87 个县(区)中有 60 个县种植马铃薯,按气候类型、种植方式及区域布局,分为河西种植区、陇中种植区、陇东种植区和陇南种植区。按照 2009—2011 年播种面积大于 20 万亩原则,在四大种植区选取 25 个代表站(河西 4 个、陇中 10 个、陇东 5 个、陇南 6 个)。气象资料包括 25 个代表县站 1980—2016 年逐日平均气温、最高温度、最低温度、降水、日照时数、风速、相对湿度资料。

2.5.1.2 产量资料

1980—2016 年甘肃省 25 个马铃薯种植县产量资料来源于《甘肃省农村年鉴》。以 1980—2013 年产量资料为建模样本,以 2014—2016 年数据作为模型检验样本。

2.5.1.3 发育期

甘肃省马铃薯一般在 4 月上旬至 5 月上旬播种,高海拔及甘肃西部播种较早,海拔较低及东部播种较迟。各地马铃薯平均发育期见表 2.20。播种至出苗时间较长为 30 d 左右,个别海拔、纬度较高的地方如河西的民乐,可达 54 d。出苗以后生长较快,分枝—花序形成需 15 d 左右,花序形成—开花期需 12d 左右;开花—可收期是块茎膨大、营养积累时期,需 70~85d,

表 2.20 甘肃省各地马铃薯物候期(旬/月)

县站	播种	出苗	分枝	花序形成	开花	可收期	总天数(d)
古浪	上 4/	上/6	下/6	上/7	下/7	中/9	165
民乐	上/4	上/6	下/6	上/7	下/7	中/9	161
榆中	中/4	中/5	上/6	中/6	下/6	上/9	149
临夏	中/4	中/5	上/6	中/6	下/6	下/9	165
通渭	上/5	上/6	上/7	上/7	中/7	上/10	148
定西	上/4	上/6	下/6	上/7	下/7	上/10	186
岷县	中/4	下/5	上/6	下/7	下/7	下/9	162
北道	中/4	中/5	下/6	上/7	下/7	上/9	143
平凉	下/4	下/5	上/6	中/6	上/7	下/9	143
环县	中/4	下/5	上/6	下/6	上/7	下/9	158

海拔及纬度高的地方时间较长,此时段越长,块茎积累越充分,淀粉含量愈高,品质愈好。同一地区,高海拔山区马铃薯品质优于低海拔的川区。

2.5.1.4 生理指标及相关参数

甘肃省马铃薯不同生育时段三基点温度及气候适宜度方法相关参数见表 2.21。

表 2.21 不同生育阶段甘肃省马铃薯光、温、水指指标及参数

生育阶段	最低温度(℃)	最适温度(℃)	最高温度(℃)	K_c	B	b
播种—出苗	5	15	25	0.4	1	4.61
营养生长	6	16	28	0.8	1.2	4.77
生殖生长	7	17	30	1.1	1.3	4.93
可收	6	16	29	0.8	1.3	5.08

2.5.2 甘肃省马铃薯趋势产量预报模型

利用 5 年滑动平均法,分离甘肃省马铃薯趋势产量和气象产量。采用正交二次多项式逐步回归法建立了甘肃省马铃薯趋势产量预报模型如下式:

$$Y_t = -0.0141(x-1980)^2 + 67.425(x-1980) + 1239.2 \qquad (2.16)$$

式中,Y_t 为趋势产量;x 为预报年份;$R^2 = 0.9602$,通过 0.01 显著性水平检验(图 2.10)。

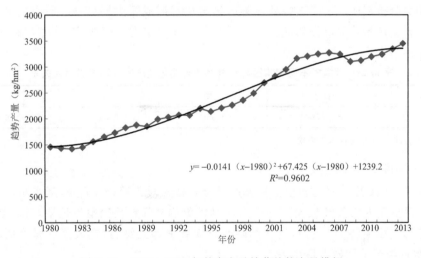

图 2.10 1980—2013 年甘肃省马铃薯趋势产量模拟

2.5.3 基于气候适宜度法的甘肃省马铃薯气象产量预报模型

利用气候适宜度方法,以旬为时间尺度,分别计算甘肃省各代表站 1980—2013 年马铃薯生育期内逐旬光温水适宜度,光温水权重系数是根据各主产区光、温、水适宜度与气象产量的相关系数以及所有因子与气象产量相关系数绝对值和的比值而确定,进而得到河西、陇中、陇东、陇南四大区域光温水适宜度及气候适宜度,并分别与分离出的区域气象产量进行相关分析,根据业务需求,在 8 月上旬、9 月中旬分别建立四大主产区马铃薯气候适宜度气象产量预报回归模型(表 2.22)。

表 2.22 甘肃省马铃薯气候适宜度法气象产量动态预报模型

预报时间	预报模型	相关系数(R)	F 值
8月上旬	$Y_{w河西}=1081.604S(Rm)-290.567$	0.295	2.28
	$Y_{w陇中}=3975.508S(Tm)-3458.458$	0.484**	7.34
	$Y_{w陇东}=2612.854S(Tm)-2256.087$	0.316	2.65
	$Y_{w陇南}=2333.468S(Tm)-1982.984$	0.326	2.85
9月中旬	$Y_{w河西}=1731.979S(Rm)-581.744$	0.463**	6.53
	$Y_{w陇中}=1471.821SC(m)-1090.072$	0.613**	14.42
	$Y_{w陇东}=3804.876S(Tm)-3295.313$	0.419*	5.11
	$Y_{w陇南}=3847.095S(Tm)-3246.641$	0.465**	6.63

注：*、** 分别表示通过 0.05、0.01 显著性水平检验；$S(Tm)$、$S(Rm)$、$SC(m)$ 分别为第 m 旬温度适宜度、降水适宜度、气候适宜度。

2.5.4 基于关键气象因子法的甘肃省马铃薯气象产量预报模型

2.5.4.1 热量因子筛选

马铃薯块茎在日平均气温达到 4 ℃时开始萌动、发芽，7～8 ℃幼苗缓慢生长，幼芽生长最适气温为 10～12 ℃，茎叶生长最适温度为 18～21 ℃，块茎形成最适气温为 16～18 ℃。只要播种适时，各地温度都比较适宜幼苗及茎叶生长，但块茎形成及膨大期的气温却明显地影响产量形成。相关分析表明(表 2.23)，马铃薯产量与块茎形成膨大期(7月)平均气温呈负相关。说明各地马铃薯产量均受高温影响。负相关显著程度河东大于河西，尤其陇东南的高温导致减产的可能性最大。

表 2.23 甘肃省不同种植区马铃薯产量与块茎形成膨大期气温相关关系

地点	古浪	定西	平凉	北道
相关系数	-0.456**	-0.569**	-0.583**	-0.491**

注：** 表示通过 0.01 显著性水平检验。

2.5.4.2 降水因子筛选

相关计算表明(表 2.24)，各地马铃薯产量与分枝—开花期(6—7月)降水量呈正相关，尤其是半干旱区的定西相关性最大。6—7月为马铃薯主要营养及生殖生长期，对水分要求比较敏感。块茎膨大后期(8月以后)，过多的降水反而会引起湿腐病，造成茎块腐烂而减产，北道8—9月降水量与产量呈显著负相关。

表 2.24 不同种植区马铃薯产量与分枝至开花期降水量相关关系

地点	古浪	定西	平凉	北道
相关系数	0.439*	0.876**	0.641**	0.562**

注：*、** 分别表示通过 0.05、0.01 显著性水平检验。

2.5.4.3 预报模型

根据相关分析结果，河西马铃薯气象产量与块茎形成膨大期(7月)平均最高气温、降水日数相关性最大，陇中马铃薯气象产量与7月降水距平百分率、9月气温相关性最大，陇东马铃薯气象产量与6月气温、7月平均最高气温距平相关性最大，陇南马铃薯气象产量与6月降水量、8 月降水量相关性最大,据此建立四大主产区马铃薯气象产量预报模型(表 2.25)。

表 2.25 甘肃省马铃薯关键气象因子法气象产量预报模型

预报模型	相关系数(R)
$Y_{w河西}=3.481x_1+5.1359x_2-148.9577$	0.290
$Y_{w陇中}=-0.0735x_3+2.4936x_4-34.0619$	0.594**
$Y_{w陇东}=-1.6346x_5-5.1063x_6+44.9405$	0.465**
$Y_{w陇南}=0.191x_7+0.8459x_8-70.1635$	0.393*

注:x_1 为 7 月平均最高气温,x_2 为 7 月平均降水日数,x_3 为 7 月平均降水距平百分率,x_4 为 9 月气温,x_5 为 6 月平均气温,x_6 为 7 月平均最高气温距平,x_7 为 6 月降水量,x_8 为 8 月降水量。*、** 分别表示通过 0.05、0.01 显著性水平检验。

2.5.5 甘肃省马铃薯产量预报及检验

2.5.5.1 甘肃省马铃薯产量预报模型

根据气候适宜度和积分回归两种预报方法建立甘肃省河西、陇中、陇东、陇南四大主产区的马铃薯气象产量预报回归模型,模拟各主产区马铃薯气象产量,甘肃省马铃薯的气象产量(Y_w)预报模型如下:

$$Y_w=e \cdot Y_{w河西}+f \cdot Y_{w陇中}+g \cdot Y_{w陇东}+h \cdot Y_{w陇南} \tag{2.17}$$

式中,$Y_{w河西}$、$Y_{w陇中}$、$Y_{w陇东}$、$Y_{w陇南}$ 分别为甘肃省河西、陇中、陇东、陇南地区马铃薯气象产量;e,f,g,h 分别为各区域面积权重系数,为 2013—2016 年各区域马铃薯播种面积占全省马铃薯面积的比例,分别为 0.08,0.54,0.14,0.24。

结合趋势产量(Y_t)预报结果,可得到甘肃省马铃薯产量(Y),从而实现了全省马铃薯产量气象预报。

2.5.5.2 两种方法预报模型检验

运用基于气候适宜度和关键气象因子两种方法建立的马铃薯产量动态预报模型分别对 2014—2016 年甘肃省马铃薯单产在 8 月上旬、9 月中旬进行预报准确率检验(表 2.26)。基于气候适宜度预报模型平均准确率分别为 95.4%、96.4%,基于关键气象因子预报模型 3 年平均准确率为 94.0%。两种预报方法基本满足实际业务需求,特别是气候适宜度产量动态预报模型准确率达 95% 以上,预报效果较好。

表 2.26 2014—2016 年甘肃省马铃薯产量预报准确率比较(%)

预报方法	预报时间	检验年份准确率			平均准确率
		2014 年	2015 年	2016 年	
关键因子	9 月	98.2	93.6	90.3	94.0
气候适宜度	8 月	97.7	96.5	91.9	95.4
	9 月	96.3	99.6	93.5	96.4

2.6 甘肃省作物产量气象预报业务

2.6.1 作物产量预报业务系统

甘肃省气象局作物产量气象预报业务的承担单位兰州区域气候中心,将上述气候适宜度、积分回归、关键气象因子等方法建立的甘肃省大宗粮食作物(冬小麦、春小麦、玉米、马铃薯)产量气象预报模型,经过程序开发集成到"甘肃省农业气象服务系统"中。"作物产量动态预报"位于"农气预报评估"模块,分为"地区产量动态预报"和"全省产量动态预报"两部分。

2.6.1.1 地区产量动态预报

"地区产量动态预报"可选择需查询的作物(冬小麦、春小麦、玉米、马铃薯),依据不同作物按分区选择查询区域,可选择"气候适宜度"和"积分回归"两种方法(注:马铃薯积分回归方法替换为关键气象因子方法),选择查询年份,点击"统计"功能,便可查询各代表站及所选区域任一年气象产量,点击"导出"功能可下载 Excel 格式计算结果(图 2.11)。

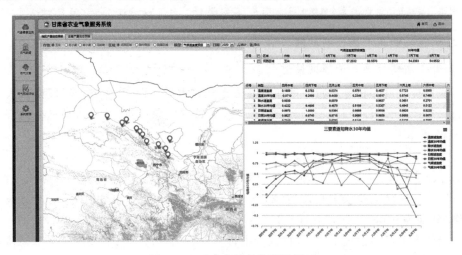

图 2.11　地区产量动态预报界面

以 2020 年河西玉米气候适宜度方法查询为例,图 2.12 右方显示河西 2020 年玉米播种以来逐旬光、温、水适宜度和气候适宜度,并可查询 30 a 光温水和气候适宜度均值,并以折线图展示。选择左方区域代表站便可查询该站点逐旬光、温、水适宜度和气候适宜度(图 2.12)。

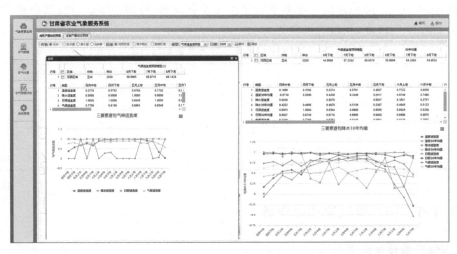

图 2.12　地区代表站产量动态预报界面

2.6.1.2　全省产量动态预报

全省产量动态预报可查询所有粮食作物(冬小麦、春小麦、玉米、马铃薯)任一年"气候适宜度"和"积分回归"两种方法(注:马铃薯积分回归方法替换为关键气象因子方法)预报的全省单产,查询结果以表格和柱状图形式同时显示,并可实时编辑保存统计部门公布的产量数据(图2.13)。

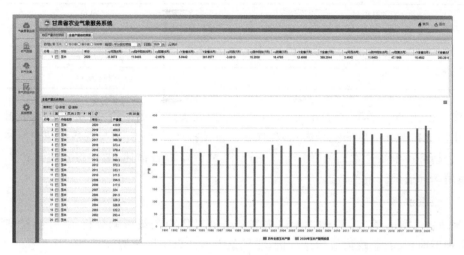

图 2.13　全省产量动态预报界面

2.6.2　产品制作流程

2.6.2.1　资料收集

产品发布15～20 d前收集各类资料,包括业务系统计算的各代表站点逐旬气候适宜度和积分回归系数,各代表站自作物播种以来逐旬和逐月的气候要素,各市州预报结论,农业和统计部门反馈的面积和产量资料,中长期天气预报,遥感监测结果和历年产量资料。

2.6.2.2　资料分析

分析该作物自播种以来,逐旬、逐月降水、气温等要素均值及距平,结合气候适宜度模型和积分回归模型计算结果,比较各生育阶段气象条件对产量影响的利弊;与近5年气象条件对比分析,分析当年气象条件在近5年的排名,对比气象模型近5年计算结果进行分析。

2.6.2.3　综合预报

综合播种以来气象条件分析、模型预报结果、市州局预报结论和农牧部门反馈预报意见,参考中长期天气预报和遥感监测结果,给出预报结论。

2.6.2.4　材料撰写

根据综合预报结论,参照产品规范,按照生育期进程进行气象条件利弊分析,并将预报依据撰写进去,给出农业生产建议,最后形成产品。

2.6.3　产品制作内容

在分析主要有利和不利气象条件的基础上,依据各种产量预报模型计算,与相关部门会商,并根据需要进行实地调查,开展冬小麦、春小麦、春玉米、马铃薯等产量趋势及定量单总产预报。主要作物产量农业气象预报产品包括预报结论、预报依据、未来天气气候预测与农业生产建议三部分内容。

2.6.3.1 预报结论

预报结论主要内容：①预报作物的平均单产、种植面积、总产量预报结果；②平均单产、种植面积、总产量预报结果与上一年实际值对比分析（增减值与增减百分比）（表2.27）。

表2.27 定量预报结论计量单位

预报项目	计量单位
平均单产	公斤/公顷（kg/hm²）
种植面积	万公顷（万 hm²）
总产量	万吨（万 t）

制作规范：①单一作物产量预报产品，以文字形式表述预报结论，其中与上一年相比的增减百分比标记在增减值后的括号内；多种作物产量预报产品，以文字与表格相结合形式表述预报结论；②趋势预报结论术语为：增产年、平产年、减产年进行描述；③定量预报结论不可为幅度值，使用国际通用计量单位。

2.6.3.2 预报依据

预报依据主要内容：①作物播种以来气象条件对作物产量影响分析；②社会经济因素分析，包括种植面积、农业政策等信息分析；③气象模型计算结果分析。

制作规范：①作物播种以来气象条件对作物产量影响分析部分包括文字描述和图表，应充分利用气象要素、作物产量资料、作物生长发育资料、农业气象指标资料、田间试验与调查资料、卫星遥感资料等开展全面、综合分析；②预报依据需支持预报结论；③图表所用数据应准确无误，且对预报依据解释作用强；④插图中图头、图例、图题应规范；⑤预报结论中应尽量应用统计、遥感、定量评价等多模型综合预报结果。

2.6.3.3 未来天气气候预测与农业生产建议

未来天气气候预测与农业生产建议主要内容：①未来天气和气候预测；②未来天气和气候对作物生长发育的可能影响；③农业生产建议。

制作规范：①未来天气气候预测要针对作物产区；②未来天气气候对作物生长发育影响分析应客观、定量；③农业生产建议应具有针对性及指导性。

2.6.4 业务产品案例

以2017年甘肃省主要粮食作物产量预报材料为案例分析，在农业气象条件利弊分析、大田苗情和病虫害调查、社会经济因素分析和气象模型计算等多源数据分析基础上，综合考虑影响作物产量多方面因素，并结合未来天气气候预报预测，充分参考多模型集成预报结果，最终发布2017年甘肃省主要粮食作物产量预报结论。

2.6.4.1 冬小麦业务产品案例

见附录A，2017年甘肃省冬小麦单产及总产量预报。

2.6.4.2 春小麦业务产品案例

见附录B，2017年甘肃省春小麦单产及总产量预报。

2.6.4.3 玉米和全年粮食产品案例

见附录C，2017年甘肃省玉米产量、粮食产量预报。

2.6.4.4　马铃薯业务产品案例

见附录 D,2017 年甘肃省马铃薯单产及总产量预报。

参考文献

艾劲松,孙雨轩,刘凯文,2018.荆州市冬小麦产量动态预报方法对比研究[J].气象科技进展,8(5):36-39.

蔡福,张淑杰,纪瑞鹏,等,2015.近 30 年辽宁玉米水分适宜度时空演变特征及农业干旱评估[J].应用生态学报,26(1):233-240.

程远,丁书萍,程卉,等,2012.黑龙江省水稻种植产量与气候因子的关系[J].中国农学通报,28(18):98-101.

代立芹,李春强,魏瑞江,等,2011.河北省冬小麦气候适宜度及其时空变化特征分析[J].中国农业气象,32(3):399-406.

代立芹,李春强,康西言,等,2012.基于气候和土壤水分综合适宜度指数的冬小麦产量动态预报模型[J].中国农业气象,33(4):519-526.

邓吉良,李茂芬,李玉萍,等,2018.海南省早稻产量与生育期气象因子的灰色关联与相关性分析[J].江苏农业科学,46(13):58-64.

杜春英,李帅,王晾晾,等,2010.基于历史产量丰歉影响指数的黑龙江省水稻产量动态预报[J].中国农业气象,31(3):427-430.

段海来,千怀遂,李明霞,等,2010.中国亚热带地区柑桔的气候适宜性[J].应用生态学报,21(8):1915-1925.

段居琦,周广胜,2012.我国单季稻种植区的气候适宜性[J].应用生态学报,23(2):426-432.

段月,万永建,黄鹤楼,等,2021.宁波市海曙区早稻产量预报模型及影响因子分析[J].浙江农业科学,62(3):508-512.

冯耀飞,张慧艳,2016.橡胶产量与气象因子的灰色关联性及逐步回归分析研究[J].热带农业科学,36(11):57-60.

宫丽娟,王晨轶,王萍,等,2013.东北三省玉米气候适宜度变化分析[J].玉米科学,21(5):140-146.

顾本文,吉文娟,2006.灰色关联度分析在云南小春作物产量预报中的应用[J].干旱地区农业研究,24(3):45-48.

郭志鹄,孙佳,黄翔,等,2019.昌江芒果花期气候适宜度变化特征分析[J].中国农学通报,35(31):95-100.

何永坤,张建平,2014.渝东地区烤烟气候适宜度及其变化特征研究[J].西南大学学报(自然科学版),36(9):140-146.

侯英雨,张蕾,吴门新,等,2018.国家级现代农业气象业务技术进展[J].应用气象学报,29(6):641-656.

胡园春,安广池,杨宁,等,2020.主要气象因子与冬小麦产量的灰色关联度分析[J].农学学报,10(2):92-95.

黄璜,1996.中国红黄壤地区作物生产的气候生态适应性研究[J].自然资源学报,11(4):340-346.

黄淑娥,田俊,吴慧峻,2012.江西省双季水稻生长季气候适宜度评价分析[J].中国农业气象,33(4):527-533.

黄维,杨沈斌,陈德,等,2017.苏皖鄂地区一季稻气候适宜度模型的构建[J].江苏农业科学,45(2):232-238.

黄珍珠,李寅,陈慧华,等,2018.基于气象关键因子的广东省橡胶产量预报[J].热带农业科学,38(2):107-112.

贾建英,刘一锋,彭妮,等,2016.基于积分回归法甘肃省冬小麦产量动态预报[J].气象与环境学报,32(2):100-105.

蒋元华,廖玉芳,彭嘉栋,等,2018.油茶花期产量模型及关键气象因子分析[J].安徽农业科学,46(34):141-144.

金林雪,武荣盛,吴瑞芬,2019.内蒙古大豆气候适宜性变化及未来情景预估[J].江苏农业科学,47(12):134-140.

金林雪,杨钦宇,2020.基于关键气象因子的内蒙古大豆发育期及产量预报方法研究[J].内蒙古气象(3):

24-28.

金志凤,叶建刚,杨再强,等,2014.浙江省茶叶生长的气候适宜性[J].应用生态学报,25(4):967-973.

景毅刚,高茂盛,范建忠,等,2013.陕西关中冬小麦气候适宜度分析[J].西北农业学报,22(8):27-32.

康西言,董航宇,姚树然,2015.基于气象因子的冬小麦发育期预报模型[J].中国农业气象,36(4):465-471.

孔维财,尤明双,2021.南京单季晚稻生育期气象因子对产量的影响[J].浙江农业科学,62(3):498-500.

赖纯佳,千怀遂,段海来,等,2009.淮河流域双季稻气候适宜度及其变化趋势[J].生态学杂志,28(11):
　　2339-2346.

李超,吴涛涛,张涛,等,2013.气象因子对大悟县花生产量的影响分析[J].气象与减灾研究,36(4):45-48.

李涵茂,帅细强,戴平,等,2015.基于关键气象因子的湘北早稻产量动态预报[J].湖南农业科学(1):114-116.

李昊宇,王建林,郑昌玲,等,2012.气候适宜度在华北冬小麦发育期预报中的应用[J].气象,38(12):
　　1554-1559.

李琳琳,王婷,李雨鸿,等,2017.基于关键气象因子的辽宁省水稻产量动态预报[J].大麦与谷类科学,34(4):
　　50-54.

李曼华,薛晓萍,李鸿怡,2012.基于气候适宜度指数的山东省冬小麦产量动态预报[J].中国农学通报,28
　　(12):291-295.

李茂芬,邓吉良,邓春梅,等,2018.海口晚稻生育期气象因子变化特征及其对晚稻产量的影响[J].江苏农业科
　　学,46(14):50-57.

李蒙,杨明,王伟,等,2010.云南普洱市烤烟种植气候适宜性精细化区划[J].作物杂志(6):75-79.

李树岩,彭记永,刘荣花,2013.基于气候适宜度的河南夏玉米发育期预报模型[J].中国农业气象,34(5):
　　576-581.

李树岩,陈怀亮,2014a.河南省夏玉米气候适宜度评价[J].干旱气象,32(5):751-759.

李树岩,刘伟昌,2014b.基于气象关键因子的河南省夏玉米产量预报研究[J].干旱地区农业研究,32(5):
　　223-227.

李伟英,2001.菏泽地区出口花生产量与气象条件的相关分析[J].山东气象,21(1):27-28.

李阳,刘静,马力文,等,2020.宁夏中南部山区马铃薯气候适宜度时空变化特征[J].干旱气象,38(6):
　　1001-1008.

刘春,叶秩麟,周文鳞,2018.气象条件对内江地区水稻生长的影响[J].中国农学通报,34(21):1-8.

刘春涛,慕臣英,李德萍,等,2017.青岛市崂山地区樱桃产量预报方法研究[J].气象与环境学报,33(5):
　　108-112.

刘洪英,鲜铁军,李睿,等,2020.基于气象因子的水稻产量预报模型[J].陕西气象(5):45-47.

刘清春,千怀遂,任玉玉,等,2004.河南省棉花的温度适宜性及其变化趋势分析[J].资源科学,26(4):51-56.

刘维,李祎君,吕厚荃,2018.早稻抽穗开花至成熟期气候适宜度对气候变暖与提前移栽的响应[J].中国农业
　　科学,51(1):49-59.

刘伟昌,陈怀亮,余卫东,等,2008.基于气候适宜度指数的冬小麦动态产量预报技术研究[J].气象与环境科
　　学,31(2):21-24.

刘晓英,周鹏,闫利霞,等,2016.廊坊地区夏玉米气候适宜度评价分析[J].中国农学通报,32(6):151-159.

刘新,赵艳丽,刘林春,等,2018.内蒙古玉米气候适宜度及其变化特征[J].干旱气象,36(6):1020-1026.

柳芳,薛庆禹,黎贞发,2014.天津棉花气候适宜度变化特征及其产量动态预报[J].中国农业气象,35(1):
　　48-54.

罗怀良,陈国阶,2001.四川洪雅县农业气候适宜度评价[J].农业现代化研究,22(5):279-282.

罗怀良,闫宁,2016.区域种植业气候适宜度及其对种植活动的响应——以四川省盐亭县为例[J].生态学报,
　　36(24):7981-7991.

罗梦森,付桂萍,查菲娜,2011.盐城市气象因子与水稻产量关系的研究[J].中国农学通报,27(14):210-213.

马耀绒,淡会星,尹贞铃,等,2020.渭南玉米产量气象条件分析与预报模型研究[J].陕西气象(2):34-37.

彭晓丹,欧善国,2021.广东增城荔枝产量预报方法研究[J].农业工程,11(1):119-122.

蒲金涌,姚小英,姚茹莘,2011.近 40 年甘肃河东地区夏秋作物气候适宜性变化[J].干旱地区农业研究,29(5):253-258.

钱锦霞,郭建平,2012.郑州地区冬小麦产量构成要素的回归模型[J].应用气象学报,23(4):500-504.

邱美娟,宋迎波,王建林,等,2014.新型统计检验聚类方法在精细化农业气象产量预报中的应用[J].中国农业气象,35(2):187-194.

邱美娟,宋迎波,王建林,等,2015.耦合土壤墒情的气候适宜度指数在山东省冬小麦产量动态预报中的应用[J].中国农业气象,36(2):187-194.

邱美娟,宋迎波,王建林,等,2016.山东省冬小麦产量动态集成预报方法[J].应用气象学报,27(2):191-200.

邱美娟,刘布春,刘园,等,2019.两种不同产量历史丰歉气象影响指数确定方法在农业气象产量预报中的对比研究[J].气象与环境科学,42(1):41-46.

邱美娟,刘布春,刘园,等,2020.春玉米产量动态预报技术的改进方法探索[J].气象与环境科学,43(1):1-8.

任玉玉,千怀遂,2006.河南省棉花气候适宜度变化趋势分析[J].应用气象学报,17(1):87-93.

帅细强,2014.基于气候适宜指数的湖南早稻产量动态预报[J].中国农学通报,30(33):56-59.

帅细强,樊清华,谢佰承,2021.基于历史丰歉气象影响指数的湖南油菜产量动态预报[J].湖南农业科学(6):82-85.

帅细强,陆魁东,黄晚华,2015.不同方法在湖南省早稻产量动态预报中的比较[J].应用气象学报,26(1):103-111.

宋迎波,王建林,陈晖,等,2008.中国油菜产量动态预报方法研究[J].气象,34(3):93-99.

孙贵拓,杨若翰,杨柯,等,2019.基于气候适宜度的水稻发育期预报模型[J].安徽农业科学,47(16):231-234.

孙俊,李剑萍,吴志歧,等,2010.气候条件对马铃薯产量的影响及产量预报模型研究[J].安徽农业科学,38(23):12400-12402.

孙小龙,闫伟兄,武荣盛,等,2014.基于气候适宜度建立河套灌区玉米生育期模拟模型[J].中国农业气象,35(1):62-67.

孙园园,徐富贤,孙永健,等,2015.四川稻作区优质稻生产气候生态条件适宜性评价及空间分布[J].中国生态农业学报,23(4):506-513.

唐余学,罗孳孳,范莉,等,2011.基于关键气象因子的中稻单产动态预报[J].中国农业气象,32(S1):140-143.

田俊,黄淑娥,祝必琴,等,2012.江西双季早稻气候适宜度小波分析[J].江西农业大学学报,34(4):646-651.

万永建,刘泳涛,黄卫,等,2018.基于 SPSS 的普宁早稻产量预报模型[J].广东气象,40(6):53-56.

王东方,娄伟平,孙科,2016.绍兴市油菜气候适宜度时空变化特征[J].浙江农业科学,57(8):1237-1239.

王二虎,宋晓,2012.基于气象因子的开封市花生产量预测模型[J].陕西农业科学,58(4):31-33.

王贺然,李晶,张慧,等,2018a.基于气候适宜度的辽宁省春玉米产量动态预报研究[J].安徽农业科学,46(23):121-125.

王贺然,张慧,王莹,等,2018b.基于两种方法建立辽宁大豆产量丰歉预报模型对比[J].中国农业气象,39(11):725-738.

王丽伟,邱美娟,邱译萱,等,2020.基于气候适宜度指数的吉林省春玉米单产预报研究[J].东北农业科学,45(1):68-72.

王连喜,顾嘉熠,李琪,等,2016.江苏省冬小麦适宜度时空变化研究[J].生态环境学报,25(1):67-75.

王学林,柳军,黄琴琴,等,2019.基于模糊数学的安徽双季早稻生长季气候适宜性评价[J].江苏农业科学,47(7):54-60.

王雪娥,1992.玉米气候适宜度动态模型的建立和应用[J].南京气象学院学报,15(2):63-72.

王禹,许世卫,喻闻,2014.气象因素对花生单产影响研究[J].广东农业科学,41(15):1-8.

王占林,张海春,2019.基于多元回归的高寒地区油菜产量预测模型[J].中国农学通报,35(14):32-35.

魏瑞江,张文宗,康西言,等,2007.河北省冬小麦气候适宜度动态模型的建立及应用[J].干旱地区农业研究,25(6):5-9.

魏瑞江,宋迎波,王鑫,2009.基于气候适宜度的玉米产量动态预报方法[J].应用气象学报,20(5):622-627.

魏中海,王建勇,夏宣炎,2004.粮食产量预测的因子处理和建模方法[J].华中农业大学学报,23(6):680-684.

吴门新,庄立伟,侯英雨,等,2019.中国农业气象业务系统(CAgMSS)设计与实现[J].应用气象学报,30(5):513-527.

武晋雯,孙龙彧,纪瑞鹏,等,2017.辽宁水稻气候适宜度日尺度评价研究[J].资源科学,39(8):1605-1613.

徐芳,黄帆,2016.基于SPSS的梧州早稻产量预测模型构建[J].气象研究与应用,37(3):98-101.

徐敏,徐经纬,高苹,等,2020.不同统计模型在冬小麦产量预报中的预报能力评估——以江苏麦区为例[J].中国生态农业学报,28(3):438-447.

徐延红,2017.夏玉米产量动态预报方法研究[J].陕西气象(3):1-5.

薛思嘉,魏瑞江,王朋朋,等,2021a.基于产量历史丰歉气象影响指数的河北省马铃薯产量预报[J].沙漠与绿洲气象,15(3):137-143.

薛思嘉,魏瑞江,王朋朋,等,2021b.基于关键气象因子的河北省马铃薯产量预报[J].干旱气象,39(1):138-143.

杨东,郭盼盼,刘强,等,2010.基于模糊数学的甘肃陇南地区农作物气候适宜性分析[J].西北农林科技大学学报(自然科学版),38(7):98-104.

杨宁,孔令刚,甄铁军,等,2020.夏玉米产量与主要气象因子灰色关联度分析[J].农学学报,10(11):37-42.

杨小兵,杨峻,杨晨,等,2020.安徽省花生产量与气象因素的关联度分析及预测模型研究[J].中国农学通报,36(34):100-103.

姚树然,王鑫,李二杰,2009.河北省棉花气候适宜度及其时空变化趋势分析[J].干旱地区农业研究,27(5):24-29.

姚小英,蒲金涌,姚茹莘,等,2011.气候暖干化背景下甘肃旱作区玉米气候适宜性变化[J].地理学报,66(1):59-67.

易灵伟,杨爱萍,刘文英,等,2015.湖北中稻气候适宜度指标构建及其对产量影响的定量评估与应用[J].中国农学通报,31(23):109-115.

易灵伟,杨爱萍,余焰文,等,2016.基于气候适宜指数的江西晚稻产量动态预报模型构建及应用[J].气象,42(7):885-891.

易雪,王建林,宋迎波,等,2011.早稻产量动态集成预报方法研究[J].中国水稻科学,25(3):307-313.

尹贞钤,许伟峰,田中伟,等,2014.渭南市冬小麦产量预报模型研究[J].陕西气象(5):35-37.

游超,蔡元刚,张玉芳,2011.基于气象适宜指数的四川盆地水稻气象产量动态预报技术研究[J].高原山地气象研究,31(1):51-55.

余焰文,蔡哲,姚俊萌,等,2019.江西省油菜产量集成预测模型方法研究[J].气象与减灾研究,42(3):206-211.

俞芬,千怀遂,段海来,2008.淮河流域水稻的气候适宜度及其变化趋势分析[J].地理科学,28(4):537-542.

张加云,陈瑶,朱勇,等,2020.基于相似气象年型和关键气象因子的云南一季稻动态产量预报[J].中国农学通报,36(34):96-99.

张建军,陈晓艺,马晓群,2012.安徽油菜气候适宜度评价指标的建立与应用[J].中国农学通报,28(13):155-158.

张建涛,李国强,陈丹丹,等,2016.两种冬小麦气候适宜度评价模型的比较[J].作物杂志(2):159-164.

张利才,洪群艳,李志,2016.西双版纳基于气象因子的橡胶产量预报模型[J].热带农业科技,39(3):9-13.

张利华,张永强,仲维建,等,2010.徐州地区小麦产量预报模型研究[J].安徽农业科学,38(33):18698-18700.

张佩,田娜,赵会颖,等,2015.江苏省冬小麦气候适宜度动态模型建立及应用[J].气象科学,35(4):468-473.

张艳红,吕厚荃,钱永兰,2014.1987—2012 年黄淮海地区冬小麦生育期气候适宜指数时空分布特征[J].中国农学通报,30(36):48-54.

张玉兰,苏占胜,毛万忠,等,2009.宁夏硒砂瓜产量动态预测[J].中国农业气象,30(1):88-91.

张育慧,蔡敏,舒素芳,等,2014.金华市近 30 年气象要素变化对晚稻单产的影响[J].浙江农业学报,26(5):1319-1323.

赵峰,千怀遂,焦士兴,2003.农作物气候适宜度模型研究——以河南省冬小麦为例[J].资源科学,25(6):77-82.

赵艺,邹雨伽,张玉芳,2020.基于历史丰歉气象影响指数的四川盆区油菜产量动态预报[J].湖北农业科学,59(23):77-80.

郑昌玲,杨霏云,王建林,等,2007.早稻产量动态预报模型[J].中国农业气象,28(4):412-416.

郑昌玲,王建林,宋迎波,等,2008.大豆产量动态预报模型研究[J].大豆科学,27(6):943-948.

朱海霞,李东明,王铭,等,2018.基于积分回归法黑龙江省作物产量动态预报研究[J].气象与环境学报,34(3):86-92.

朱秀红,李秀珍,姚文军,等,2010.基于 SPSS 的日照市小麦产量年景预测模型[J].中国农学通报,26(2):295-297.

第 3 章　基于统计学方法的甘肃省主要作物长势遥感监测研究

3.1　基于统计学方法的作物长势遥感监测研究进展

3.1.1　研究意义

作物长势是指作物的生长状况及其变化趋势(邹文涛 等,2015)。及时、准确地判断作物长势,可以在作物生长初期就对作物产量信息进行预判,并在整个作物生长期内通过实时监测,在作物收获期之前预判断,为作物产量估算提供先验知识和估算依据;其次,准确监测作物长势,及时明晰作物相关物候动态变化机理,有助于科学指导和精准管理农业生产;第三,长势监测是农业资源监测和风险评估的重要组成部分,对政府部门制定应对气候变化和人类活动综合影响的粮食安全政策有重要作用。因此,无论对国家决策者还是具体种植个体农户来说,长势监测对于农田管理、精准农业发展、作物产量估测和气候资源高效利用等都有重要意义。

传统的作物长势监测是调查人员通过实地调查和观测、人工采样、生化分析等手段,获取作物的生长发育情况,该方法精度较高,具有较好的可靠性与真实性,但耗时耗力,效率低下,且只能得到若干点的数据,覆盖范围有限,代表性较差,无法短时间内获得大范围作物长势信息,同时长势监测也存在一定的滞后性和破坏性,时效性差,难以分析时空动态特征,显著影响到农业田间管理。

由于不同作物或同类作物不同生长状况的光谱差异都可以通过遥感影像反映,作物对不同波长光谱的反射、吸收和散射有不同的特征反映,遥感影像解译法可以识别作物、及时了解作物生长状况和定量分析作物不同时期的长势。因此,遥感技术逐渐被应用于作物长势监测,且随着遥感技术不断发展,及其具有的独特优势,如信息量大、多平台、多时空分辨率、重访周期短、光谱信息丰富、快速、覆盖面积大、敏感性高、获取方便等特征,都为作物长势的大范围、快速、动态监测提供了科技支撑,成为及时掌握农业资源、作物长势、农业灾害等信息的最佳手段。目前,遥感技术已在作物长势监测中快速发展和广泛应用,并以其响应速度快、覆盖范围广等优势,日益成为大尺度作物长势监测的重要手段。

3.1.2　作物长势遥感监测的实施手段

作物长势,直接影响作物的产量和品质。作物长势遥感监测指对作物从出苗到成熟过程中各个生育期生长状况及其变化规律进行动态监测,通过关注其营养生长和产量形成过程中的信息,评价其对最终产量形成的影响(祝必琴 等,2014;张王菲 等,2020)。作物长势遥感监测通常通过长势参数的遥感反演来实现,长势参数是作物生长状况和生物理化特征的有效表征,一般包括叶面积指数(leaf area index,LAI)、植株高度、覆盖度、叶绿素含量等。

作物长势参数可以通过植被指数反映,植被指数通过利用不同的光谱信息进行组合,可以增强作物识别信号。每一种作物都有其独特的生长周期，并且表现在周期内的光谱反射率和植被指数上，构成时间序列特征曲线，有利于作物种类识别，还能用来定量描述作物生长状况和趋势。植被指数能够直接反映作物生长过程、覆盖度和季相变化，可以很好地对大面积作物长势进行实时监测。目前，国内外的学者已研究发展了几十种植被指数（尹捷 等，2021；祝必琴 等，2014）。常用的植被指数包括归一化植被指数（normalized difference vegetation index，NDVI）、垂直植被指数（perpendicular vegetation index，PVI）、比值植被指数（ratio vegetation index，RVI）、差值植被指数（difference vegetation index，DVI）、再归一化植被指数（re-normalized difference vegetation index，RDVI）、土壤调整植被指数（soil-adjusted vegetation index，SAVI），以及增强植被指数（enhanced vegetation index，EVI）等。其中，红光波段与近红外波段定义的归一化植被指数 NDVI 具有代表性、可比性、综合性和简明方便性等优点而被广泛应用。在作物生育期内，若生长状况变化，NDVI 曲线也会呈现动态变化，并与作物的叶面积指数 LAI 和生物量变化呈正相关，可通过用遥感图像获取的作物 NDVI 曲线反演计算作物的长势参数等生长指标，从而进行实时监测。此外，作物长势参数也可通过被作物叶绿素吸收的吸收谷和受叶片内部结构影响引起较高的反射率，形成突峰等敏感波段反映和反演。

现有的作物长势遥感监测，针对不同的监测范围空间尺度，所用遥感数据也存在差异，如针对中、大尺度农作物遥感监测，主要以 SPOT/VEGETATION、NOAA/AVHRR 和 EOS/MODIS 等卫星遥感影像数据为主。小尺度农作物长势遥感监测，高空间分辨率遥感数据是其主要数据源。高分辨率影像对地物的识别能力较强，能够反映更丰富的地物细节，但也存在运行周期长，获取过程中易受气象因素影响等缺点，因此，在长势监测时效性上无法适应农作物连续监测的需求，监测效果并不理想，且费用较高，不适合大范围监测的业务化运行，在作物生产中较难推广应用。

随后，为融合具有不同空间分辨率、不同时间分辨率、不同波谱分辨率的各种对地观测卫星遥感影像信息，多源遥感数据的理念被提出。多源遥感数据虽然具有冗杂性，但又具有互补性，可形成网状监测系统，实现对作物的连续、大面积、精细化监测。这些特点远远优于单源遥感影像数据，为农业监测提供了空间范围更广、光谱范围更长、时间分辨率更高的数据，这使得农业遥感技术在作物长势动态监测关键技术方面得到了显著突破。

近年来，针对作物长势遥感监测的需求，中国也实施了高分专项计划，高分系列卫星陆续投入使用。国产高分卫星遥感数据具有高时空分辨率和光谱分辨率，以及覆盖范围宽等优点，显著区分了作物之间的长势差异，成为区域作物长势遥感监测可靠的数据源。目前高分系列卫星的发射在作物长势监测中发挥了重大的社会和经济价值，尤其在农业领域，对国家粮食安全、农业可持续发展都具有重大意义。

但随着精细化农业的需求，卫星遥感仍存在一些不足，如在关键生育期难以对指定区域的作物进行遥感监测等问题，而无人机技术的发展，则使这些问题得到一定程度的解决。

作为新型低空遥感平台，无人机很好地弥补了卫星遥感和有人机航空遥感的不足，具有体积小、重量轻、分辨率高、成本低等优点，可以实现中小尺度范围，以及高频次调查研究需求。无人机遥感通过搭载的传感器获取作物冠层反射的电磁波信息，进而提取与作物长势相关的参数，为获取田块尺度上即时、无损、可靠的作物长势信息提供了一种重要手段。无人机搭载的传感器包括数码相机、多光谱相机、高光谱成像仪、热成像仪和激光雷达等，传感器的发展也有效提高了作物长势反演的精度。其中，高光谱成像仪具有较多波段，可以充分获取作物长势信息,通过深入挖掘波段信息,可以高效的监测作物长势,目前受到越来越多的关注。随着无人机遥感技术的发展,已逐渐成为农情监测的重要手段。

3.1.3　作物长势遥感监测的国内外历史

自 20 世纪 70 年代出现民用资源卫星后,人类对地观测的步伐逐渐加快,农业成为遥感技术最先投入应用,且收益显著的领域,随着遥感技术的发展,已被广泛用来土地利用变化、农作物长势监测、种植面积监测以及产量预测等方面。

从 20 世纪 70 年代开始,美国和欧洲等国家和地区就采用卫星遥感技术建立大范围的农作物种植面积监测和估产系统,主要用于农业生产指导,以及作为粮食贸易的重要信息来源。早期利用遥感技术开展作物长势监测与估产研究的是三个代表性试验计划,即美国的 LACIE (Large area crop inventory and experiment)计划和 AGRISTARS(Agriculture and resources inventory surveys through aerospace remote sensing)计划,以及欧盟的 MARS(Monitoring agriculture with remote sensing)计划(谢国雪 等,2014)。

1974—1977 年,美国农业部,联合美国航空航天局、海洋大气管理局等部门,实施了“大面积农作物估产试验(LACIE)”计划,完成了对美国、加拿大、苏联等世界小麦主产区国家的小麦种植面积和产量监测试验,估产精度达到 90% 以上。

其次,20 世纪 80 年代(1980—1986 年),美国农业部等部门在 LACIE 计划的基础上,组织实施了“农业和资源遥感调查计划(AGRISTTARS)”,旨在利用遥感技术来满足农业监测和资源调查的各种需求,建立全球尺度范围内的农情监测系统。该计划以 NOAA/AVHRR 估算的 NDVI 数据为主要数据源,逐步将较为成熟的技术方法应用于全球多种粮食作物长势监测和估产工作中,该系统不仅实现了对美国多种农作物(小麦、玉米、大豆、棉花、水稻等)的长势监测和产量预报,而且还可以对墨西哥、加拿大、巴西、苏联、中国、印度、中东地区、澳大利亚这些粮食主产国的农作物长势和产量进行评估和预报。在这一计划的基础上,美国与多国成立了农业贸易体系结构,并为美国带来了巨大的经济收益(魏云霞,2018)。随着研究的不断深入,遥感长势监测方法逐渐成熟,其他国家也相继建立了自己的作物监测系统。如欧盟农业局从 1988 年开始实施为期十年的“农业遥感监测(MARS)”计划,目的就是利用遥感技术发展能改善欧盟内部农业监测系统的新方法,清查欧盟各国作物种植面积和产量信息(胡莹瑾 等,2014;钱永兰 等,2012)。在该计划的支持下,开发了欧盟现在运行的作物长势遥感监测系统 CGMS(Crop Growth Monitoring System),该系统使用 NOAA/AVHRR 和 SPOT/VEGETATION 数据,将遥感数据与作物生长模型相结合,并通过作物长势动态曲线描述作物的生长过程,定期对欧洲地区的作物产量进行预报,实现了作物长势的遥感监测。目前欧盟大部分成员国及部分其他地区的国家监测本国的农作物都是通过该系统来实现的。该系统所获得的研究成果也已成功应用于欧盟的农业政策中,如农业补贴、农民申报核查等(魏云霞,2018)。

继美国和欧盟之后,其他国家和组织也相继开展了作物长势遥感监测研究,建立了不同的作物长势监测系统,如联合国粮农组织(FAO)建立了“全球粮食和农业信息及预警系统(GIEWS)”,该系统应用 SPOT/VEGETATION 归一化植被指数(NDVI)数据进行全球农作物长势遥感监测,每旬开展一次监测,将该旬数据与历史同期数据进行比较,分级反映作物长势变化,从而开展全球作物面积监测和产量预报。此外,加拿大统计局于 20 世纪 90 年代启动了作物长势评估计划(CCAP),以 NOAA/AVHRR-NDVI 为主要数据源,依据每周长势对比图进行作物长势监测,同时还基于不同极化组合的后向散射系数分级信息,开展了以 RADA-

RSAT 雷达数据为主的农作物长势监测。俄罗斯农业部也结合卫星遥感数据和气象数据,建立了全国农业监测系统,开展了作物产量预测(史舟 等,2015;陈怀亮 等,2015)。这些监测系统的建立,使农业遥感在作物管理、农业资源调查、农业灾害遥感等方面得到广泛应用。

2000 年以后,随着遥感技术的发展,美国实施了新的农业遥感应用项目,如 2002 年,美国农业部与航天局合作在马里兰等地区首次利用 MODIS 数据进行遥感估产,取得了精确的估产结果。同年,农业部下属的农业统计署以 Landsat/TM 影像等为数据源,结合采样调查,对美国 48 个州进行了作物种植面积监测,自 2010 年起,已经实现了每年对 48 个州进行作物监测及估产(刘新杰 等,2019)。欧盟的 MARS 计划也开始面向其他地区和全球开展作物遥感估产工作。随后法国、意大利、俄罗斯、日本、印度等国也开发了精确到地块和作物种类的作物生长遥感监测技术。

近十年,各国先后发展了各类民用卫星平台和传感器,不断有新型的遥感平台和遥感数据出现,如米级分辨率的雷达卫星数据,每 3 d 覆盖全球一次的微波遥感数据,各种灵活多样的无人机平台等,都为现代农业遥感技术的发展提供了新的机遇。农业遥感技术在作物长势动态监测、农作物种类细分、田间精细农业信息获取等关键技术方面得到显著突破。目前,遥感技术结合地理信息系统、全球导航技术以及物联网技术,在精准农业的管理与作业等方面得到广泛应用和推广(史舟 等,2015)。

相比较而言,我国在基于遥感技术监测农作物方面起步较晚。1979 年,北京市农林科学院等部门提出了开展京津冀冬小麦综合估产研究,并建立了"北方冬小麦气象卫星遥感动态监测及估产系统"和全国资源环境数据库。20 世纪 80 年代之后,我国逐渐开展了作物长势遥感监测方面的系列研究与推广应用,如中国气象局等单位利用 NOAA/AVHRR 卫星遥感资料开展了冬小麦长势监测和估产研究,并形成了基于气象卫星数据的冬小麦面积测算方法,实现了对冬小麦的监测,并构建了我国冬小麦遥感地面监测系统(魏云霞,2018),之后又开展了利用风云卫星等多源卫星数据开展农作物长势监测的研究。农业部等单位则启动了"全国农作物业务遥感估产"项目,使用 EOS/MODIS、SPOT/VEGETATION、FY 卫星等资料,通过同期比较方法,分级监测作物长势状况,建立了国家级的作物长势遥感监测系统,从 1998 年开始,陆续对全国冬小麦、水稻、玉米、棉花等作物开展遥感监测工作。"九五"期间,中国科学院主持完成了国家重点科技攻关项目"重点产粮区主要农作物遥感估产"研究,随后建立了"中国农情遥感速报系统"(CropWatch),该系统利用多种卫星资料估算的 NDVI 数据,通过同时期不同年份对比方法,监测作物生长与上一年,以及其他年份间的差异,继而分级评价农作物长势情况。并在多项计划和公益专项项目的支持下,逐步将"中国农情遥感速报系统"的监测范围推向全球尺度,发展了全球估产数据处理技术、全球农作物长势综合监测技术和全球作物产量估算技术,在这些成果的基础上,开展了"全球农作物遥感估产研究",建成了全球尺度的估产数据库。此外,国家统计局联合北京师范大学也建立了粮食主产区粮食作物种植面积遥感监测与估产业务系统,这些系统均实现了较为稳定的业务运行(史舟 等,2015)。

3.1.4　作物长势遥感监测的方法

作物长势遥感监测主要通过反演一些反映作物生长状况的参数,如叶面积指数、叶绿素含量、覆盖度等,继而通过判断长势参数的时空变化趋势,来反映作物长势状况。

作物长势参数反演方法主要分为两类:经验统计方法和物理模型方法。经验统计方法主要基于卫星遥感数据,采用数学回归方法在植被指数与长势参数之间建立回归模型,实现大范围农作物长势指标的遥感制图。经验统计方法又可分为两类,即参数回归法和非参数回归法,参数回归法是利用作物长势参数与光谱数据的相关关系建立回归模型,拟合出最优的回归模型,从而实现长势指标的估算,但参数回归法多用于解决线性问题,对非线性问题预测能力较低。非参数回归方法则不需要明确的选择光谱波段或其转化形式,以非线性方式建模,可用于多种数据结构,常用的非参数回归方法有逐步回归法(step multiple linear regression,SMLR)、主成分分析法(principal components regression,PCR)和偏最小二乘回归法(partial least squares regression,PLSR)等。此外,在过去的十几年中,用于解决更复杂数据问题的一系列非线性非参数建模方法也得到广泛应用,常被称为机器学习法,主要是模拟人类学习的方式建立作物长势参数与光谱数据间的关系模型,常用的有随机森林、人工神经网络、支持向量机等方法。总体看,经验统计方法原理简单、计算方便,但普适性较差,对于研究区的种植条件、地理位置、作物品种等都具有较大的依赖性,模型的精度常取决于采样数据的代表性(王双喜 等,2018;张超 等,2018)。

物理模型方法则是通过考虑叶片结构以及光照与大气、作物之间相互作用的辐射传输机制,并根据光在叶片和冠层内部的传输过程构建辐射传输模型。典型的辐射传输模型有植被冠层反射率(SAIL)模型、双层冠层反射率(ACRM)模型和叶片反射率(PROSPECT)模型。物理模型方法能较好地解释光照和植株之间相互作用的生物物理过程,普适性较好,但模型较为复杂,且需要输入的参数较多,如土壤背景反射率、太阳高度角、单叶反射率、透射率、平均叶倾角等。

作物长势遥感监测方法可分为 3 类,即直接监测法、同期对比法和生长过程监测法。

(1)直接监测法:主要是通过遥感获取的波段信息或植被指数来估算叶面积指数、生物量、作物产量等反映作物长势的指标,最后结合地面监测数据建立不同等级标准,从而区分作物长势差异,综合得出作物长势信息。

(2)同期对比法:利用植被指数表征作物长势状况,通过对比现时作物植被指数值与去年,或者多年平均值,或者某一参考年份同期的作物植被指数值的差异,得到作物相对参考年份长势的变化情况,再将这种差异进行统计和分析,并进行分级,从而判断监测期内作物长势状况。一般,与上一年作物长势比较,可以得到相比上一年的长势变化趋势;与常年比较,可以得到相比常年的长势变化趋势。

(3)生长过程监测法:作物生长是一个随时间渐变的过程,基于时间序列遥感影像,统计监测区内耕地像元的植被指数均值,构建监测区作物植被指数时序变化曲线。一般,作物种类不同,甚至同种作物处在不同生长环境和发育状况下,都会影响植被指数时序变化曲线特征。最终,通过当年作物生长过程与参考年份作物生长曲线的比较,来反映作物生长状况。继而评价当年长势好于、持平于或差于参考年份。

3.1.5　作物长势遥感监测国内外研究进展

3.1.5.1　作物长势遥感监测国内外研究进展

国内外学者对作物长势遥感监测的机理、方法、技术和应用等方面进行了比较深入地研究,基于植被指数建立的作物长势监测模型方面也取得了很大的进展。

如 Genovese 等(2001)利用环境信息和土地覆盖数据对 AVHRR-NDVI 时间序列进行校正,在此基础上分析了 NDVI 与作物产量间的关系,并建立了估产模型,预测了西班牙的作物产量;Kogan 等(2012)利用 1985—2005 年的 AVHRR 数据计算了植被状态指数(vegetation condition index,VCI)和温度条件指数(temperature condition index,TCI),通过分析植被指数和作物产量间的相关性,构建了产量预测模型,并对美国堪萨斯州高粱和玉米产量进行了早期预测;Bala 等(2009)基于 MODIS 遥感数据计算了 NDVI、LAI 和 fPAR,分析了植被指数与孟加拉国典型地区马铃薯长势的相关性,并利用植被指数估算了马铃薯的产量。

史定珊等(1992)利用 NOAA/AVHRR 数据合成的绿度比值指数和归一化指数动态监测大面积冬小麦苗情长势;刘可群等(1997)基于 NOAA/AVHRR 合成的垂直植被指数(PVI)和有效积温监测水稻长势;杨邦杰等(1999)探讨了利用 AVHRR-NDVI 数据,采用逐年比较模型和等级模型监测冬小麦长势的可行性;辛景峰(2001)开展了基于 AVHRR-NDVI 监测冬小麦生育期的研究,对黄淮海地区冬小麦的主要生育期(返青、抽穗、成熟)进行了监测,并探讨了作物长势的监测指标和参照标准;吴文斌等(2001)基于 AVHRR-NDVI 数据,利用同期对比法,获取了中国冬小麦主产区长势监测分布图;武建军等(2002)基于 AVHRR-NDVI 数据,通过相邻年份 NDVI 同期对比法实现了对新疆北部农作物的长势监测;齐述华等(2004)利用多年 AVHRR-NDVI 数据,通过对植被状态偏离历年平均植被状态的程度进行归一化后,得到植被长势等级评价标准,用于评价植被生长状况;丁美花等(2007)利用 MODIS-NDVI 数据开展了甘蔗长势研究,利用 ETM 资料提取了甘蔗种植范围,并综合两种数据的优势,提高了广西甘蔗长势监测的精度;顾晓鹤等(2008)基于多年 SPOT-NDVI 数据,构建了基于变化向量分析的长势监测模型,并定量分析了东北各省冬小麦年际与年内长势变化时空特征;冯美臣等(2009)利用相邻年份 MODIS-NDVI 比值方法监测冬小麦长势,并根据比值大小确定长势分级标准,最终应用于临汾市水旱地冬小麦长势监测中;武晋雯等(2009)以 AVHRR-NDVI 为评价指标,提取了辽宁省 5 个气候区 208 个旱田点、84 个水田点的 NDVI 值,通过对各统计单元的作物生长趋势分析和逐年比较模型、距平比较模型等遥感评价模型的研究,对辽宁省作物进行长势监测;黄青等(2010)基于 MODIS-NDVI 时序分析提取作物种植结构的基础上,利用差值模型监测东北地区 4 种作物(春玉米、春小麦、一季稻及大豆)的长势状况;李卫国等(2010)分析了 TM-NDVI 值与作物叶面积指数的关系,并使用反演的叶面积指数进行长势分级,用于监测江苏省兴化市冬小麦的生长;宋晓宇等(2010)以国家精准农业示范基地施肥试验区的冬小麦为研究对象,获取了多个生育期的航空高光谱影像,并提取反映冬小麦长势的 6 个光谱参数,根据光谱参数统计特征差异,间接分析了施肥对冬小麦长势的影响;钱永兰等(2012)基于 SPOT-NDVI 和 SPOT-EVI 数据,利用年际比较模型,监测美国玉米和印度水稻长势状况,认为在作物生长旺盛季节,植株覆盖密度较大时,EVI 比 NDVI 更能真实地反映作物的长势状况;陈建军等(2012)利用 MODIS 数据,比较分析了比值植被指数(RVI)、归一化植被指数(NDVI)、植被状态指数(VCI)和增强植被指数(EVI)等多种植被指数反演水稻 LAI 的精度,认为 EVI 三次曲线模型精度较高,通过建立分级标准,得到江西省水稻苗情空间分布图;孔令寅(2012)基于中国冬小麦主产区 271 个气象站多年农业气象资料和同期 MODIS-EVI 遥感数据,采用最大变化斜率法识别冬小麦关键发育期,使用相邻年份抽穗期植被指数比较方法对冬小麦多年长势进行遥感监测;李军玲等(2013)在河南 15 个夏玉米种植区,于关键生育期进行农学参数调查,分析了 MODIS-NDVI 与多种农学参数之间的相关性,发现 NDVI 和叶面积指数关系最为显著,并通过叶面积指数和 NDVI 的幂函数关系确定夏玉米长势监测指标,并将其应用于河南省夏玉米长势监测中;祝必琴等(2014)利用 FY3B/MERSI 和

AQUA/MODIS 数据计算的 NDVI 直接分级,用于监测环鄱阳湖区双季早稻的长势情况;于成龙等(2014)基于风云三号气象卫星数据,利用黑龙江水稻发育期的 EVI 变化特征,识别了水稻返青期、分蘖期、抽穗期和成熟期,并结合地面观测资料,明确了各发育期提前和延后的判识点;杨昕(2015)基于江苏中部县市小麦主要生育期叶绿素含量、叶面积指数、叶片含氮量和生物量等苗情参数调查资料,建立小麦长势遥感监测模型,并评价单指数模型和组合指数模型在长势监测中的应用效果;杨贵军等(2015)通过无人机搭载多种传感器,研发了小麦监测系统,实现了对小麦倒伏面积、产量、LAI、冠层温度等多种长势信息的监测;魏云霞(2018)基于安徽蚌埠农场冬小麦田间试验数据,反演了与冬小麦长势相关的作物参数(LAI、叶绿素、氮素、水分),实现了区域尺度上冬小麦长势持续监测和产量预测;侯学会等(2018)基于 GF-1/WFV 数据计算的 NDVI、EVI、RVI、EVI2(双波段增强植被指数)、OSAVI(优化的土壤调节植被指数)等植被指数,结合山东德州试验站叶面积观测数据,建立了分生育期冬小麦长势遥感监测模型;王蕾等(2018)基于 MODIS 数据反演的条件植被温度指数(VTCI),构建了河北省中部平原区玉米不同生育期的长势综合监测指标,评估了该区域多年玉米长势情况;陶惠林等(2020a)利用统计方法和机器学习方法分别构建了冬小麦不同生育期和全生育期的长势监测模型,得到了冬小麦长势监测图,探讨了无人机高光谱在冬小麦长势监测中的效果;周珂等(2021)利用 Landsat 影像数据提取了河南省冬小麦种植面积信息,并基于 MODIS-NDVI 对冬小麦长势进行高频率监测,选取同期对比法判断河南省冬小麦的长势情况;尹捷等(2021)利用高光谱珠海一号 OHS-2A 卫星、多光谱 Sentinel-2A 卫星以及 MODIS 等多源遥感数据计算的 NDVI 值,采用相邻年份同期 NDVI 差值方法,监测雄安新区返青期和抽穗期小麦长势,评价不同卫星监测小麦长势的效果,最终认为 Sentinel-2A 数据较其他两种数据源对小麦长势监测效果更好;谢鑫昌等(2021)基于 Landsat-8/OLI 遥感影像获取了高精度的广西甘蔗种植面积分布图,继而利用 MODIS-NDVI 数据构建长势监测模型,实现了广西甘蔗长势动态监测;周邵宁等(2021)以 MODIS 地表反射率和地表温度产品为主要数据源,提取河北省冬小麦抽穗期 NDVI 和 VTCI 时间序列数据,据此建立农作物长势综合监测指标,利用该指标对河北省冬小麦抽穗期长势进行监测,并分析冬小麦长势的时空分布情况;李强(2022)以河北唐山曹妃甸地区的小麦为研究对象,利用无人机搭载高光谱相机获取小麦冠层光谱数据,并结合地面观测资料,反演小麦长势参数指标(叶面积指数、叶片生物量、叶绿素含量及叶片含氮量),对 4 个长势参数经过归一化处理和赋权,从而生成小麦综合长势参数指标,并利用偏最小二乘回归法构建长势监测模型。

3.1.5.2　叶面积指数遥感监测国内外研究进展

叶面积指数(leaf area index,LAI)指单位土地面积上植物叶片单面总面积占土地面积的倍数(王双喜 等,2018),是反映作物植株群体长势状况、作物生长发育健康状况以及进行长势监测的基础。此外,叶面积指数是反映作物光合速率的重要指标之一,表征作物冠层截获光合有效辐射的能力,也是表征作物冠层初始能量交换的关键结构参数之一,也是生态系统模型与气候模式中的重要参数。因此,叶面积指数的监测一直是农业遥感的热点之一。

传统监测叶面积指数的方法主要依靠地面观测,该方法只能获取有限样本点的 LAI 信息,不能满足宏观层面大范围作物长势监测的需求。近年来随着卫星遥感的迅速发展,通过遥感技术获取的光谱信息反演叶面积指数日益成为大范围农作物叶面积指数监测的重要手段。叶面积指数反演的方法通常有两种:一种是经验统计模型,即通过对田间实测的 LAI 数据与光谱数据或各类植被指数建立回归方程,以此估算大范围的 LAI 空间分布,该方法简便高效,得到广泛应用;另一种是辐射传输模型,最常用的是 PROSAIL 辐射传输模型,该模型耦合了 PROSPECT 叶片反射率模型和 SAIL 冠层反射率模型。

基于以上方法,国内外学者在叶面积指数遥感监测方面开展了大量工作,并取得了较大的进展,如:Sugiura 等(2005)利用无人机搭载成像传感器获取小面积农田信息,分析研究区内的作物叶面积指数分布情况;Smith(2008)从多角度高光谱 CHRIS 传感器获取了加拿大阿尔伯塔省南部小麦的高光谱数据,评估了利用 CHRIS 计算的 NDVI 和修正转换植被指数 MT-VI2 反演 LAI 的精度,结果表明,LAI 估算精度随植被指数和生长阶段而变化,NDVI 在高 LAI 值下已饱和,而 MTVI2 指数在较高覆盖率下对 LAI 有更好的反演效果;Imai 等(2011)利用地面高光谱数据和航空高光谱数据监测了澳大利亚小麦生长状况,认为利用灌浆后期高光谱数据和多元回归方法建立的 LAI 反演模型精度更高,该结果可用于监测区域小麦生长;Viña 等(2011)评价了利用高光谱成像仪获取的多种植被指数在估算玉米和大豆叶面积指数中的表现,发现几种植被指数与 LAI 有强线性相关关系;Gray 等(2012)综合 Landsat 光谱信息、IKONOS 空间信息、MODIS 时间信息上的优势,发展了一种有效绘制 LAI 的新方法,并在美国北卡罗来纳州进行测试,认为该方法更适用于光谱指数趋于饱和的森林地区。

王秀珍等(2004)利用高光谱仪获取了浙江杭州水稻主要生育期冠层高光谱数据,并采用单变量线性和非线性模型,以及多变量逐步回归方法建立了叶面积指数(LAI)的高光谱遥感估算模型,结果发现,以红边内一阶微分的总和、蓝边内一阶微分的总和为变量的模型是反演 LAI 的最佳模型;薛利红等(2004)研究认为预测水稻叶面积指数,选用近红外波段与绿光波段的比值植被指数更可靠;谭昌伟等(2004)在比较了 10 个常见植被指数与夏玉米叶面积指数的相关性及预测性后,认为由近红外与绿光波段的比值获取的植被指数是预测叶面积指数的最佳植被指数;程乾等(2004)则研究了植被指数同水稻叶面积指数间的关系后认为,在水稻低覆盖率情况下,NDVI 同叶面积指数的相关性较好,而在高覆盖度情况下,EVI 较 NDVI 能更好地监测叶面积指数;宋开山等(2005)采用光谱仪实测了生长在长春试验田的不同生长季的大田玉米和大豆的冠层高光谱及叶面积指数,并采用逐步回归方法,建立了玉米和大豆 LAI 高光谱遥感估算模型,发现逐步回归方法能提高作物 LAI 的估算水平,但进入回归模型的波段数的多寡并不是影响模型预测能力的决定因素;张霞等(2005)利用高光谱仪获取了北京昌平农业示范区小麦冠层高光谱数据,并同期测定小麦长势参数,模拟 MODIS 波段两两组合构建光谱指数,并分析与 LAI 的相关性,最终得出与 LAI 显著相关的 3 个波段组合;唐怡等(2006)基于北京昌平冬小麦叶倾角、LAI 和冠层光谱地面观测数据,利用 PROSAIL 模型,讨论了不同株型对建立植被指数和 LAI 拟合模型的影响,认为不同植被指数与 LAI 间的相关性程度会受到株型特征的影响,EVI-LAI 相关关系受株型影响较大,而 NDVI-LAI 相关关系受株型影响较小;郑有飞等(2007)基于加拿大农作物轮作系统中小麦地面观测资料,利用逐步回归方法分析多个高光谱因子对作物生长的效应,筛选最佳因子建立 LAI 反演模型,得出 ND-VI 和 RVI 是监测农作物长势的最佳植被指数,指数曲线效果最好;陈雪洋等(2009)基于环境星 CCD 数据,结合山东禹城野外实测 LAI 数据,分析了 4 种植被指数与 LAI 的响应关系,认为 RVI 是反演该区域冬小麦 LAI 的最佳植被指数;郭琳等(2010)基于环境卫星 CCD 影像提取的 NDVI 数据和广西兴宾县地面采集的 LAI 数据,利用指数、对数和支持向量回归模型 3 种方法预测甘蔗 LAI,认为支持向量回归反演效果最佳;杨贵军(2011)基于张掖盈科绿洲星一机—地遥感综合试验获取的多角度高光谱 CHRIS 数据及地面同步观测数据,利用 PROSAIL 辐射传输模型和神经元网络方法反演了春小麦 LAI,结果表明,三角度组合反演 LAI 精度最高,随着观测角度增加 LAI 反演精度相应提高,但超过三个角度后,多观测角度数据会带来较大不确定性;化国强(2011)以江苏省睢宁县为试验区,利用玉米生长期内的 3 景全极化 Rada-rsat-2 雷达影像数据和玉米生长参数地面实测数据,分析了玉米后向散射系数与玉米生物学参数的相关性,并建立了 LAI 反演经验模型;夏天(2012)测定了湖北省潜江市冬小麦主要生育期冠层光谱和 LAI,分析了冬小麦冠层反射率和提取的植被指数,与 LAI 的相关性,建立了 6 种植被指数的 LAI 反演模型,认为 NDVI 反演模型精度最高;梁栋等(2013)基于北京顺义和通州地区冬小麦地面实测光谱和叶面积数据,利用统计回归方法分别建立了 NDVI-LAI 和 RVI-LAI 反演模型,用支持向量机回归方法分别建立了以 NDVI、RVI 以及蓝、绿、红和近红外 4 个波段数据作为输入参数的回归预测模型,并评估这些模型的精度,认为支持向量机回归预测模型具有更好的模拟效果;高林等(2015)利用无人机搭载数码相机和多光谱传感器获取了山东嘉祥大豆结荚期和鼓粒期的遥感影像,提取 5 种植被指数,结合田间同步 LAI 观测数据,采用经验模型法构建了单变量和多变量 LAI 反演模型,结果表明,应分时期进行农作物的叶面积指数反演,鼓粒期 NDVI 线性回归模型反演大豆 LAI 最准确;张素青等(2015)以 LAI 和增强型植被指数(EVI)的统计关系为结合点,根据相应生育期 LAI 苗情长势判别标准,利用 GF-1 影像数据对信阳地区水稻苗情进行监测;高林等(2016)以北京昌平示范基地冬小麦为例,评价了 UHD185 成像光谱仪的精度,对比分析了该光谱仪计算的红边参数和光谱指数与地面观测 LAI 的相关性,认为比值型光谱指数 $RSI_{(494,610)}$ 与 LAI 高度正相关,是估测 LAI 的最佳参数;田明璐等(2016)使用无人机搭载的 UHD185 成像光谱仪和地物波谱仪同步测定陕西乾县棉花冠层反射率,提出极值植被指数(E_VI)概念,利用偏最小二乘回归方法和连续投影算法,建立基于光谱反射率和多种植被指数的棉花 LAI 估算模型,精度评价后认为使用偏最小二乘回归方法结合多个极值植被指数建立的模型精度最高;李剑剑等(2017)利用无人机高光谱数据结合 PROSAIL 模型构建了包头典型农作物区多类型作物的查找表(look-up-table,LUT),用于反演农田 LAI,结果显示,该方法能很好地应用于多类型混合作物 LAI 反演;褚洪亮等(2017)利用无人机采集了河北怀来试验站内的玉米高分辨率光学影像,通过辐射传输模型与聚集指数理论反演了玉米叶面积指数;侯学会等(2018)比较了 GF-1 不同遥感植被指数反演山东禹城冬小麦整个生育期和不同生育期 LAI 的精度差异,认为 GF-1 数据构建的植被指数能很好地反演冬小麦不同生育期 LAI,但不同生育期最佳指数存在差异;王双喜等(2018)基于田间采样和同步获取的 Landsat-8 多光谱影像,利用 Beer-Lambert 定律,构建了河北省藁城区玉米 LAI 遥感反演模型,获取了藁城区玉米 LAI 空间分布图;陈鹏飞等(2018)利用无人机搭载高光谱传感器测定吉林省公主岭市玉米冠层光谱,筛选 15 种光谱指数,结合神经网络算法估测玉米 LAI,估算模型精度显著优于仅通过光谱指数构建的反演模型;孙华林(2019)利用高光谱仪多角度采集了湖北荆州小麦的冠层光谱,分析了正常播期和晚播条件下叶片模式和 3 种冠层模式($0°,60°,90°$)下的光谱特征,评估了 8 种植被指数,在不同冠层模式下建立的 LAI 估算模型精度,发现正常播期处理的最佳估算模型是 $90°$ 冠层模式结合 CSRVI 指数建立的线性模型,晚播处理的最佳模型是 $60°$ 冠层模式结合 RDVI 指数建立的幂函数模型;苏伟等(2019)以中高分辨率的多源遥感影像(Landsat-7/ETM+影像、Landsat-8/OLI 影像、GF-1/WFV 影像)为数据源,利用 PROSAIL 辐射传输模型,通过建立查找表方法反演得到了黑龙江省宝清县八五二农场玉米种植区高精度的 LAI 时间序列;孙诗睿等(2019)利用无人机搭载多光谱传感器采集了山东齐河县冬小麦冠层光谱,通过对红边波段特性的分析改进了多个传统植被指数,并对比不同建模方法的反演精度,发现基于多植被指数的随机森林预测方法具有更好的模拟效果;陈晓凯等(2020)以关中平原冬小麦为研究对象,利用无人机搭载高光谱仪获取多种植被指数,并以最优窄波段光谱指数构建叶面积指数估算模型,研究表明光谱变换显著提升了光谱变量与 LAI 的相关性,基于随机森林算法的 LAI 估测模型精度最高;樊鸿叶等(2021)以无人机搭载多光谱相机获取的吉林省公主岭市玉米遥感影像为基础,选取 7 种常用植被指数与玉米 LAI 和地上部生物量进行相关性分析,并利用 4 种统计方法,构建了 2 个玉米品种的 LAI 和地上部生物量估算最优模型。

可以看出,目前大多数研究是从光谱特征和建模方法等方面改进 LAI 监测精度的。在光谱特征方面,主要是识别对 LAI 变化敏感并适合建模的各类指数;建模方法方面主要是从传统线性回归模型,向多元逐步回归或机器学习方法等转变。

3.1.5.3　叶绿素遥感监测国内外研究进展

叶绿素是作物光合作用过程中最重要的色素,与作物光合作用密切相关,其含量与作物生长状况、含氮量、产量等都有极大的相关性,是作物长势监测的重要指标,同时也可作为作物在受胁迫或外界环境因子干扰状态下的指示器。因此,及时准确地监测农作物叶绿素含量,对农业田间管理具有重要作用。

传统的作物叶绿素检测方法主要有分光光度计法、液相色谱法和原子吸收法等,这些方法虽然准确,但步骤繁琐、对作物具有破坏性。而叶绿素相对含量(soil and plant analyzer development,SPAD)指标可表征叶绿素含量,是反映作物长势的一个重要指标。SPAD 可以通过叶绿素仪测定,测量值常作为地面真值参考数据,该方法虽然能够快速、准确、无损地获取叶片叶绿素相对含量,但受检测方法的限制,很难应用于大面积监测。

后来有学者发现光谱指数也能够监测叶绿素,作物的叶绿素含量随作物生长发育是不断变化的,因此不同生育期作物的反射光谱特性亦存在差异。具体表现为随作物生育进程的推进,在可见光区的反射率逐步增加,而在近红外光区的反射率逐步下降。例如,小麦抽穗后至成熟,小麦叶色变黄,叶绿素含量大大下降,其反射率表现为随波长的增加而逐渐增加的趋势,原吸收谷、反射峰渐不明显。因此,基于叶绿素这些特有的生化结构、纹理信息和光谱吸收特征,具有快速、无损、动态等优势的遥感技术即被广泛应用于叶绿素含量的反演,也为作物的实时监测和健康状况诊断提供了重要依据。

近年来,国内外学者对于作物叶绿素含量监测开展了持续不断的研究,如 Jago(1999)建立了红边位置和叶绿素浓度的预测回归方程,绘制了整个站点的冠层叶绿素浓度图;Cho 等(2008)评价了在多种环境情况下,利用线性外推法提取红边位置的实用性,并证实了线性外推技术在叶绿素浓度反演方面的巨大潜力;吴长山等(2000)利用便携地物光谱仪获取了北京朝阳科技站早播水稻、晚播水稻和玉米的群体光谱特征,分析了作物群体反射光谱及其导数光谱与叶绿素密度的相关性,并对这几种农作物建立了统一的线性回归估算模型;程乾等(2004)利用便携式高光谱仪获取了杭州试验农场水稻冠层光谱,对应 MODIS 波段设置提取常用植被指数,分析了 EVI、NDVI 及红边位置(REP)与叶绿素含量间的关系,发现 EVI 和 REP 可有效监测水稻叶绿素含量;陈燕等(2006)利用便携式高光谱仪,测定了 5 个生育期北疆棉花的冠层光谱,分析棉花反射光谱及微分光谱与棉花冠层叶绿素密度间的相关性,并构建了精度较高的回归模型;蒋金豹(2007)根据采集的北京昌平冬小麦冠层光谱,分析了冠层光谱数据、一阶微分数据与相应的叶片色素含量间的相关性并建模,发现绿边内一阶微分总和与红边内一阶微分总和的归一化值作为变量建立的线性模型是估测叶片色素含量的最佳模型;黄春燕等(2009)利用红边面积建立的叶绿素密度估算模型,反演了新疆石河子2个棉花品种冠层叶片的叶绿素密度,认为高光谱红边参数是估算棉花叶绿素密度和叶面积指数的一种简单、快捷、非破坏性的有效方法;杨峰等(2010)利用高光谱遥感技术分析了江苏省水稻和小麦不同生育期冠层光谱、LAI 和叶绿素密度的变化特征,并分析了高光谱植被指数与这两种作物的 LAI 和叶绿素密度之间的关系,最终确定了估算这两种作物 LAI 和叶绿素密度的最佳植被指数和模型;张东彦等(2011)利用自主研制的田间扫描成像光谱仪获取了北京实验场盆栽和大田玉米的冠层高光谱影像,并精确提取玉米不同层位的叶片反射光谱,最终构建和验证了玉米叶绿素含量光谱预测模型;梁亮(2012)基于航空高光谱影像,运用红边位置光谱指数(REP),以最小二乘支持向量回归(LS-SVR)算法建立了小麦冠层叶绿素含量反演模型;王强等(2012)以新疆石河子试验站棉花冠层叶绿素密度及冠层高光谱反射率作为数据源,在分析叶绿素密度与原始高光谱反射率、一阶导数光谱反射率(DR)、已有光谱指数及全波段组合指数相关性的基础上,采用线性以及多元逐步回归技术构建了叶绿素密度的高光谱诊断模型,认为基于一阶导数光谱反射率建立的估算模型精度明显优于原始光谱反射率;潘蓓等(2013)利用 ASD 仪器获取了山东蒙阴苹果冠层高光谱反射率,通过分析其与叶绿素含量的相关性确定敏感波段区,继而分析敏感区域范围内所有两波段组合的植被指数,最终选择最佳植被指数建立苹果冠层叶绿素含量估算模型;丁希斌等(2015)基于浙大实验农场油菜高光谱和叶绿素浓度实测数据,采用不同的方法建立了多种预测模型,结果表明全光谱的偏最小二乘法模型,是估算油菜叶片 SPAD 的最佳模型;王丽爱等(2015)以江苏地区试验点稻茬小麦主要生育期叶片为材料,结合环境减灾卫星同步监测,分析了不同生育期小麦叶片 SPAD 与 8 种植被指数的相关性,继而选取敏感植被指数,利用随机森林回归、支持向量回归和反向传播神经网络算法构建了 SPAD 反演模型,验证结果表明随机森林回归模型精度最高;秦占飞(2016)利用便携式高光谱仪测定了宁夏引黄灌区水稻关键生育期冠层光谱和红边特征,分析了不同生育期叶片 SPAD 值与 7 个光谱变量间的相关性,并建立了基于红边参数的 SPAD 估算模型;田明璐等(2016)基于无人机搭载 UHD185 成像光谱仪采集的陕西乾县棉花影像数据,提取了 28 种光谱参数,并利用一元线性回归、多元逐步回归和偏最小二乘回归方法建立了棉花叶片的 SPAD 估算模型,认为使用多元逐步回归和偏最小二乘回归方法构建的 SPAD 模型精度最高;李媛媛等(2016)利用光谱仪测定了陕西杨凌地区试验农场内的玉米冠层光谱,构建了分别基于一阶微分光谱、高光谱特征参数和 BP 神经网络的 SPAD 估算模型,结果表明 BP 神经网络模型预测效果最好;贺英等(2018)以无人机搭载数码相机获取河北涿州春播玉米 RGB 影像,分析了 15 种可见光植被指数与玉米冠层 SPAD 的相关性,并采用单变量回归、多元逐步回归和随机森林回归算法分别构建了玉米 SPAD 值的遥感估算模型;孙红等(2018)按照叶片垂直分布位置采集温室生长马铃薯叶片样本的高光谱数据,采用相关系数法筛选叶绿素含量敏感波长,并利用偏最小二乘回归方法建立模型,用于绘制马铃薯不同叶位叶片叶绿素分布图;陈鹏等(2019)基于北京小汤山基地马铃薯典型生育期的无人机多光谱影像和叶绿素含量实测数据,提取植被指数和纹理特征等变量,通过与叶绿素含量相关性筛选敏感光谱变量,并融合植被指数和纹理特征,构建了一种新的综合指标用于估算叶绿素含量;陆洲等(2020)以 GF-1/WFV 影像为遥感数据源,分析了江苏杨泰地区冬小麦孕穗-开花期主要长势参数与植被指数间的定量关系,利用逐步回归方法,构建了基于植被指数的冬小麦叶绿素含量监测模型;田军仓等(2020)利用无人机搭载多光谱仪采集宁夏贺兰县种植的番茄冠层光谱,分析 9 种植被指数与冠层各层 SPAD 值的相关性,采用偏最小二乘、支持向量机、BP 神经网络模型构建冠层不同位置 SPAD 值预测模型,结果表明,冠层上层叶片 SPAD 值与植被指数相关性程度优于中层和下层叶片,基于支持向量机建立的预测模型精度最高;孟沌超等(2020)利用无人机获取了山东临淄农场种植的玉米的可见光影像,提取了 25 种可见光植被指数和 24 种纹理特征,分别建立了基于植被指数、纹理特征和植被指数＋纹理特征的逐步回归、偏最小二乘回归和支持向量回归模型,并定量估算了叶绿素相对含量;纪伟帅等(2021)针对华北平原棉区,基于无人机多光谱影像,同步测定了棉花叶片 SPAD 值,并分别采用 BP 神经网络、支持向量机、多元逐步回归方法构建了棉花 SPAD 值定量分析模型,根据精度对比结果,获取了该区棉花 SPAD 最佳建模方法。

3.1.5.4　覆盖度遥感监测国内外研究进展

植被覆盖度是指植被(包括叶、茎、枝)在单位面积内的垂直投影面积所占百分比(虞连玉等,2015)。植被覆盖度,是描述地表植被分布的关键参数,是反映地表植被生长动态变化的重要指标,也是影响地球系统碳、水循环,物质和能量交换过程的关键因子,可作为水文、气象、生态等研究领域许多定量模型的关键输入参数,在评价区域生态环境等方面具有重要意义。

在测定植被覆盖度的方法中,遥感技术以其快速、无破坏等优点而被广泛应用。遥感监测作物覆盖度的原理主要是利用作物不同覆盖度可以影响作物光谱吸收,形成特有的反射光谱特征,通过分析它们之间的关系而实现。遥感监测植被覆盖度变化主要分为 2 类:一是通过卫星影像数据,建立光谱指数与覆盖度的经验估算模型。该方法计算简单,且能结合卫星影像资料进行区域尺度植被覆盖度的定量研究,所以得到了广泛应用。但通过卫星影像提取覆盖度,受天气影响大,且时间分辨率、空间分辨率常常难以满足作物田块尺度监测的研究需求。二是通过人工地面采集数字影像,对影像进行图像分类处理,提取覆盖度,但该方法在大面积范围应用时耗时耗力、效率较低。随着遥感技术的发展,近年来发展的无人机遥感技术逐渐被用于覆盖度研究,可以弥补人工采集和卫星遥感反演方法的不足。

目前这一参数在农业方面应用较少,但实际上它可以指示作物的生长发育和生物产量,定性监测评价农、作物生长健康状况。植被覆盖度可以反映作物前期营养生长阶段的生长状况,而营养阶段的生长状况对作物后期产量形成具有重要作用。且从遥感技术的角度来说,作物覆盖度反映了农作物对光的截获能力,较其他农学指标更能敏锐反映作物的光谱特性(Wanjura et al.,1987),因此植被覆盖度逐渐成为农学家们利用遥感技术估测作物后期产量的一个桥梁因素而愈来愈受到关注,该参数的估测对于指导农业生产管理和农业生态系统评价有重要意义。

近年来,国内外学者开展了利用遥感技术监测植被覆盖度的研究工作,如 Córcoles 等(2013)利用无人机实现了洋葱冠层覆盖度的无损测量,并通过 3 种建模方法分析了冠层覆盖度与叶面积指数的关系;Gitelson 等(2002)分析了小麦冠层不同覆盖度下近红外和可见光波段的光谱表现,并据此探讨了植被指数和小麦覆盖度的关系;李存军等(2004)研究了红外光谱指数同冬小麦覆盖度间的关系后,认为基于短波红外构建的比值和归一化植被指数能更好地预测冬小麦覆盖度;刘峰等(2014)提出了一种基于无人机多光谱遥感影像的植被覆盖度快速计算方法,并利用多时相无人机遥感影像数据实现了北京密云园区板栗植被覆盖度年际变化监测;虞连玉等(2015)利用陕西杨陵冬小麦 2 个生长季高光谱反射率和覆盖度实测资料,基于 4 种植被指数建立了植被覆盖度反演模型,结果表明,归一化植被指数 NDVI 和改进的土壤调节指数 TSAVI 与冬小麦覆盖度采用抛物线拟合效果最好,而修正的土壤调节植被指数 MSA-VI 和增强型植被指数 EVI 与覆盖度则呈线性关系,NDVI 和 TSAVI 较 MSAVI 和 EVI 可更好地解释该地区冬小麦植被覆盖度的变化规律。

　　以上研究均说明遥感技术监测作物长势具有较好的效果,但由于作物类型、作物品种、地域特征、环境条件等因素的差异,引起作物叶片、植株和冠层的结构、营养状况、水分状况和形状等产生差异,造成作物对入射光的吸收反射以及传感器接收到的冠层反射率也存在差异,因此利用植被指数建立的作物长势监测模型也不完全一致。

3.2　基于统计学方法的遥感估产研究进展

3.2.1　遥感估产的意义

　　中国作为拥有 14 亿人口的世界上最大发展中国家,粮食供给的稳定与社会经济的发展密切相关,粮食生产安全历来也是党和政府高度重视的问题,并且提出了"确保谷物基本自给、口粮绝对安全"的战略底线,作物产量密切关系着人民生活水平和国家粮食安全;其次,作物产量是重要的经济信息,作物产量信息对于政府、农业部门及农业保险公司等制定农业生产、粮食贸易、储运等决策有重要作用,也是影响区域经济发展的重要因素。因此,急需依托现有技术水平,提前预测准确的粮食产量信息。

　　传统的产量测量方法主要通过人工实地抽样、区域调查实现,即在典型样点用收获法获得产量数据,继而通过统计方法,估计区域的作物生长状况、作物产量等指标。该方法耗时耗力、效率低、成本高、作物易受损,而且易受采样点和采样时间的影响,加之区域地表和气候特征复杂多样,难以准确估计和预报区域产量,已逐渐被其他技术和方法替代,目前主要作为验证产量估计结果的手段存在。

　　相对于传统测产采用的统计调查方法,遥感作为一种新兴的探测技术,能够实现大范围同步观测,具有覆盖面积大、受地面条件限制少、非破坏性、信息量丰富、快速准确采集信息等优点,在数据获取的时效性和经济性等方面都具有巨大的优势,克服了传统统计数据耗时费力、获取时间滞后等缺点,大量节省了人力、物力和财力,使得大范围作物估产成为可能。目前,遥感技术已成为农作物长势及产量监测等农业研究中的重要手段,越来越多的研究学者开始利用遥感技术进行作物产量估算研究,且随着科学技术的发展,越来越多的高时空分辨率、高光谱分辨率的遥感影像为农业精准管理提供了更为有效的数据源,遥感技术已逐渐应用于农业生产的各个环节。

3.2.2　遥感估产的原理和方法

　　作物遥感估产的理论基础是绿色植被的波谱特征,即作物在可见光部分(被叶绿素吸收)有明显的吸收谷,在近红外波段(受叶子内部构造影响)有较高的反射率,形成突峰,通过搭载在卫星上的传感器来获取农作物各个方面的光谱特征信息,继而通过建立作物产量或长势指标与光谱信息的定量关系,从而实现对作物产量的监测预报(韩松 等,2011;叶满珠 等,2018)。遥感估产的方法主要有两类:经验统计方法和机理模型方法(王恺宁 等,2017;王蕾等 2018;郭锐 等,2020)。

经验统计方法主要是利用遥感获得的光谱信息计算和反演能反映作物生长发育的特征参数，如植被指数、叶面积指数、植被净初级生产力等，并建立其与作物产量之间的数学模型，继而应用于作物产量估算。

其中植被指数是遥感估产中应用最广泛的遥感特征参数。植被指数作为一种经济、有效和实用的地表植被覆盖和长势的参考量，与作物叶面积指数、发育程度、生物量和产量等密切相关，在国内外作物长势监测和产量预报研究中得到广泛应用，并取得了较好的研究和应用效果。在众多的植被指数中最为常用的是归一化植被指数（NDVI），NDVI 的变化与作物生长状况、发育时期紧密相关，能精确反映植被绿度、光合作用强度、植被代谢强度及其季节和年际变化，可用于反演作物特征参数和产量等，并且 NDVI 还可以消除太阳高度角、地形、阴影和大气条件等因素对光谱信息采集的影响，因此，NDVI 在大尺度植被动态监测、作物长势监测和作物产量预测等方面得到广泛应用。

在遥感估产模型研究的初始阶段，经验统计模型常采用一元线性回归模型，该模型原理简单、涉及的作物参数较少，数据容易获取，是一种简便的作物单产估测方法，因此被广泛使用。

随着遥感估产研究的不断深入，经典的经验统计方法不断得到改进，越来越多的统计分析方法被用于遥感估产中。首先，多元线性回归模型的应用，如采用逐步多元线性回归模型，即以多个植被指数为变量，每建立一个模型就删除一个对模型没有贡献的变量，直至筛选出最优参数建立模型，该方法保留了对模型有显著贡献的变量，降低了模型的复杂性；或采用偏最小二乘回归方法建模，该方法能最大限度地利用所有有效数据构建回归模型，且计算量相对较小。这两种统计方法的优势是在自变量存在多重相关性等问题时能建立有效回归模型，且建立的产量估算模型拟合效果较好，但因其只能建立数据之间的线性关系，估算精度不高；其次，采用非线性统计模型，如误差反向传播算法（backpropagation algorithm，BP）神经网络、随机森林（random forest，RF）算法、支持向量机（support vector machine，SVM）算法、决策树（decision tree，DT）算法等。其中，BP 神经网络有非线性映射能力强、自学习和自适应能力强等特点，是处理复杂非线性问题的有效手段；RF 算法是一种结合大量回归树的嵌入学习算法，具有快速运算、较强的抗噪声和不易出现过拟合等优点；SVM 算法具有完备的统计学理论基础，基于结构风险最小化原则，在解决小样本、非线性及高维模式识别等问题中有独特的优势；DT 算法计算简单、易于理解，可解释性强，能处理不相关的特征，在短时间内可以对大型数据作出好的结果。近年来，这些非线性方法在处理非线性问题上表现优异，被广泛应用于作物遥感估产中，并获得了较高的精度，为经验性遥感估产方法的研究提供了更加广阔的空间。

可以看出，虽然经验统计方法只是建立数学及统计上的联系，没有描述作物产量形成的内在机理，缺少可移植性，但其方法简单，不论在大区域或者小尺度范围内均可应用，因此仍然是目前应用最为广泛的估产方法。

机理模型方法是通过分析作物生长发育的物理机制、物理过程和环境条件，用数学模型描述作物生长发育、产量形成的规律，并在一定的假设条件下，确定边界条件、简化模型，寻找适当的数学解译方法，建立作物估产的数值模拟模型。主要的作物生长模型有 DSSAT，WOFOST，SWAP，APSIM，AquaCrop 等。机理模型方法适用范围较广，但模型过程复杂，需要输入大量参数，在某些情况下某些参数难以获取，参数校正工作量大，因此目前主要结合数据同化技术进行作物估产。

3.2.3　遥感估产的国内外研究进展

3.2.3.1　基于多光谱数据的遥感估产

多光谱遥感是指用具有两个以上波谱通道的传感器对地物进行同步成像的一种遥感技术,它从目标物体反射辐射的电磁波信息中提取若干波谱段进行接收和记录。多光谱遥感影像时效性较好,常应用于大面积作物长势监测中。

目前,基于多光谱的作物遥感估产技术在国内外已经得了显著效果。如 Tennakoon 等(1992)利用 TM 多个波段的遥感数据,估算了水稻种植面积和产量;Quarmay 等(1993)利用 AVHRR 时序 NDVI 数据分别监测了冬小麦、玉米和水稻等作物的产量;Hamar 等(1996)基于 Landsat 影像获取的多种遥感植被指数,以及匈牙利 47 个玉米田和 55 个小麦田的产量数据,建立了玉米和小麦最佳估产模型,并用于玉米和小麦区域产量估算;Hayes 等(1998)利用 NOAA 卫星数据计算的植被条件指数,同时用天气资料计算了反映气象因子对作物生长发育影响的作物水分指数,将两者结合构建模型预测美国玉米带玉米产量;Labus 等(2002)基于 AVHRR-NDVI 数据,分别在区域和田间尺度上研究了 NDVI 与小麦产量之间的定量关系,用于估算 1989—1997 年美国蒙大拿州区域和农场规模的小麦产量,取得了较好的效果;Kogan 等(2005)利用 AVHRR 数据计算的植被健康指数估算了我国吉林省玉米产量;Mori-ondo 等(2007)提出了利用遥感获取的 NDVI 值提取 FAPAR 和估算小麦地上部生物量,继而利用模拟方法和收获指数获取小麦产量的方案,并应用于意大利小麦种植区,获得了较好的小麦产量估算结果;Balaghi 等(2008)提出了利用最小二乘回归模型,基于 AVHRR-NDVI、降雨量和月平均气温预测省级和国家级小麦产量的方案,并应用于摩洛哥小麦产量早期预测;Ren 等(2008)分析了山东省济宁市 MODIS-NDVI 空间累积值和县级统计产量之间的相关关系,并采用逐步回归方法,建立了 NDVI 空间累积值与冬小麦产量的线性回归关系,发现冬小麦孕穗、抽穗期的 MODIS-NDVI 空间累积值与区域冬小麦产量之间具有高相关性,可获得较好的产量预测数据;Becker-Reshef 等(2010)通过结合校正过的 MODIS 反射率数据和政府统计数据,发展了一种通用经验方法预测小麦产量,开发了堪萨斯州冬小麦产量预测回归模型,并应用于冬小麦产量预测,取得了较好的效果;Swain 等(2010)利用无人机低空遥感平台获取不同氮肥水平下的水稻高时空分辨率影像,并建立估产模型,验证发现,模型精度较高,可实现对水稻产量和生物量的反演;Gontia 等(2011)利用冬季不同月份获取的 IRS-P6 的 WiFS 数据,计算了 NDVI 和土壤调整植被指数(SAVI),分析了时序 NDVI 和 SAVI 指数在印度西孟加拉邦小麦产量监测中的应用效果,认为 SAVI 时序曲线与小麦产量之间的相关性高于 NDVI,据此建立了估产模型;Son(2014)评价了基于 MODIS-NDVI 和 MODIS-EVI 建立的越南湄公河三角洲水稻估产模型精度,发现 EVI 估产模型精度显著优于 NDVI 模型;Vega 等(2015)利用无人机搭载多光谱相机获取了不同生长季节的向日葵影像,分析了 NDVI 值与作物状态相关参数的关系,并对其产量进行了预测分析,结果表明,NDVI 与产量、含氮量及生物量具有较好的相关性;Song 等(2016)以江苏省样点农场冬小麦生长季 Landsat OLI 时序影像为主要数据源,分析了不同生育期植被指数对产量预测的敏感性,并采用简单线性回归、逐步多元线性回归和回归树三种回归方法,估算了冬小麦产量和产量构成因素指标,认为回归树方法可获得冬小麦产量最佳估计;Kefauver 等(2017)利用无人机搭载数码相机和多光谱传感器,结合地面观测,评价了在不同施肥水平、施用计划和品种等管理情景下,遥感影像对大麦长势和产量的反映,并建立了大麦估产多元回归模型;Zhou 等(2017)利用无人机搭载的多光谱传感器在水稻不同生育期获取的光谱数据计算多时相 NDVI 值,监测水稻生长和预测水稻产量,发现利用孕穗期和抽穗期的 NDVI 值建立的多元线性回归模型预测产量效果最好;De La Casa 等(2018)利用数码相机、Landsat 和 PROBA-V 等不同分辨率的影像数据计算的 NDVI 值建立了大豆覆盖度估算模型,用于评估阿根廷科尔多瓦市南部雨养农业区大豆产量空间分布特征;Fu 等(2020)基于江苏省三个地区小麦氮肥和播种密度田间试验数据,使用无人机搭载多光谱传感器采集了小麦关键生长阶段的影像数据,采用 5 种方法构建了小麦产量估算模型,其中以拔节期、抽穗期、开花期和灌浆期 NDVI 指数构建的随机森林回归模型是最佳小麦产量估算模型。

　　王人潮等(1998)利用 RVI 建立了水稻单生育期和多生育期光谱估产模型;江东等(2002)利用 AVHRR-NDVI 数据,探讨了河南省样点县 NDVI 在冬小麦各生育期的积分值与冬小麦单产之间的相关关系;王长耀等(2005)基于 MODIS-NDVI 和 MODIS-EVI 数据,采用线性拟合方法分别建立了美国各州冬小麦估产模型,发现 EVI 明显比 NDVI 能更好地与产量建立回归方程;程乾(2006)利用 MODIS 植被指数产品建模估测杭州样区水稻产量,认为利用 4 个生育期数据复合建模时,估产模型精度最高,且 MODIS-EVI 模型显著优于 MODIS-NDVI 模型精度;任建强等(2006)利用 Savitzky-Golay 滤波技术平滑后的作物关键生育期内逐旬MODIS-NDVI 数据,建立了冬小麦遥感估产模型,并比较了基于各生育期 NDVI 建立的估产模型和采用逐步回归法选取关键生育期 NDVI 建立的估产模型的精度,利用山东省济宁市各县产量统计数据验证后认为,经过滤波后数据建立的估产模型精度更高;李卫国等(2009)基于河南省孟州市田间试验数据和 P-6 卫星数据提取的 NDVI 影像,反演小麦地上部生物量,并利用开花期反演的地上部生物量和灌浆期各生态环境因子系数建立了冬小麦遥感估产模型,验证后认为模型估测性能好,且具有一定的解释性;范莉等(2009)以重庆三峡库区为研究区,分析了水稻多个关键生育期 MODIS-NDVI 与作物产量间的相关性,并利用线性回归方法建立了水稻遥感估产模型;秦元伟等(2009)基于 TM/ETM+和 CBERS01/02B 多光谱图像计算的归一化植被指数(NDVI)、比值植被指数(RVI)和差值植被指数(DVI),构建了具有较高精度和可操作性的山东省广饶县冬小麦估产模型,并评价了线性、对数、幂函数、二次和指数函数估产模型的精度,认为基于指数函数建立的 RVI 估产模型效果最佳;彭代亮等(2010)建立了湖南省醴陵市水稻主要生育期 MODIS-EVI 平均值与乡镇级水稻总产的一次线性、二次非线性以及逐步回归模型,并筛选最优拟合模型用于预测早稻和晚稻总产;任建强等(2010)利用 MODIS-ND-VI 反演了冬小麦叶面积指数 LAI,并分析了冬小麦主要生育期平均 LAI 与作物单产间的关系,据此建立了中国黄淮海地区典型县市冬小麦单产预测模型,并认为开花期 LAI 与单产预测模型为最佳遥感估产模型;韩松等(2011)以 TM 影像获取的 NDVI 为主要数据源,结合湖北阳樊市实地调查资料,探讨了地块和区域尺度玉米和花生遥感估产关键技术;彭代亮等(2011)利用 MODIS-EVI 数据,结合抽样调查,估算了湖南省早稻、晚稻和一季稻单产,得出在孕穗期到抽穗期,二次非线性或逐步回归估产模型精度较高;邓坤枚等(2011)利用国产环境减灾卫星光谱数据计算的春小麦乳黄熟期 NDVI 数据,建立了内蒙古陈巴尔虎旗春小麦遥感估产模型,发现基于影像提取的 NDVI 数据与春小麦实测单产有较好的抛物线状相关关系;冯美臣等(2011)以山西省晋中市水、旱地冬小麦为研究对象,利用 MODIS-NDVI 数据,探讨了灌溉类型和不同株型品种冬小麦,各生育期 NDVI 与产量之间的关系,结果发现利用抽穗初期和灌浆期 NDVI 与产量的复合回归模型可较好预测产量;高中灵等(2012)以新疆建设兵团棉花为研究对象,提出了一种融合分区概念和时间序列 NDVI 相似性分析的区域棉花估产方法,即根据棉花品种和土壤条件差异,将研究区棉田划分为不同类型的生长区,基于多源遥感数据获取的 NDVI 和地面采样数据,采用多元回归方法,构建每一类生长区的棉花估产模型,最后根据相似性算法,确定待测棉田像元最佳的估产模型,实现对整个棉田区域棉花产量的遥感估测;李军玲等(2012)基于 MODIS 遥感数据和气象数据获取了河南省各县 NDVI、NPP 和 LAI 均值,并建立了河南省冬小麦产量遥感气象估算模型,结果显示,利用 MODIS 数据和气象数据构建的遥感气象产量模型优于遥感模型,可用于大面积的冬小麦产量估算;赵文亮等(2012)基于多年冬小麦生长关键期 MODIS-NDVI 数据集,结合河南省 18 个地市冬小麦生产数据,分析了研究区小麦产量和播种面积的时序变化特征,建立了基于逐月区域 NDVI 的冬小麦产量一元和多元线性回归模型,结果发现利用逐月 NDVI 组合和冬小麦播种面积与产量建立的多元线性回归模型,产量估测精度得到了很大提高;贺振等(2013)利用多年冬小麦生长关键期 AVHRR-NDVI 数据集,结合河南省 18 地市冬小麦产量数据,建立了基于 NDVI 的河南省冬小麦产量估算模型,结果表明,利用多个月份组合的 NDVI 分别建立的多元线性回归模型估测精度却低于基于单月 NDVI 和 NDVI 累积所建立的模型精度;钱永兰等(2012)以美国玉米和印度水稻为例,探讨了利用 SPOT/VGT 数据计算的旬平均 NDVI 和 EVI 值,采用年际比较差值模型和分级评价,进行作物长势监测和产量趋势估计的方法,经检验发现,利用该方法得到的长势状况及空间分布与实际基本一致;高学慧等(2013)以江西省 8 个主要种植区域的水稻为样本,分析分区内早稻总产与增强型植被指数的相关性,建立了江西省早稻一元线性回归和多元回归估产模型,认为利用分蘖期与拔节期增强型植被指数建立的模型最适宜估算江西省水稻总产;何亚娟等(2013)利用 SPOT 遥感数据反演了甘蔗叶面积指数,同时分析了各生育期甘蔗 LAI 与产量的相关关系,建立了甘蔗叶面积指数—产量估产模型,发现二次函数估产模型精度最高;陈鹏飞等(2013)利用环境减灾卫星获取的 NDVI 时序曲线对山东省禹城市的冬小麦进行估产研究,结果表明建立的估产模型可靠,可用于估测冬小麦产量;赵安周等(2014)基于冬小麦抽穗和灌浆时期的三期 HJ 小卫星数据计算的 NDVI 值,结合北京地块实测单产,利用多元线性回归模型,建立了北京市各区县冬小麦单产预测模型,并估算了北京市各区县和北京市的冬小麦单产;黄健熙等(2015)利用多年 MODIS-ET/PET 和 MODIS-NDVI 产品构建的干旱指数 DSI(Drought severity index),分析了山东省和河南省冬小麦主要生育期 8 日合成和月合成 DSI 和产量变异相关性的变化情况,用于评估区域冬小麦不同生育期干旱对冬小麦产量的影响,以及探讨 DSI 在山东省和河南省地级市尺度农业干旱监测中的可行性;刘焕军等(2015)选取美国加州南部地区 2 个棉花地块作为研究区,利用 TM/ETM 时序影像数据,结合野外实测产量,构建了棉花产量遥感预测模型,认为花铃期比其他生长期更适用于棉花产量预测;曹伟等(2015)利用手持式光谱仪 Green Seeker 获取的北京顺义农场小麦 NDVI 和 RVI 值,建立了各生育期单变量和多变量线性和非线性小麦估产模型,并确定基于 NDVI 和 RVI 的最佳估产模型;任建强等(2015)以美国各州为估产区,以多年县级玉米统计单产和县域内玉米主要生育期 MODIS-NDVI 均值为基础,建立了各州玉米主要生育期 NDVI 与玉米单产间关系模型,并筛选出各州玉米最佳估产模型,最终获得了美国各州玉米单产和全国玉米单产;王妮(2016)基于不同年份、密度、品种和氮素处理下的小麦田间试验数据,利用无人机搭载的多光谱传感器获取了小麦主要生育期冠层光谱影像,继而比较了利用不同生育期、不同植被指数建立的估产模型的精度,发现利用比值植被指数 RVI,基于抽穗、开花、灌浆期影像数据建立的多元线性回归估产模型,对小麦产量预测的准确度最高;李昂等(2017)利用无人机搭载高清数码相机,获取了沈阳地区水稻抽穗期到成熟期的冠层影像,通过图像处理和聚类算法,从水稻冠层图像中分离水稻穗,提取穗数量,并进行水稻估产;刘红超等(2017)采用河南省濮阳市相应年份统计数据对 MODIS 植被指数产品进行校正,并利用校正后关键生育期的 NDVI 累积值和 EVI 累积值与冬小麦产量进行回归,从而建立冬小麦产量预测模型;王恺宁等(2017)利用冬小麦灌浆期 Landsat-8/OLI 遥感数据计算的 NDVI、RVI、GVI 和 EVI,分别建立了冬小麦线性和非线性估产模型。结果表明,非线性回归模型精度较高,多植被指数组合估产模型精度高于单植被指数,基于多植被指数组合的支持向量机遥感估产模型精度最高;欧阳玲等(2017)基于 Landsat-8/OLI 和多时相 GF-1/WFV 数据,分析了 9 种植被指数同作物实测产量的相关性,明确了不同的植被指数对实测产量变化的敏感性,并综合植被指数和地面采样数据建立了遥感估产模型,结果发现基于 NDVI、EVI 和 GNDVI 构建的多元回归模型为黑龙江北安市大豆和玉米产量估算最优模型;安秦等(2018)基于玉米各生育期 MODIS-RVI 数据和吉林省德惠市玉米实地测产数据,建立了单生育期和多生育期估产模型,认为利用拔节期、抽雄期和乳熟期的 RVI 数据构建的组合估产模型结果最好;朱婉雪等(2018)以山东省滨州市规模化农田为研究对象,利用无人机遥感平台获得冬小麦主要生育期多光谱影像,采用最小二乘法,构建了基于 9 种植被指数的冬小麦产量估算经验统计回归模型,结果表明,在冬小麦抽穗灌浆期,运用植被指数 EVI2,估产模型模拟效果最优;王蕾等(2018)选取关中平原多年条件植被温度指数(VTCI)遥感干旱监测结果,基于最优干旱影响评估方法确定冬小麦各生育期干旱对单产的影响权重,构建县域尺度加权 VTCI 与小麦单产间的线性回归模型,并结合求和自回归滑动平均模型对各县冬小麦单产进行预测,结果表明,加权 VTCI 与小麦单产间的相关性显著,单产估测和预测精度均较高;刘昌华等(2018)利用无人机搭载多光谱相机采集山东省乐陵市实验基地肥料试验区冬小麦多个生育期冠层光谱数据,分析 65 个光谱指数和 4 个冬小麦农学参数的关系,并利用经验模型法建立估产模型,结果发现利用返青期光谱指数建模估产效果较差,而拔节期、孕穗期和扬花期估产效果接近且精度较高;刘新杰等(2019)以安徽龙亢农场为研究区,获取了该地区冬小麦生长时期 Landsat-8、Sentinel-2A、GF-1、HJ-1A/B 两年的卫星影像数据,分析了 27 种植被指数同冬小麦长势参数的相关性,发现高产小麦在越冬期长势显著优于低产小麦。在此基础上,构建了基于 NDVI 值的冬小麦估产模型;郭锐等(2020)基于 MODIS 地表反射率和蒸发蒸腾产品,及山东省历史产量数据,以 EVI 指数、作物水分胁迫指数(CWSI)和经过历史产量分解得到的技术产量为输入,利用最小二乘法构建了山东省省级和市级尺度的冬小麦估产模型;刘雅婷等(2020)利用无人机遥感平台,综合考虑反映油菜整体生长状态的 NDVI 和体现植株器官构成的丰度信息,提出了利用多时相丰度信息与 NDVI 相结合的油菜估产建模新方法;韩文霆等(2020)利用无人机多光谱遥感平台,对内蒙古鄂尔多斯市规模化种植区夏玉米进行多时相遥感监测,利用牛顿一梯形积分和最小二乘法,构建了 6 种夏玉米线性估产模型,结果显示,不同生育期的玉米估产模型精度存在显著差异,多生育期遥感估产优于单生育期,最优估产植被指数为 GNDVI;杨北萍等(2020)以长春市九台和德惠地区的水稻为研究对象,以水稻全生育期 HJ-1A/B 和 Landsat-8 卫星遥感数据和气象数据为特征变量,通过对产量与特征变量间的相关性分析、与特征变量之间的主成分分析,对特征变量进行选择,以选择后的特征变量为输入变量建立了水稻产量估算的随机森林回归模型。结果表明,特征变量优选后的随机森林回归模型对水稻产量估算的精度更高,且明显优于多元逐步回归模型;王利军等(2021)以河南省兰考县为研究区,利用冬小麦生育期6期GF-1/WFV遥感影像估算的NDVI和RVI数据,与冬小麦种植地块单元数据进行空间统计,得出地块单元内NDVI和RVI均值,通过分析冬小麦测产地块单元内均值植被指数与产量间的敏感性,提出一种组合均值植被指数的冬小麦遥感估产建模方法,该方法实现了冬小麦估产从以像元为单位向以地块单元为单位的转变;申洋洋等(2021)以浙江省冬小麦为研究对象,利用无人机携带的多光谱相机获取了冬小麦5个关键生育期(拔节、孕穗、抽穗、灌浆、成熟)的冠层多光谱数据,选取5个特征波段计算了各生育期的72个植被指数,并通过逐步多元线性回归、偏最小二乘回归、BP神经网络、支持向量机和随机森林算法构建了不同生育期的估产模型,继而根据精度评价结果筛选出最优估产模型。结果表明,基于随机森林建立的模型估产效果最优,抽穗期估算精度最好;王嘉盼等(2021)基于无人机遥感平台,分析了小麦4项生理参数及10种植被指数与产量的相关性,并筛选出对产量最敏感的生理参数与植被指数,同时比较一元回归、多元逐步回归和主成分回归在小麦估产中的适用性,进而得到了小麦最优估产模型,结果表明,以生理指标与植被指数为自变量,采用多元逐步回归模型构建的抽穗期估产模型精度最高。

3.2.3.2　基于高光谱数据的遥感估产

随着遥感技术的不断发展,传感器探测的波段范围也不断延伸,光谱分辨率不断提高,尤其是高光谱遥感技术的出现,已经成为遥感对地观测技术的重大突破。高光谱遥感(hyperspectral remote sensing,HRS),可获取在电磁波谱范围内的多且连续的窄波段数据,具有光谱分辨率高(波段宽度<10 nm)、波段连续性强(在0.4~2.5 μm范围内有几百个波段)、光谱信息量大等特点。

高光谱遥感,通过利用很多很窄的电磁波波段,从感兴趣的物体中获取相关光谱数据,其光谱图像上每一个像元点在各通道的灰度值最终呈现出一条完整而近似连续的光谱曲线,从而可以构成独特的超多维光谱空间,获得更精细的光谱信息,为定量分析地球表面的生物物理和生物化学过程提供参数和依据。

高光谱遥感,始于1983年,由美国NASA投资,美国喷气推进实验室(JPL)研制成功第一台高分辨率航空成像光谱仪(AIS-1),它是一种在1200~2400 nm光谱范围内分为128个波段的全新遥感仪器,尽管探测范围较窄,但开创了高光谱遥感技术的新时代。1987年,由JPL研发的机载可见光和红外成像光谱仪(AVIRIS)研制成功,包含224个波段。AVIRIS是首次测量全反射波长范围(400~2500 nm)的成像光谱仪。与AVIRIS同一时间研制出的类似成像光谱仪还有加拿大的小型机载成像光谱仪CASI,其光谱分辨率为1.8 nm,在可见光和部分近红外区域包含288个波段。此外,还有许多具有高空间、高光谱分辨率的成像光谱仪也进入试验阶段,极大地推动了高光谱遥感技术的发展。

与多光谱遥感相比,高光谱遥感在时间和空间分辨率上增加了光谱分辨率,提供的波段信息能够达到纳米级,隐含在狭窄光谱范围内的众多地物特征属性不断被发现,能够探测到常规遥感技术探测不到的物质。通过准确探测和获取作物精细光谱信息进而反演作物生理生化参数,进一步发展和完善了农业遥感监测技术,大大提高了监测精度,为遥感信息定量应用开辟了新的领域,高光谱遥感的这种优势,使之在农业生产中能够更好、更精确地进行作物识别、分类和估产等工作,因此在农业领域中获得了快速发展,并逐渐成为精准农业最重要的技术手段之一。

利用高光谱遥感开展作物估产研究,也是精准农业和智慧农业的一个热点,针对这一先进技术,相关学者已经开展了大量研究,如冯伟等(2007)以江苏省南京氮肥和品种试验的冬小麦为研究对象,利用高光谱仪获取了不同生育期的冬小麦冠层光谱,通过"光谱信息—叶片氮素营养—籽粒产量"路径,以叶片氮素营养为结合点,建立了基于灌浆前期高光谱数据及拔节期—成熟期特征光谱指数累积值的小麦籽粒产量预测模型;王爽等(2010)利用中国农业大学上庄试验站小麦条锈病抗病试验,获取了不同发病程度小麦的冠层高光谱数据,分析了病情指数和产量与 NDVI 之间的关系,建立了小麦条锈病发生后的遥感估产模型;卢艳丽等(2010)利用 ASD 高光谱仪定点获取了河北廊坊中低产田冬小麦冠层光谱信息,根据获取的植被覆盖度对冠层 NDVI 进行校正,并分别利用灌浆中期 NDVI、全生育期 NDVI 与冬小麦产量进行一元、多元回归,构建了基于 NDVI 的冬小麦估产模型,所获模型具有较高的可靠性和稳定性;吴琼等(2013)利用地面高光谱数据,验证出多生育期的估测效果优于单生育期;刘焕军等(2016)以美国加州田块尺度棉花为研究对象,获取航空高光谱遥感影像,评价不同光谱指数构建的估产模型精度,发现一阶微分产量预测模型精度较高;张松等(2018)以山西太谷黄土高原地区试验站多个冬小麦品种施肥试验为研究对象,利用高光谱仪获取了冬小麦多个生育期冠层光谱,分析了不同生育期 11 个光谱指数与产量的关系,据此构建了各生育期冬小麦产量预测多元线性回归模型,结果发现,孕穗期和抽穗期产量监测模型效果较好,拔节期次之,灌浆期和成熟期的监测效果较差;陶惠林等(2020b)利用无人机遥感平台搭载成像光谱仪,获取了北京昌平区农业示范基地冬小麦各生育期的冠层高光谱数据,提取了 9 种植被指数和 5 种红边参数,并利用最小二乘回归方法构建了不同生育期的单参数和组合参数的冬小麦估产模型。结果表明,不同生育期各参数构建的估产模型表现差异较大,偏最小二乘回归方法显著提高了估产精度,以植被指数结合红边参数为因子构建的模型优于单个植被指数或单个红边参数构建的模型;王飞龙等(2020)利用无人机搭载高光谱相机获取了浙江湖州试验区水稻冠层光谱,并将所有可能的波段组合构建相对归一化光谱指数(RNDSI)集,确定水稻不同生育期的最优RNDSI 及其构成波段,继而建立不同生育期组合的水稻估产最优模型,结果显示,使用分蘖期、拔节期、孕穗期和抽穗期组成的多元线性回归模型是多生育期估产的最优模型;林少喆等(2020)以大兴节水试验基地水氮处理的冬小麦为研究对象,基于冠层高光谱实测数据和主成分分析方法,构建了基于综合光谱信息的植株含水率和植株含氮量监测模型,并评价以植株含氮量、植株含水率、水氮耦合为中间参数建立的估产模型,得出基于水氮耦合的高光谱估产模型精度最高,模型最稳定;赵鑫(2020)利用无人机搭载的可见光和高光谱传感器,采集了安徽省舒城县和庐江县小麦扬花期、灌浆期和成熟期的冠层可见光影像和高光谱影像,通过偏最小二乘回归、支持向量机、决策树、随机森林和梯度提升树等机器学习算法优选小麦最佳估产模型,结果发现,针对不同传感器优选出的机器学习算法不同且构建的反演模型精度也不同,对可见光影像,随机森林算法小麦估产模型精度最高,对高光谱影像,梯度提升树算法构建的模型精度最高;费帅鹏等(2021)以黄淮麦区小麦为研究对象,获取主要生育期小麦冠层高光谱数据,并以 6 种机器学习方法及集成方法建立了光谱指数估产模型,结果表明,集成方法能有效提高估产精度。

目前,基于高光谱信息的作物生长监测已成为农业遥感的重要研究领域,高光谱图像光谱分辨率高,对目标地物的辨识能力较强,但在实际应用中,也存在以下几方面的问题:①数据量大,高光谱数据多达数百、上千个光谱波段,数据分析及处理的运算工作量大、复杂程度较高;②遥感波段间的相关性明显,高光谱图像相邻波段的中心波长相差很小,可以达到纳米级,各波段之间的相关性很强,容易造成数据冗余,使其在定量遥感应用方面受到很大限制。因此,在未来的研究中,尚需针对这些问题不断完善和改进。

3.2.3.3　基于雷达数据的遥感估产

由于气象条件的限制,中国很多地区农作物在生长周期内多为云、雨、雪天气,这样光学信息就会受云等影响,难以获得有效数据,无法及时监测作物生长,因此仅利用光学遥感仪器获取作物生长的高清晰遥感图像没有保障,这也对常规遥感技术的应用提出了挑战。

近年来,雷达作为一种新兴的遥感技术手段,在作物生长监测中发挥着巨大优势。雷达工作在微波波段(1 mm～1 m),较长的波长使得雷达波受云层的影响相对较小,可以穿透云层、雨水、植被及干燥地物的遮挡,数据收集过程不受不良天气的影响。不同波段的合成孔径雷达(synthetic aperture radar,SAR)可以获取作物从冠层到茎干不同高度的诸多信息,并以后向散射系数表现出来,还可以实现不同波段雷达数据的组合。与光学遥感相比,SAR 具有全天候、全天时、分辨率高、幅面大的特点,受限因素较少,这些特性使其在农业应用中极具潜力,可作为农作物分类、监测和测产的重要技术手段。

星载合成孔径雷达是基于合成孔径原理,通过发射的电磁脉冲和接收目标回波之间的时间差测定距离,将不同位置接收到的回波进行相干处理,得到高分辨率微波成像。从雷达数据中可获取作物三维结构参数,例如高度特征变量、体积等,这些信息与生物量等生物物理参数具有很高的相关性,进而可准确估算作物产量。

星载合成孔径雷达出现于 20 世纪 50 年代后期,科学家首先研制出机载真实孔径侧视雷达,接着成功研制出多种型号的合成孔径雷达。20 世纪 70 年代初,国外开始利用机载单波段真实孔径雷达在北美以及热带地区进行森林调查和森林制图方面的研究。1978 年 6 月美国国家航空航天局(NASA)发射了第一颗载有 SAR 的海洋卫星 Seasat-A,之后,世界多个国家和国际组织陆续发射了载有 SAR 的遥感卫星。20 世纪 80 年代初,以加拿大遥感中心和美国国家航空航天局建设的 AIRSAR 多极化合成孔径雷达系统,在欧洲和北美地区开展了大量生态应用研究试验。1991 年,欧空局发射了 ERS-1 卫星,可向全球具备接收处理的地面站传送 C 波段的 SAR 图像数据。1992 年,日本成功发射搭载 L 波段、HH 极化传感器的 JERS-1 卫星,成功传回多景覆盖海洋和陆地的高质量图像。1995 年,加拿大发射了 Radarsat-1 卫星,该卫星具备 7 种成像模式,36 种波束位置成像能力。2002 年 3 月,欧空局成功发射了搭载高级合成孔径雷达(ASAR)的商业卫星 ENVISAT,该卫星可提供多极化、多入射角,30 m 空间分辨率,多模式成像的雷达数据。2007 年 12 月,加拿大又发射了 Radarsat-2 卫星,增加了超精细分辨率成像(最高分辨率达到 3 m)、全极化成像、左右视成像等新的工作模式。2010 年,德国发射了 TanDEM-X 卫星(谭正,2012)。目前,雷达技术已发展得相当成熟,在科学实验、作物估产、国土资源勘测和防灾减灾等领域发挥了重要作用,具有广泛的应用前景。

近年来,随着搭载雷达传感器的卫星不断升空,雷达遥感数据日益丰富,越来越多的高分辨率、全极化数据,被应用于作物识别、长势监测和作物估产中。如 Li 等(2003)指出 Scan-SAR 星载合成孔径雷达数据可用于热带和副热带地区大面积水稻产量监测,通过多时相后向散射系数和水稻生物量的关系建立了水稻估产模型,并在广东省开展了水稻产量评估试验;Parul 等(2006)利用逐步回归方法,分析了小麦植株参数(体积、水分、高度和密度)对 SAR 后向散射系数的影响,并利用 SAR 数据估算了小麦产量;Heinzel(2006)采集了德国西部农业试验场的多景光学遥感(Aster、TM、QuickBird 和 SPOT)和 SAR(ERS-2)影像,用于评价小麦长势和产量;Jin 等(2014)研究发现,不同生长期的小麦生物量对雷达后向散射系数的影响存在差异,在小麦生长初期,雷达后向散射系数对于小麦生物量的变化非常敏感,但随小麦的不断生长,后向散射系数值会达到饱和。

国内基于 SAR 对作物进行识别、估产也有大量的研究成果,如李岩等(2003)采用加拿大雷达卫星 Radarsat 窄波扫描模式数据,以广东省为例进行了大范围水稻估产;董彦芳(2005)等在研究水稻生物量中使用 ASAR 雷达数据,结果表明 ASAR 雷达数据的后向散射系数和不同时期的水稻生物量都有很强的相关性,并分析了不同极化方式和不同入射角对水稻生物量反演的影响,发现在入射角较小的情况下,交叉极化方式的相关性高于水平极化;蔡爱民等(2010)运用全极化雷达遥感数据 Radarsat-2,分析了冬小麦在不同生长期雷达后向散射系数的特征,发现由于不同生长期结构上的差异,散射特征差别很大,孕穗期可以用极化比 HH/VV 提取作物长势信息,而乳熟期采用极化比 VV/HH 提取作物长势信息精度更高,并能估算冬小麦产量;范伟等(2013)也应用 Radarsat-2 雷达数据,选择安徽省涡阳县冬小麦产区进行估产研究,并充分利用 SAR 的多极化特点,建立了产量和后向散射系数的线性估产模型,并应用该模型对冬小麦进行大面积估产;陈磊等(2015)应用 2 幅 Radarsat-2 影像数据,选择安徽省寿县和怀远县冬小麦产区,通过试验田产量和后向散射系数,建立冬小麦线性估产模型,结果表明,分蘖期和孕穗期对应的雷达影像结合试验田测产数据得到的估产模型,可以提前一个月得到冬小麦产量。针对冬小麦大面积倒伏区域,基于交叉极化(HV)建立的估产模型精度高于同极化(HH)估产模型精度;李朋磊等(2021)在江苏如皋和兴化开展水稻田间试验,并于抽穗后采集地面激光雷达点云数据和高光谱数据,结合线性回归与随机森林回归方法估算产量,评估点云数据与高光谱数据在估算水稻产量上的差异,结果发现,利用点云数据估算产量的精度优于利用高光谱数据估算的精度,线性回归估产模型明显优于随机森林回归估产模型。

可以看出,雷达技术在农业中展现出越来越大的优势和潜力,已成为精准农业有效实施、快速发展的有力手段。雷达遥感估产方法目前已大规模的应用于我国气候温暖湿润的华东、华南粮食种植区。但也应看到,星载 SAR 在作物估产方面也存在一些问题,如可选的 SAR 数据较少,且价格昂贵,难以持续监测,模型普适性也较差,很难实现大面积估产业务化的需求。因此,在实际生产中,用于理论研究多,指导生产少,未来还需针对模型的应用性开展相关的科学研究。

3.2.4　作物长势遥感监测和遥感估产中存在的问题

随着遥感技术的发展,遥感技术在作物生长监测、田间管理中发挥了越来越重要的作用,但在实际应用中也存在如下问题:

首先,中国地大物博,地形复杂多样,气候类型多变,耕地类型繁多,种植制度复杂,且耕地较为分散,混种现象严重,未形成大规模、均一化的种植模式。农业遥感技术受天气、时空分辨率等的影响,往往很难及时提供高质量的遥感数据,在田间尺度的农情监测中还存在很多不足。此外,作物生长状况根据光谱信息判断,所以易出现"同谱异物""异物同谱"的现象,降低了作物长势监测的精度,对农田管理的辅助效果甚微,所体现的作用不明显,难以满足现代园区精准农业、智慧农业的需要。

其次,目前进行遥感长势监测最主要的方式是在植被指数与作物长势指标之间建立经验模型,模型精度明显依赖于建模数据,需要对不同环境、不同条件下获取的数据重新拟合以调整模型参数,并且,传统农业遥感中的植被指数无法体现作物的具体植株器官形态及发育,忽略了不同器官在光合作用、碳水化合物累积等产量形成环节中的差异,无法满足作物生长精准分析的客观需求。另外,从长势指标或产量构成角度来看,物理意义不够明确也使植被指数模型在跨地区与跨年的应用中效果不佳,模型的移植能力较差。因此,在后续的工作中,可在所建立的模型中,逐步加入气候、土壤、生物、地形等因子,使得遥感监测模型适用范围更广、精度更高,并采用更多的建模方法,以提高模型在不同环境中的普适性。

第三,存在科学研究与成果转化脱节现象。目前开展了大量基于多源遥感数据的作物长势监测研究,但在普适性和时效性方面仍存在较多问题,从科研成果向业务应用转化还存在许多问题,现有的作物遥感监测技术方法尚不能完全满足有关部门对作物生长监测的需求。因此,还需结合多种知识和技术,如融合农业种植区划、种植结构、物候等农学因子,积温降水等气象因子,并综合专家知识和 GIS 数据,建立基于农业、气象、地理信息系统、遥感的集成应用技术,才能更好地为相关部门进行作物生长监测服务。

第四,随着新传感器的研发,新遥感平台的建设,遥感技术逐步向高时空分辨率、高光谱分辨率发展,进一步拓宽了该技术的应用领域,尤其近几年,随着无人机遥感技术的发展,不仅可以获得更高空间分辨率、时间分辨率和光谱分辨率的影像,且还具有作业成本低、损耗风险小、灵活且可重复等优点,可快速、高效获取较大面积农田厘米级超高分辨率遥感影像,有效地辅助了农业经营者进行大田管理与调控,在精准农业领域得到广泛应用。无人机遥感通过发挥农田精细尺度和动态连续监测的优势,目前已应用于农田地块边界和面积调查、作物种类识别和统计、作物长势监测、农田养分和水分监测等方面。并且,无人机遥感通过与卫星遥感相互配合,形成了多尺度的农情信息监测网,有效地为精准农业服务。但也应看到,无人机遥感技术也存在许多问题,如无人机遥感影像空间定位有时存在误差,导致像元与实际地物之间的空间位置对应不准确,辐射校正与几何校正的精度受限,无人机自身稳定性低、抗风险能力差,易受恶劣天气、风速的影响,大范围获取作物影像成本过高等问题。因此,无人机遥感主要用于小范围农田影像获取。

综上,近几十年来,应用遥感技术进行作物长势监测和遥感估产方面已做了大量研究,获取遥感数据的手段从单一卫星影像数据向多源、多平台、多光谱、多角度发展,建模方法从普通线性回归向机器学习等方法扩展,但无论现有研究如何,在针对不同地域的不同作物时,应用统计方法建模的普适性还需进一步探究和验证。

3.3　基于统计学方法的作物长势遥感监测实例分析

地面遥感技术是遥感监测中的重要组成部分,可精确、实时地探测作物光谱特征,用于作物长势监测,同时可与卫星遥感配合,提高卫星遥感监测作物长势的精度,是卫星定量遥感的基础,有助于提高卫星遥感服务的精度和水平。

小麦是世界上最主要的粮食作物之一,全球约有一半以上的人食用,中国大部分地区种植小麦,小麦在国民经济和粮食安全问题中占有很重要的意义,我国以冬小麦为主。油菜在我国也是极其重要的油料作物之一,是继水稻、小麦、玉米和大豆之后的第五大优势作物,是我国主要的农业经济作物及食用油的主要来源,也是极其重要的工业原料。我国的油菜种植面积和产量均居世界首位。近年来,油菜种植面积占全国油料作物总面积的 50%,产量占全国油料作物总产量的 40％以上,以 2016 年为例,全国油菜种植面积为 710.2 万 hm²,产量达 1420.5 万 t,菜籽油占我国自产食用油的 55％(高开秀 等,2020)。随着我国国民经济的发展以及产业结构的调整,油菜在国民经济中的地位和作用日益凸显。因此,实时、快速、准确地监测冬小麦和油菜长势对于作物大田管理以及后期产量预测是极有价值的。

甘肃省庆阳市位于陇东黄土高原,是甘肃第二大产粮区,属于典型的半湿润雨养农业区,冬小麦和油菜种植面积均比较大,作物生长主要依赖自然降水,农业生产常受到不确定因素的影响造成农业减产,因此及早准确估测作物生长状况并采取相应措施对于田间管理有重要作用。位于庆阳市的董志塬,是黄土高原最大的塬区,地势平坦,为地面遥感监测提供了很好的基础。因此,利用便携式高光谱仪在该区域采集冬小麦和油菜多个生育期的冠层反射光谱,并重点分析其冠层光谱特征与反映长势的指标叶面积指数或覆盖度的相关性,继而建立相应的监测模型,可为该地区的冬小麦和油菜生长状况监测,以及后期产量预估提供科学依据。

3.3.1　材料和方法

3.3.1.1　研究区概况

地面观测试验在甘肃省庆阳市西峰区董志乡(35°35′N,107°38′E)进行,海拔 1335 m,冬季寒冷漫长,夏季炎热干燥,春季升温快,秋季降水足,年均日照 2490 h,年均气温 9.6 ℃,年降水量 556 mm,无霜期 181 d,土壤为黄绵土。

3.3.1.2　试验方法

选取该乡生长状况良好,范围较大的大片冬小麦农田作为观测地点(107°38′36″—107°38′41″E,35°35′59″—35°35′48″N),于 2005 年冬小麦返青后(3 月 15 日)开始观测,约每隔半个月测定一次,并记录当时的生育期。每次观测均在该片农田上随机确定 30 个面积为 1 m×1 m 的样区,观测该小区光谱反射率、覆盖度及叶面积指数。

此外,在该乡生长状况良好,范围较大的大片冬油菜地区域,在油菜生长的主要生育期(苗期、蕾苔期、开花始期)进行观测,每次观测均在该片农田上随机确定 10 个面积为 1 m×1 m 的样区,观测该小区光谱反射率及覆盖度。

光谱反射率的测定:采用两台法国 CIMEL 公司生产的 CE313-2 五波段地物光谱仪于晴天上午 10:00 进行观测,一台观测目标,另一台观测白板。仪器由一个光学探头和一个高度密封的电子控制箱组成,探头视场角为 10°。仪器的波段宽度为 428~472 nm、514~584 nm、621~671 nm、787~883 nm、1555~1699 nm,中心波段分别为 450 nm、550 nm、650 nm、850 nm 和 1650 nm。观测前将两台仪器时间调成一致(精确到秒),将一台仪器探头固定在厂家特制的支架上,支架上的方向轮保持探头始终垂直地面,观测时探头离地面高度为 3 m。将另一台仪器固定在另一个支架上观测标准参考板,探头垂直于白板,离白板距离为 0.5 m,并保证白板水平。每一个观测小区重复观测 5 次(以平均值计),观测白板仪器在相同时间进行观测,最后每个样本数据利用白板进行校正,并计算光谱反射率。

覆盖度和叶面积指数的测定:采用目测法估计样区覆盖度,并同时利用英国产 LAI-2000 植物冠层分析仪测定各样区叶面积指数。

3.3.1.3　植被指数的计算

计算 10 个常用植被指数归一化植被指数(normalized difference vegetation index, NDVI)、增强植被指数(enhanced vegetation index,EVI)、比值植被指数(ratio vegetation index,RVI)、差值植被指数(difference vegetation index,DVI)、土壤调整植被指数(soil-adjusted vegetation index,SAVI)、修正土壤调整指数(modified soil-adjusted vegetation index,MSAVI)、再归一化植被指数(re-normalized difference vegetation index,RDVI)、NIR/G(近红外与绿光波段的比值)、转换型植被指数(transformed vegetation index,TVI)和垂直植被指数(perpendicular vegetation index,PVI)(表3.1),其中红光波段采用650 nm的反射率,近红外波段采用850 nm的反射率,蓝光波段采用450 nm的反射率,绿光波段采用550 nm的反射率。

表 3.1　常见植被指数的具体计算公式

植被指数	计算公式	来源
归一化植被指数(NDVI)	$NDVI = \dfrac{\rho_{NIR} - \rho_{Red}}{\rho_{NIR} + \rho_{Red}}$	Rouse et al.,1974
增强植被指数(EVI)	$EVI = 2.5\dfrac{\rho_{NIR} - \rho_{Red}}{L + \rho_{NIR} + C_1\rho_{Red} - C_2\rho_{Blue}}\quad L=1,C_1=6,C_2=7.5$	Liu et al.,1995
比值植被指数(RVI)	$RVI = \rho_{NIR}/\rho_{Red}$	Pearson et al.,1972
差值植被指数(DVI)	$DVI = \rho_{NIR} - \rho_{Red}$	Jordan,1969
土壤调整植被指数(SAVI)	$SAVI = \dfrac{\rho_{NIR} - \rho_{Red}}{\rho_{NIR} + \rho_{Red} + L}(1+L)\quad L=0.5$	Huete,1988
修正土壤调整指数(MSAVI)	$MSAVI = \dfrac{1}{2}\left[2(\rho_{NIR}+1) - \sqrt{(2\rho_{NIR}+1)^2 - 8(\rho_{NIR}-\rho_{Red})}\right]$	Qi et al.,1994
再归一化植被指数(RDVI)	$RDVI = \sqrt{NDVI \times DVI}$	Reujean et al.,1995
近红外与绿光波段的比值(NIR/G)	$NIR/G = \rho_{850}/\rho_{550}$	Shibayama et al.,1989
转换型植被指数(TVI)	$TVI = \sqrt{NDVI + 0.5}$	Rouse et al.,1974
垂直植被指数(PVI)	$PVI = \dfrac{\rho_{NIR} - a\rho_{Red} - b}{\sqrt{1+a^2}}\quad a=10.489,b=6.604$	Richardson et al.,1977

3.3.2　基于统计方法的半湿润雨养农业区冬小麦长势遥感监测

3.3.2.1　冬小麦长势与单波段反射率的相关性

冬小麦各主要生育期(返青—抽穗)长势与单波段反射率的相关性分析表明,冬小麦在返青—抽穗阶段覆盖度及叶面积指数同450 nm、550 nm、650 nm、1650 nm波段反射率呈负相关关系,同850 nm波段反射率呈正相关关系,小麦植株在850 nm波段的光谱反射率越高,冬小麦长势越好。作物冠层波段反射率同作物长势的相关性性质差异主要同绿色植物的光谱特征有关,绿色植物在可见光波段主要以吸收为主,尤其是在红光波段和蓝光波段吸收率很高,反射率很低,而在近红外波段反射率较高。当绿色植物生长繁茂时,叶面积指数较大,覆盖度较高,叶片叶绿素含量增加,植物在可见光波段吸收更强,而在近红外波段的反射率更高,因此,作物长势同近红外波段反射率为正相关关系,同可见光波段反射率为负相关关系。

返青—起身阶段,冬小麦长势指标覆盖度及叶面积指数同各波段反射率关系大多不显著(表 3.2)。这主要是因为冬小麦刚返青时,植株比较幼小,生长状况较差,叶片叶绿素含量较低,冬小麦覆盖度和叶面积指数较小,土壤干扰大,反映出来的大多是土壤的光谱信息,因此这一时期冠层光谱特征同冬小麦长势间的相关性不显著,难以准确用于冬小麦长势监测。起身以后覆盖度及叶面积指数均同 $450 \sim 1650$ nm 波段反射率呈极显著相关关系。起身以后,冬小麦进入快速生长期,冬小麦植株迅速扩张,株丛覆盖度及叶面积指数逐渐增大,叶片叶绿素含量逐渐增加,土壤干扰减小,此时冠层光谱信息主要反映的是冬小麦的光谱特征,并随着冬小麦覆盖度和叶面积指数的不同而反映出不同的光谱特征,因此,冬小麦长势指标同冠层反射光谱具有良好的相关性。

表 3.2　不同生育期冬小麦长势指标同单波段光谱反射率的相关性($n=30$)

生育期	作物长势	波段(nm)				
		450	550	650	850	1650
返青—起身	覆盖度	-0.359	-0.369^{*}	-0.335	0.042	-0.253
	叶面积指数	-0.303	-0.313	-0.29	0.067	-0.206
起身	覆盖度	-0.851^{**}	-0.86^{**}	-0.869^{**}	0.861^{**}	-0.851^{**}
	叶面积指数	-0.78^{**}	-0.79^{**}	-0.799^{**}	0.81^{**}	-0.784^{**}
起身—拔节	覆盖度	-0.775^{**}	-0.778^{**}	-0.761^{**}	0.743^{**}	-0.775^{**}
	叶面积指数	-0.746^{**}	-0.737^{**}	-0.715^{**}	0.759^{**}	-0.757^{**}
拔节	覆盖度	-0.759^{**}	-0.779^{**}	-0.786^{**}	0.76^{**}	-0.636^{**}
	叶面积指数	-0.611^{**}	-0.641^{**}	-0.647^{**}	0.624^{**}	-0.472^{**}
抽穗	覆盖度	-0.514^{**}	-0.619^{**}	-0.676^{**}	0.818^{**}	-0.693^{**}
	叶面积指数	-0.496^{**}	-0.578^{**}	-0.646^{**}	0.803^{**}	-0.671^{**}

注:*、** 分别表示通过 0.05、0.01 显著性水平检验。

3.3.2.2　不同植被指数与冬小麦长势的相关性

虽然单波段反射率同冬小麦长势相关性较高,但由于易受到环境因子、传感器等的影响,具有不确定性,因此,经常使用植被指数来反映作物生长状况,植被指数可强化植被冠层间的差异,更能反映绿色植物叶面积指数等生物参量。在此,根据各植被指数的特点,选择了 8 种植被指数分析冬小麦起身—抽穗这一阶段的作物长势同不同植被指数的相关关系(表 3.3)。结果表明,多数植被指数同冬小麦长势的相关性总体上高于单波段反射率同冬小麦长势的相关性,尤其是小麦植株生长后期。

返青—起身阶段冬小麦长势指标同各植被指数相关性均不显著,起身以后则同各植被指数呈极显著相关。不同生育期,植被指数同冬小麦长势间的相关性也存在一定的差异,起身阶段植被指数同冬小麦长势相关性最高。这同前述单波段反射率同冬小麦长势的相关性在不同生育期阶段的规律相同,主要也是同冬小麦生育节律和光谱特性有关,因为作物在早期光谱主要反映的是土壤的信息,而在后期才主要反映作物的信息。另外可以看出,返青—起身阶段,植被指数同冬小麦的相关性普遍较单波段光谱反射率同冬小麦的相关性低一些,而在起身后,植被指数同冬小麦的相关性较单波段反射率同冬小麦的相关性高,这更说明了植被指数能够强化植被信息,在监测作物的生长状况,反映作物信息上较单波段反射率更加稳定、更具有优势。同时由于不同植被指数构建原理不同,对植被状况信息,植被冠层间的差异反映不同,因此不同植被指数在反映作物长势状况上也具有差异。从表 3.3 可以看出,不同植被指数同冬小麦长势指标间的相关性也存在差异,但差异不大。

表 3.3　不同生育时期植被指数同冬小麦长势的相关性($n=30$)

生育期	作物长势	植被指数							
		NDVI	EVI	RVI	DVI	SAVI	MSAVI	RDVI	NIR/G
返青—起身	覆盖度	0.238	0.205	0.209	0.189	0.21	0.177	0.214	0.22
	叶面积指数	0.221	0.198	0.213	0.182	0.199	0.175	0.202	0.215
起身	覆盖度	0.882**	0.887**	0.871**	0.885**	0.886**	0.885**	0.886**	0.88**
	叶面积指数	0.815**	0.825**	0.818**	0.824**	0.822**	0.824**	0.822**	0.823**
起身—拔节	覆盖度	0.777**	0.765**	0.742**	0.77**	0.775**	0.769**	0.775**	0.779**
	叶面积指数	0.743**	0.739**	0.709**	0.755**	0.751**	0.754**	0.751**	0.751**
拔节	覆盖度	0.793**	0.79**	0.713**	0.783**	0.789**	0.78**	0.79**	0.751**
	叶面积指数	0.652**	0.651**	0.562**	0.644**	0.649**	0.64**	0.649**	0.604**
抽穗	覆盖度	0.778**	0.834**	0.714**	0.847**	0.823**	0.847**	0.819**	0.733**
	叶面积指数	0.75**	0.803**	0.676**	0.821**	0.796**	0.821**	0.791**	0.689**

注: *、** 分别表示通过 0.05、0.01 显著性水平检验。

3.3.2.3　冬小麦长势监测模型的建立

根据以上分析,可知光谱植被指数同冬小麦长势间存在着极显著的相关关系,因此可基于它们之间的相关性利用植被指数监测冬小麦长势。在此,建立了不同植被指数同冬小麦长势指标间的线性及非线性回归模型,非线性回归模型采用常用的指数模型。由于植被指数同覆盖度及叶面积指数在返青—起身期相关性不显著,因此,主要选取起身后的样本建立冬小麦长势监测模型。

基于植被指数建立的冬小麦长势监测模型如表 3.4 所示,从表中可以看出各植被指数同冬小麦覆盖度和叶面积指数间的模型相关性较好,模型的相关系数都达到了 0.6 以上,其中,建立的覆盖度监测模型中,线性回归模型优于非线性回归模型,而叶面积指数监测模型,则是非线性回归模型优于线性回归模型。在利用不同植被指数建立的冬小麦长势线性回归模型中,NDVI 的拟合程度较其他植被指数好,其次依次是 NIR/G、RDVI、SAVI、EVI、DVI、MSAVI、

表 3.4　冬小麦长势监测模型($n=120$)

作物长势	植被指数	线性回归分析模型	R	非线性回归分析模型	R
覆盖度	NDVI	$y=84.456x+3.434$	0.753	$y=13.815e^{2.1516x}$	0.744
	EVI	$y=129.03x+12.087$	0.708	$y=17.294e^{3.2737x}$	0.696
	RVI	$y=6.0018x+25.184$	0.664	$y=24.516e^{0.1484x}$	0.636
	DVI	$y=191.96x+8.7216$	0.700	$y=15.846e^{4.8795x}$	0.689
	SAVI	$y=121.48x+5.999$	0.726	$y=14.767e^{3.0913x}$	0.716
	MSAVI	$y=123.24x-31.194$	0.694	$y=5.7822e^{3.1229x}$	0.681
	RDVI	$y=128.81x+5.6493$	0.730	$y=14.635e^{3.2782x}$	0.720
	NIR/G	$y=9.641x+11.055$	0.731	$y=17.294e^{0.2383x}$	0.701

作物长势	植被指数	线性回归分析模型	R	非线性回归分析模型	R
叶面积指数	NDVI	$y=3.7724x-0.4266$	0.705	$y=0.3268e^{2.6595x}$	0.759
	EVI	$y=6.041x-0.1247$	0.695	$y=0.4161e^{4.165x}$	0.732
	RVI	$y=0.2964x+0.4214$	0.687	$y=0.6332e^{0.1944x}$	0.688
	DVI	$y=9.0328x-0.2923$	0.690	$y=0.37e^{6.2352x}$	0.728
	SAVI	$y=5.5924x-0.3742$	0.701	$y=0.3453e^{3.8946x}$	0.745
	MSAVI	$y=5.8441x-2.2008$	0.690	$y=0.1008e^{4.0092x}$	0.723
	RDVI	$y=5.9083x-0.3826$	0.702	$y=0.3425e^{4.1206x}$	0.747
	NIR/G	$y=0.4433x-0.1394$	0.705	$y=0.4227e^{0.2994x}$	0.727

RVI,建立的非线性回归监测模型中,也是 NDVI 拟合程度最好。这说明在半湿润雨养区,选用 NDVI 建立的线性回归模型监测冬小麦覆盖度,选用 NDVI 建立的指数模型监测冬小麦叶面积指数更好些。

3.3.3　基于统计方法的半湿润雨养农业区油菜长势遥感监测

3.3.3.1　油菜覆盖度与单波段反射率的相关性

油菜覆盖度与单波段反射率的相关性分析表明,油菜覆盖度同 450 nm、550 nm、650 nm、1650 nm 波段反射率呈负相关关系,光谱反射率越高,油菜覆盖度越低;同 850 nm 波段反射率呈正相关关系,植株在 850 nm 波段的光谱反射率越高,油菜覆盖度越高。这主要同植物的反射光谱特性有关,作物在蓝光谱段,反射率低,在绿光谱段,形成反射率小峰,在红光谱段,反射率也较低,尤其是在 650 nm 处,达到一个低谷,但在 850 nm 左右,反射率达到最高峰,之后在 1300 nm 较快下降,在近红外波段,总体来说趋势则是下降的,因此油菜覆盖度与不同波段反射率形成不同的相关关系。

油菜苗期、蕾苔期、开花始期覆盖度同各波段反射率相关关系不同(表 3.5)。苗期,油菜覆盖度同 450 nm 和 650 nm 波段存在极显著相关关系,同 1650 nm 波段存在显著相关关系,同 550 nm 和 850 nm 波段关系不显著;蕾苔期,同各波段反射率均存在极显著相关关系;开花始期,同 650 nm 和 850 nm、1650nm 波段反射率存在极显著相关关系,同 450 nm 波段存在显著关系,同 550 nm 波段关系不显著。从生育期看,蕾苔期油菜覆盖度同单波段反射率关系最佳。另外,油菜覆盖度同 650 nm 波段反射率的相关性最好,同 450 nm、850 nm 和 1650 nm 波段反射率相关关系次之,同 550 nm 波段反射率关系较差。因此,在利用单波段反射率监测油菜覆盖度时,采用 650 nm 波段更好些。

表 3.5　不同生育期油菜覆盖度同单波段光谱反射率的相关性($n=10$)

生育期	波段(nm)				
	450	550	650	850	1650
苗期	−0.796**	−0.601	−0.855**	0.618	−0.762*
蕾苔期	−0.895**	−0.845**	−0.872**	0.78**	−0.847**
开花始期	−0.705*	−0.486	−0.778**	0.859**	−0.85**

注:*、**分别表示通过 0.05、0.01 显著性水平检验。

3.3.3.2　不同植被指数与油菜长势的相关性

根据各植被指数的特点,选择了 10 种植被指数分析油菜覆盖度同植被指数的相关性(表 3.6)。大量研究表明,各植被指数在监测植被覆盖度时,同植被覆盖度均存在良好的相关性,但不同植被指数监测效果不同。其中,RVI 在植被覆盖度较高时效果较好;NDVI 对绿色植物非常敏感,尤其适用于低覆盖度状态下(田庆久 等,1998);EVI 可同时消除土壤和大气的影响,常用于目前卫星遥感中(王正兴 等,2003);RVI 适应于高密度状态下的植被,当植被覆盖度低于 50% 时,效果不理想;DVI 能较好地反映植被覆盖度的变化,但当覆盖度大于 80%,对植被的敏感性降低;SAVI 适合于小范围、覆盖度变化较小的植被,可减少土壤和植被冠层背景的干扰;MSAVI 可增强植被信号,最大限度的消除土壤干扰(牛志春 等,2003);RDVI 可用于高低两种覆盖度下监测(弋良朋 等,2004);NIR/G 主要是根据植被和土壤在可见光区反射率的差异建立的,目前常用于农田监测(薛利红 等,2004);PVI 是基于土壤背景线指数发展的,受土壤亮度影响小(田庆久 等,1998)。

油菜覆盖度同植被指数间的相关性结果表明(表 3.6),同一时期,植被指数同油菜覆盖度的相关性高于单波段反射率同油菜覆盖度的相关性,油菜苗期、蕾苔期和开花始期覆盖度同各植被指数的相关性均达到了极显著水平,相关系数均在 0.8 以上,尤其是蕾苔期油菜覆盖度同植被指数的相关性又高于其他两个时期,这一阶段除 PVI 指数外,其他指数同覆盖度的相关系数都达到了 0.9 以上。不同时期,不同植被指数同油菜覆盖度的相关性也不一样,分别是苗期以 NDVI 和 TVI,蕾苔期以 RVI 和 NIR/G,开花始期以 DVI 和 MSAVI 同覆盖度的相关性最高。

表 3.6　不同生育时期油菜覆盖度同植被指数间的相关性(n=10)

生育期	植被指数									
	NDVI	EVI	RVI	DVI	SAVI	MSAVI	RDVI	NIR/G	TVI	PVI
苗期	0.913**	0.893**	0.893**	0.827**	0.887**	0.831**	0.89**	0.899**	0.914**	0.903**
蕾苔期	0.949**	0.954**	0.977**	0.953**	0.953**	0.957**	0.952**	0.976**	0.941**	0.891**
开花始期	0.866**	0.877**	0.842**	0.881**	0.876**	0.882**	0.875**	0.791**	0.868**	0.807**

注:*、** 分别表示通过 0.05、0.01 显著性水平检验。

3.3.3.3　油菜长势监测模型的建立

根据以上分析,可知光谱植被指数同油菜覆盖度间存在着极显著的相关关系,因此,可利用它们之间的这种关系用光谱植被指数进行油菜覆盖度监测,据此,建立了各生育期光谱植被指数同覆盖度间的线性及非线性回归监测模型,非线性回归模型采用的是指数模型和对数模型。由于不同生育期不同植被指数和覆盖度间的相关性存在差异,因此各生育期选取相关性最强的两个植被指数建立油菜覆盖度的监测模型(表 3.7)。

基于植被指数建立的油菜覆盖度监测模型结果如表 3.7 所示,从表中可以看出油菜苗期、蕾苔期和开花始期采用的 2 个植被指数同覆盖度建立的模型,拟合程度都较好,各回归方程的复相关系数都达到了 0.7 以上,以蕾苔期方程拟合度最好,达到了 0.9 以上。苗期,线性和非线性回归模型拟合程度差异不大,拟合方程的负相关系数均在 0.83 左右;蕾苔期,以线性方程拟合精度较其他方程高;开花始期则以指数模型拟合精度高,方程的复相关系数达到 0.8 以上。

表 3.7　油菜覆盖度监测模型（$n=10$）

作物长势	植被指数	线性模型	R^2	对数模型	R^2	指数模型	R^2
苗期	NDVI	$y=171.1x-34.591$	0.834	$y=93.097\ln x+116.92$	0.837	$y=10.319e^{3.0715}$	0.822
	TVI	$y=350.76x-299.45$	0.835	$y=358.98\ln x+51.661$	0.836	$y=0.0882e^{6.3037}$	0.825
蕾苔期	RVI	$y=20.433x-21.103$	0.954	$y=38.258\ln x-5.5221$	0.916	$y=1.5643e^{1.1839}$	0.944
	NIR/G	$y=23.277x-34.062$	0.952	$y=51.189\ln x-22.221$	0.921	$y=0.7185e^{1.3609}$	0.960
开花始期	DVI	$y=331.3x-17.289$	0.777	$y=43.772\ln x+117.07$	0.761	$y=3.9831e^{13.132}$	0.806
	MSAVI	$y=228.96x-95.907$	0.778	$y=125.01\ln x+105.39$	0.779	$y=0.1763e^{9.0777}$	0.808

3.3.4　小结

通过遥感技术尤其是地面遥感技术监测作物长势是一项重要的技术手段,对于后期作物估产起到了良好的预测作用。在此,利用光谱仪对甘肃省庆阳地区冬小麦和油菜主要生育期的作物长势指标(覆盖度、叶面积指数)与冠层反射光谱间的关系进行了探讨。结果发现,反映冬小麦长势的指标覆盖度及叶面积指数起身以后同单波段反射率和植被指数间存在明显的相关性,并且相关关系达到了极显著水平。此外,油菜苗期、蕾苔期、开花始期覆盖度同单波段反射率也存在明显的相关性,尤其是蕾苔期,相关关系达到了极显著水平。并且同常用植被指数的相关性均高于同单波段反射率的相关性。其次,利用 NDVI 建立的线性回归模型可较好的监测庆阳地区冬小麦覆盖度,建立的指数回归模型可较好的监测冬小麦的叶面积指数。本实例主要是针对半湿润区冬小麦和油菜,利用统计方法开展作物长势遥感监测,因此建立的监测模型主要适用于半湿润区,对于更广范围作物的监测,尚需进行更加深入、更加广泛的研究。

参考文献

安秦,陈圣波,孙士超,2018.基于多时相 MODIS-RVI 的玉米遥感估产研究[J].地理空间信息,16(3):14-16.

蔡爱民,邵芸,李坤,等,2010.冬小麦不同生长期雷达后向散射特征分析与应用[J].农业工程学报,26(7):205-212.

曹伟,张娜,2015.基于 GreenSeeker 对小麦植被指数与产量形成模型的研究[J].华北农学报,30(S1):383-389.

陈怀亮,李颖,张红卫,2015.农作物长势遥感监测业务化应用与研究进展[J].气象与环境科学,38(1):95-102.

陈建军,黄淑娥,景元书,2012.基于 EOS/MODIS 资料的江西省水稻长势遥感监测[J].江苏农业科学,40(6):302-305.

陈磊,范伟,陈娟,等,2015.基于星载 SAR 的冬小麦估产模型比较分析[J].中国农学通报,31(10):256-260.

陈鹏,冯海宽,李长春,等,2019.无人机影像光谱和纹理融合信息估算马铃薯叶片叶绿素含量[J].农业工程学报,35(11):63-74.

陈鹏飞,杨飞,杜佳,2013.基于环境减灾卫星时序归一化植被指数的冬小麦产量估测[J].农业工程学报,29(11):124-131.

陈鹏飞,李刚,石雅娇,等,2018.一款无人机高光谱传感器的验证及其在玉米叶面积指数反演中的应用[J].中国农业科学,51(8):1464-1474.

陈晓凯,李粉玲,王玉娜,等,2020.无人机高光谱遥感估算冬小麦叶面积指数[J].农业工程学报,36(22):40-49.

陈雪洋,2009.基于环境星 CCD 数据的冬小麦叶面积指数遥感监测模型研究[D].长沙:中南大学.

陈燕,黄春燕,王登伟,等,2006.北疆棉花叶绿素密度的高光谱估算研究[J].新疆农业科学,43(6):451-454.

程乾,2006.基于 MOD13 产品水稻遥感估产模型研究[J].农业工程学报,22(3):79-83.

程乾,黄敬峰,王人潮,等,2004.MODIS 植被指数与水稻叶面积指数及叶片叶绿素含量相关性研究[J].应用生态学报,15(8):1363-1367.

邓坤枚,孙九林,陈鹏飞,等,2011.利用国产环境减灾卫星遥感信息估测春小麦产量——以内蒙古陈巴尔虎旗地区为例[J].自然资源学报,26(11):1942-1952.

丁美花,钟仕全,谭宗琨,等,2007.MODIS 与 ETM 数据在甘蔗长势遥感监测中的应用[J].中国农业气象,28(2):195-197.

丁希斌,刘飞,张初,等,2015.基于高光谱成像技术的油菜叶片 SPAD 值检测[J].光谱学与光谱分析,35(2):486-491.

董彦芳,孙国清,庞勇,2005.基于 ENVISATASAR 数据的水稻监测[J].中国科学(D 辑:地球科学),35(7):682-689.

樊鸿叶,李姚姚,卢宪菊,等,2021.基于无人机多光谱遥感的春玉米叶面积指数和地上部生物量估算模型比较研究[J].中国农业科技导报,23(9):112-120.

范莉,罗孳孳,2009.基于 MODIS-NDVI 的水稻遥感估产——以重庆三峡库区为例[J].西南农业学报,22(5):1416-1419.

范伟,荀尚培,杨元建,等,2013.星载 SAR 在涡阳县冬小麦测产中的应用[J].遥感技术与应用,28(6):1101-1106.

费帅鹏,禹小龙,兰铭,等,2021.基于高光谱遥感和集成学习方法的冬小麦产量估测研究[J].中国农业科学,54(16):3417-3427.

冯美臣,杨武德,张东彦,等,2009.基于 TM 和 MODIS 数据的水旱地冬小麦面积提取和长势监测[J].农业工程学报,25(3):103-109.

冯美臣,杨武德,2011.不同株型品种冬小麦 NDVI 变化特征及产量分析[J].中国生态农业学报,19(1):87-92.

冯伟,朱艳,田永超,等,2007.基于高光谱遥感的小麦籽粒产量预测模型研究[J].麦类作物学报,27(6):1076-1084.

高开秀,2020.冬油菜关键长势参数及产量遥感反演方法研究[D].武汉:华中农业大学.

高林,杨贵军,王宝山,等,2015.基于无人机遥感影像的大豆叶面积指数反演研究[J].中国生态农业学报,23(7):868-876.

高林,杨贵军,于海洋,等,2016.基于无人机高光谱遥感的冬小麦叶面积指数反演[J].农业工程学报,32(22):113-120.

高学慧,黄淑娥,颜流水,等,2013.基于 MODIS 遥感资料的江西省双季早稻估产研究[J].江西农业大学学报,35(2):290-295.

高中灵,徐新刚,王纪华,等,2012.基于时间序列 NDVI 相似性分析的棉花估产[J].农业工程学报,28(2):148-153.

顾晓鹤,宋国宝,韩立建,等,2008.基于变化向量分析的冬小麦长势变化监测研究[J].农业工程学报,24(4):159-165.

郭琳,裴志远,张松龄,等,2010.基于环境星 CCD 图像的甘蔗叶面积指数反演方法[J].农业工程学报,26(10):201-205.

郭锐,朱秀芳,李石波,等,2020.山东省冬小麦单产监测与预报方法研究[J].农业机械学报,51(7):156-163.

韩松,贺立源,黄魏,等,2011.地块窗口支持下作物的遥感估产[J].华中农业大学学报,30(2):206-209.

韩文霆,彭星硕,张立元,等,2020.基于多时相无人机遥感植被指数的夏玉米产量估算[J].农业机械学报,51

(1):148-155.

何亚娟,潘学标,裴志远,等,2013.基于 SPOT 遥感数据的甘蔗叶面积指数反演和产量估算[J].农业机械学报,44(5):226-231.

贺英,邓磊,毛智慧,等,2018.基于数码相机的玉米冠层 SPAD 遥感估算[J].中国农业科学,51(15):66-77.

贺振,贺俊平,2013.基于 NOAA-NDVI 的河南省冬小麦遥感估产[J].干旱区资源与环境,27(5):46-52.

侯学会,王猛,梁守真,等,2018.基于 GF-1 数据的冬小麦不同生育期叶面积指数反演[J].山东农业科学,50(11):148-153.

胡莹瑾,崔海明,2014.基于 RS 和 GIS 的农作物估产方法研究进展[J].国土资源遥感,26(4):1-7.

化国强,2011.基于全极化 SAR 数据玉米长势监测及制图研究[D].南京:南京信息工程大学.

黄春燕,王登伟,张煜星,2009.基于棉花红边参数的叶绿素密度及叶面积指数的估算[J].农业工程学报,25(S2):137-141.

黄健熙,张洁,刘峻明,等,2015.基于遥感 DSI 指数的干旱与冬小麦产量相关性分析[J].农业机械学报,46(3):166-173.

黄青,唐华俊,周清波,等,2010.东北地区主要作物种植结构遥感提取及长势监测[J].农业工程学报,26(9):218-223.

纪伟帅,陈红艳,王淑婷,等,2021.基于无人机多光谱的华北平原花铃期棉花叶片 SPAD 建模方法研究[J].中国农学通报,37(22):143-150.

江东,王乃斌,杨小唤,等,2002.NDVI 曲线与农作物长势的时序互动规律[J].生态学报,22(2):247-252.

蒋金豹,陈云浩,黄文江,2007.病害胁迫下冬小麦冠层叶片色素含量高光谱遥感估测研究[J].光谱学与光谱分析,27(7):1363-1367.

孔令寅,延昊,鲍艳松,等,2012.基于关键发育期的冬小麦长势遥感监测方法[J].中国农业气象,33(3):424-430.

李昂,王洋,曹英丽,等,2017.基于无人机高清数码影像的水稻产量估算[J].沈阳农业大学学报,48(5):629-635.

李存军,赵春江,刘良云,等,2004.红外光谱指数反演大田冬小麦覆盖度及敏感性分析[J].农业工程学报,20(5):159-163.

李剑剑,朱小华,马灵玲,等,2017.基于无人机高光谱数据的多类型混合作物 LAI 反演及尺度效应分析[J].遥感技术与应用,32(3):427-434.

李军玲,郭其乐,彭记永,2012.基于 MODIS 数据的河南省冬小麦产量遥感估算模型[J].生态环境学报,21(10):1665-1669.

李军玲,张弘,曹淑超,2013.夏玉米长势卫星遥感动态监测指标研究[J].玉米科学,21(3):149-153.

李朋磊,张骁,王文辉,等,2021.基于高光谱和激光雷达遥感的水稻产量监测研究[J].中国农业科学,54(14):2965-2976.

李强,2022.基于无人机影像技术的小麦长势遥感监测[J].农机化研究,44(5):193-197.

李卫国,王纪华,赵春江,等,2009.基于生态因子的冬小麦产量遥感估测研究[J].麦类作物学报,29(5):906-909.

李卫国,李花,王纪华,等,2010.黄文江.基于 Landsat/TM 遥感的冬小麦长势分级监测研究[J].麦类作物学报,30(1):92-95.

李岩,彭少麟,廖其芳,等,2003.RADARSATSNBSAR 数据在大面积水稻估产中的应用研究[J].地球科学进展,18(1):109-115.

李媛媛,常庆瑞,刘秀英,等,2016.基于高光谱和 BP 神经网络的玉米叶片 SPAD 值遥感估算[J].农业工程学报,32(16):135-142.

梁栋,管青松,黄文江,等,2013.基于支持向量机回归的冬小麦叶面积指数遥感反演[J].农业工程学报,29

(7):117-123.

梁亮,杨敏华,张连蓬,等,2012.基于 SVR 算法的小麦冠层叶绿素含量高光谱反演[J].农业工程学报,28(20):162-171.

林少喆,2020.基于光谱信息的冬小麦水氮含量及产量估测模型研究[D].泰安:山东农业大学.

刘昌华,王哲,陈志超,等,2018.基于无人机遥感影像的冬小麦氮素监测[J].农业机械学报,49(6):207-214.

刘峰,刘素红,向阳,2014.园地植被覆盖度的无人机遥感监测研究[J].农业机械学报,45(11):250-257.

刘红超,梁燕,张喜旺,2017.多时相影像的冬小麦种植面积提取及估产[J].遥感信息,32(5):87-92.

刘焕军,孟令华,张新乐,等,2015.基于时间序列 Landsat 影像的棉花估产模型[J].农业工程学报,31(17):215-220.

刘焕军,康苒,USTIN S,等,2016.基于时间序列高光谱遥感影像的田块尺度作物产量预测[J].光谱学与光谱分析,36(8):2585-2589.

刘可群,张晓阳,黄进良,1997.江汉平原水稻长势遥感监测及估产模型[J].华中师范大学学报(自然科学版),31(4):110-115.

刘新杰,魏云霞,焦全军,等,2019.基于时序定量遥感的冬小麦长势监测与估产研究[J].遥感技术与应用,34(4):756-765.

刘雅婷,龚龑,段博,等,2020.多时相 NDVI 与丰度综合分析的油菜无人机遥感长势监测[J].武汉大学学报(信息科学版),45(2):265-272.

卢艳丽,胡昊,白由路,等,2010.植被覆盖度对冬小麦冠层光谱的影响及定量化估产研究[J].麦类作物学报,30(1):96-100.

陆洲,罗明,谭昌伟,等,2020.基于遥感影像植被指数变化量分析的冬小麦长势动态监测[J].麦类作物学报,40(10):1257-1264.

孟沌超,赵静,兰玉彬,等,2020.基于无人机可见光影像的玉米冠层 SPAD 反演模型研究[J].农业机械学报,51(S2):366-374.

牛志春,倪绍祥,2003.青海湖环湖地区草地植被生物量遥感监测模型[J].地理学报,58(5):695-702.

欧阳玲,毛德华,王宗明,等,2017.基于 GF-1 与 Landsat8OLI 影像的作物种植结构与产量分析[J].农业工程学报,33(11):147-156.

潘蓓,赵庚星,朱西存,等,2013.利用高光谱植被指数估测苹果树冠层叶绿素含量[J].光谱学与光谱分析,33(8):2203-2206.

彭代亮,黄敬峰,孙华生,等,2010.基于 Terra 与 AquaMODIS 增强型植被指数的县级水稻总产遥感估算[J].中国水稻科学,24(5):516-522.

彭代亮,周炼清,黄敬峰,等,2011.基于抽样调查地块实测数据的省级水稻单产遥感估算[J].农业工程学报,27(9):106-114.

齐述华,王长耀,牛铮,等,2004.利用 NDVI 时间序列数据分析植被长势对气候因子的响应[J].地理科学进展(3):91-99.

钱永兰,侯英雨,延昊,等,2012.基于遥感的国外作物长势监测与产量趋势估计[J].农业工程学报,28(13):166-171.

秦元伟,赵庚星,姜曙千,等,2009.基于中高分辨率卫星遥感数据的县域冬小麦估产[J].农业工程学报,25(7):118-123.

秦占飞,常庆瑞,申健,等,2016.引黄灌区水稻红边特征及 SPAD 高光谱预测模型[J].武汉大学学报(信息科学版),41(9):1168-1175.

任建强,陈仲新,唐华俊,2006.基于 MODIS-NDVI 的区域冬小麦遥感估产——以山东省济宁市为例[J].应用生态学报,17(12):2371-2375.

任建强,陈仲新,周清波,等,2010.基于叶面积指数反演的区域冬小麦单产遥感估测[J].应用生态学报,21

　　(11):2883-2888.

任建强,陈仲新,周清波,等,2015.MODIS 植被指数的美国玉米单产遥感估测[J].遥感学报,19(4):568-577.

申洋洋,陈志超,胡昊,等,2021.基于无人机多时相遥感影像的冬小麦产量估算[J].麦类作物学报,41(10):
　　1298-1306.

史定珊,毛留喜,1992.NOAA/AVHRR 冬小麦苗情长势遥感动态监测方法研究[J].气象学报,50(4):
　　520-523.

史舟,梁宗正,杨媛媛,等,2015.农业遥感研究现状与展望[J].农业机械学报,46(2):247-260.

宋开山,张柏,王宗明,等,2005.玉米和大豆 LAI 高光谱遥感估算模型研究[J].中国农学通报,21(1):
　　318-322.

宋晓宇,王纪华,阎广建,等,2010.基于多时相航空高光谱遥感影像的冬小麦长势空间变异研究[J].光谱学与
　　光谱分析,30(7):1820-1824.

苏伟,朱德海,苏鸣宇,等,2019.基于时序 LAI 的地块尺度玉米长势监测方法[J].资源科学,41(3):601-611.

孙红,郑涛,刘宁,等,2018.高光谱图像检测马铃薯植株叶绿素含量垂直分布[J].农业工程学报,34(1):
　　149-156.

孙华林,耿石英,王小燕,等,2019.晚播条件下基于高光谱的小麦叶面积指数估算方法[J].光谱学与光谱分
　　析,39(4):1199-1206.

孙诗睿,赵艳玲,王亚娟,等,2019.基于无人机多光谱遥感的冬小麦叶面积指数反演[J].中国农业大学学报,
　　24(11):51-58.

谭昌伟,黄义德,黄文江,等,2004.夏玉米叶面积指数的高光谱遥感指被指数法研究[J].安徽农业大学学报,
　　31(4):392-397

谭正,2012.基于 SAR 数据和作物生长模型同化的水稻长势监测与估产研究[D].北京:中国地质大学.

唐怡,黄文江,刘良云,等,2006.株型对冬小麦冠层叶面积指数与植被指数关系的影响研究[J].干旱地区农业
　　研究,24(5):130-136.

陶惠林,徐良骥,冯海宽,等,2020a.基于无人机高光谱遥感数据的冬小麦产量估算[J].农业机械学报,51(7):
　　146-155.

陶惠林,徐良骥,冯海宽,等,2020b.基于无人机高光谱长势指标的冬小麦长势监测[J].农业机械学报,51(2):
　　180-191.

田军仓,杨振峰,冯克鹏,等,2020.基于无人机多光谱影像的番茄冠层 SPAD 预测研究[J].农业机械学报,51
　　(8):178-188.

田明璐,班松涛,常庆瑞,等,2016a.基于低空无人机成像光谱仪影像估算棉花叶面积指数[J].农业工程学报,
　　32(21):102-108.

田明璐,班松涛,常庆瑞,等,2016b.基于无人机成像光谱仪数据的棉花叶绿素含量反演[J].农业机械学报,47
　　(11):285-293.

田庆久,闵祥军,1998.植被指数研究进展[J].地球科学进展,13(4):327-333.

王飞龙,王福民,胡景辉,等,2020.基于相对光谱变量的无人机遥感水稻估产及产量制图[J].遥感技术与应
　　用,35(2):458-468.

王嘉盼,武红旗,王德俊,等,2021.基于无人机可见光影像与生理指标的小麦估产模型研究[J].麦类作物学
　　报,41(10):1307-1315.

王恺宁,王修信,2017.多植被指数组合的冬小麦遥感估产方法研究[J].干旱区资源与环境,31(7):44-49.

王蕾,王鹏新,李俐,等,2018a.河北省中部平原玉米长势遥感综合监测[J].资源科学,40(10):2099-2109.

王蕾,王鹏新,李俐,等,2018b.应用条件植被温度指数预测县域尺度小麦单产[J].武汉大学学报(信息科学
　　版),43(10):1566-1573.

王丽爱,马昌,周旭东,等,2015.基于随机森林回归算法的小麦叶片 SPAD 值遥感估算[J].农业机械学报,46

(1):259-265.

王利军,郭燕,贺佳,等,2021.基于地块单元的冬小麦遥感估产方法研究[J].中国农业资源与区划,42(7):
　243-253.

王妮,2016.基于无人机平台的小麦长势监测与产量预测研究[D].南京:南京农业大学.

王强,易秋香,包安明,等,2012.基于高光谱反射率的棉花冠层叶绿素密度估算[J].农业工程学报,28(15):
　125-132.

王人潮,王珂,沈掌泉,等,1998.水稻单产遥感估测建模研究[J].遥感学报,2(2):119-124.

王双喜,束美艳,顾晓鹤,等,2018.利用 Beer-Lambert 消光定律遥感反演玉米叶面积指数[J].中国农业科技
　导报,20(12):67-73.

王爽,黄冲,孙振宇,等,2010.基于高光谱遥感估测条锈病下的混种小麦产量分析[J].农业工程学报,26(7):
　199-204.

王秀珍,黄敬峰,李云梅,等,2004.王人潮.水稻叶面积指数的高光谱遥感估算模型[J].遥感学报,8(1):
　81-88.

王长耀,林文鹏,2005.基于 MODISEVI 的冬小麦产量遥感预测研究[J].农业工程学报,21(10):90-94.

王正兴,刘闯,ALFREDO H,2003.植被指数研究进展:从 AVHRR-NDVI 到 MODIS-EVI[J].生态学报,23
　(5):979-987.

魏云霞,2018.冬小麦长势的时序定量遥感研究[D].西安:西安科技大学.

吴琼,齐波,赵团结,等,2013.高光谱遥感估测大豆冠层生长和籽粒产量的探讨[J].作物学报,39(2):
　309-318.

吴文斌,杨桂霞,2001.用 NOAA 图像监测冬小麦长势的方法研究[J].中国农业资源与区划,22(2):61-64.

吴长山,项月琴,郑兰芬,等,2000.利用高光谱数据对作物群体叶绿素密度估算的研究[J].遥感学报,4(3):
　228-232.

武建军,杨勤业,2002.干旱区农作物长势综合监测[J].地理研究,21(5):593-598.

武晋雯,张玉书,冯锐,等,2009.辽宁省作物长势遥感评价方法[J].安徽农业科学,37(36):8104-8107.

夏天,吴文斌,周清波,等,2012.基于高光谱的冬小麦叶面积指数估算方法[J].中国农业科学,45(10):
　2085-2092.

谢国雪,杨如军,卢远,2014.遥感技术在农业应用的进展分析[J].广西师范学院学报(自然科学版),31(2):
　88-96.

谢鑫昌,杨云川,田忆,等,2021.基于遥感的广西甘蔗种植面积提取及长势监测[J].中国生态农业学报,29
　(2):410-422.

辛景峰,宇振荣,DRIESSEN P M,2001.利用 NOAANDVI 数据集监测冬小麦生育期的研究[J].遥感学报,5
　(6):442-447.

薛利红,曹卫星,罗卫红,等,2004.光谱植被指数与水稻叶面积指数相关性的研究[J].植物生态学报,28(1):
　47-52.

杨邦杰,裴志远,1999.农作物长势的定义与遥感监测[J].农业工程学报,15(3):214-218.

杨北萍,陈圣波,于海洋,等,2020.基于随机森林回归方法的水稻产量遥感估算[J].中国农业大学学报,25
　(6):26-34.

杨峰,范亚民,李建龙,等,2010.高光谱数据估测稻麦叶面积指数和叶绿素密度[J].农业工程学报,26(2):
　237-243.

杨贵军,赵春江,邢著荣,等,2011.基于 PROBA/CHRIS 遥感数据和 PROSAIL 模型的春小麦 LAI 反演[J].
　农业工程学报,27(10):88-94.

杨贵军,李长春,于海洋,等,2015.农用无人机多传感器遥感辅助小麦育种信息获取[J].农业工程学报,31
　(21):184-190.

杨昕,2015.不同遥感植被指数组合模式监测小麦主要苗情参数研究[D].扬州:扬州大学.

叶满珠,廖世芳,2018.高光谱技术在农业遥感中的应用[J].农业工程,8(10):38-40.

弋良朋,尹林克,王雷涛,2004.基于 RDVI 的尉犁绿洲植被覆盖动态变化研究[J].干旱区资源与环境,18(6):66-71.

尹捷,周雷雷,李利伟,等,2021.多源遥感数据小麦识别及长势监测比较研究[J].遥感技术与应用,36(2):332-341.

于成龙,刘丹,张志国,2014.基于 FY-3 的黑龙江省水稻关键发育期识别[J].中国农学通报,30(9):55-60.

虞连玉,蔡焕杰,姚付启,等,2015.植被指数反演冬小麦植被覆盖度的适用性研究[J].农业机械学报,46(1):231-239.

褚洪亮,肖青,柏军华,等,2017.基于无人机遥感的叶面积指数反演[J].遥感技术与应用,32(1):140-148.

张超,2018.基于高光谱数据与 SAFY-FAO 作物模型同化的冬小麦生长监测与模拟研究[D].杨凌:西北农林科技大学.

张东彦,刘镕源,宋晓宇,等,2011.应用近地成像高光谱估算玉米叶绿素含量[J].光谱学与光谱分析,31(3):771-775.

张松,冯美臣,杨武德,等,2018.基于高光谱植被指数的冬小麦产量监测[J].山西农业科学,46(4):572-575.

张素青,贾玉秋,程永政,等,2015.基于 GF-1 影像的水稻苗情长势监测研究[J].河南农业科学,44(8):173-176.

张王菲,陈尔学,李增元,等,2020.雷达遥感农业应用综述[J].雷达学报,9(3):444-461.

张霞,张兵,卫征,等,2005.MODIS 光谱指数监测小麦长势变化研究[J].中国图象图形学报,10(4):420-424.

赵安周,朱秀芳,李天祺,2014.基于 HJ 小卫星影像的北京市冬小麦测产研究[J].农业现代化研究,35(5):573-577.

赵文亮,贺振,贺俊平,等,2012.基于 MODIS-NDVI 的河南省冬小麦产量遥感估测[J].地理研究,31(12):2310-2320.

赵鑫,2020.基于机器学习算法分析无人机图像的小麦产量反演研究[D].合肥:安徽大学.

郑有飞,OLFERT O,BRANDT S,等,2007.高光谱遥感在农作物长势监测中的应用[J].气象与环境科学,30(1):10-16.

周珂,柳乐,张俨娜,等,2021.GEE 支持下的河南省冬小麦面积提取及长势监测[J].中国农业科学,54(11):2302-2318.

周邵宁,黄芝,2021.基于综合指标的河北省冬小麦长势遥感监测[J].衡阳师范学院学报,42(3):82-87.

朱婉雪,李仕冀,张旭博,等,2018.基于无人机遥感植被指数优选的田块尺度冬小麦估产[J].农业工程学报,34(11):78-86.

祝必琴,黄淑娥,陈兴鹃,等,2014.基于 FY3B/MERSI 水稻长势监测及其与 AQUA/MODIS 数据对比分析[J].江西农业大学学报,36(5):1009-1015.

邹文涛,吴炳方,张淼,等,2015.农作物长势综合监测——以印度为例[J].遥感学报,19(4):539-549.

BALA S K,ISLAM A S,2009.Correlation between potato yield and MODIS-derived vegetation indices[J].International Journal of Remote Sensing,30(10):2491-2507.

BALAGHI R,TYCHON B,EERENS H,et al,2008.Empirical regression models using NDVI,rainfall and temperature data for the early prediction of wheat grain yields in Morocco[J].International Journal of Applied Earth Observation and Geoinformation,10(4):438-452.

BECKER-RESHEF I,VERMOTE E,LINDEMAN M,et al,2010.A generalized regression-based model for forecasting winter wheat yields in Kansas and Ukraine using MODIS data[J].Remote Sensing of Environment,114(6):1312-1323.

CHO M A,SKIDMORE A K,ATZBERGER C,2008.Towards red-edge positions less sensitive to canopy biophysical parameters for leaf chlorophyll estimation using properties optique spectrales desfeuilles(PROSPECT)and scattering by arbitrarily inclined leaves(SAILH)simulated data[J]. International Journal of Remote Sensing,29(8):2241-2255.

CÓRCOLES J I,ORTEGA J F,HERNÁNDEZ D,et al,2013. Estimation of leaf area index in onion(Allium cepa L.)using an unmanned aerial vehicle[J]. Biosystems Engineering,115(1):31-42.

DE LA CASA A,OVANDO G,BRESSANINI L,et al,2018. Soybean crop coverage estimation from NDVI images with different spatial resolution to evaluate yield variability in a plot[J]. ISPRS Journal of Photogrammetry and Remote Sensing,146(12):531-547.

FU Z P,JIANG J,GAO Y,et al,2020. Wheat growth monitoring and yield estimation based on multi-rotor unmanned aerial vehicle[J]. Remote Sensing,12(3):508

GENOVESE G,VIGNOLLES C,NEGRE T,et al,2001. A methodology for a combined use of normalised difference vegetation index and CORINE land cover data for crop yield monitoring and forecasting. A case study on Spain[J]. Agronomie EDP Sciences,21(1):90-111.

GITELSON A A,KAUFMAN Y J,STARK R,et al,2002. Novel algorithms for remote estimation of vegetation fraction[J]. Remote Sensing of Environment,80(1):76-87.

GONTIA N K,TIWARI K N,2011. Yield estimation model and water productivity of wheat crop(Triticum aestivum)in an irrigation command using remote sensing and GIS[J]. Journal of Indian Society of Remote Sensing,39(1):27-37.

GRAY J,SONG C H,2012. Mapping leaf area index using spatial,spectral,and temporal information from multiple sensors[J]. Remote Sensing of Environment,119:173-183.

HAMAR C,FERENCZ J,LICHTENBERGER G,et al,1996. Yield estimation for corn and wheat in the Hungarian Great plain using Landsat MSS data[J]. International Journal of Remote Sensing,17(9):1689-1699.

HAYES M J,DECKER W L,1998. Using satellite and real-time weather data to predict maize production[J]. International Journal of Biometeorology,42(1):10-15

HEINZEL V,2006. Synergetic use of optical and ERS-2 data for crop yield retrieval[C]//Proceedings of the 2nd Workshop of the EARSeL SIG on Land Use and Land Cover,Center for Remote Sensing of Land Surfaces,Bonn:240-247.

HUETE A R,1988. A soil-adjusted vegetation index(SAVI)[J]. Remote Sensing of Environment,25(3):295-309.

IMAI Y,MORITA T,AKAMATSU Y,et al,2011. Evaluation of wheat growth monitoring methods based on hyperspectral data in Western Australia[C]//2011 IEEE International Geoscience and Remote Sensing Symposium,Vancouver,BC,Canada,July 24-29.

JAGO R A,MARK E J C,CURRAN P J,1999. Estimation canopy chlorophyll concentration from field and airborne spectra[J]. Remote Sensing of Environment,68:217-224.

JIN X,YANG G,XU X,et al,2014. Combined multi-temporal optical and radar parameters for estimating LAI and biomass in winter wheat using HJ and RADARSAR-2 data[J]. Remote Sensing,7:13251-13272.

JORDAN C F,1969. Derivation of leaf area index from quality of light on the forest floor[J]. Ecology,50(4):663-666.

KEFAUVER S C,VICENTE,VERGARA-DÍAZ O,et al,2017. Comparative UAV and field phenotyping to assess yield and nitrogen use efficiency in hybrid and conventional barley[J]. Frontiers in Plant Science,8:1733-1748.

KOGAN F,YANG B J,GUO W,et al,2005. Modelling corn production in China using AVHRR-based vegetation health indices[J]. International Journal of Remote Sensing,26(11):2325-2336.

KOGAN F,SALAZAR L,ROYTMAN L,2012. Forecasting crop production using satellite-based vegetation health indices in Kansas,USA[J]. International Journal of Remote Sensing,33(9):2798-2814.

LABUS M P,NIELSEN G A,LAWRENCE R L,et al,2002. Wheat yield estimates using multi-temporal NDVI satellite imagery[J]. International Journal of Remote Sensing,23(20):4169-4180.

LI Y,LIAO Q F,LI X,et al,2003. Towards an operational system for regional-scale rice yield estimation using a time-series of Radarsat ScanSAR Images [J]. International Journal of Remote Sensing, 24 (21): 4207-4220.

LIU H Q,HUETE A R,1995. A feedback based modification of the NDVI to minimize canopy background and atmospheric noise[J]. IEEE Transactions on Geoscience and Remote Sensing,33(2):457-465.

MORIONDO M,MASELLI F,BINDI M,2007. A simple model of regional wheat yield based on NDVI data [J]. European Journal of Agronomy,26(3):266-274.

PARUL P,HARI S S,RANGANATH R N,2006. Estimating wheat yield an approach for estimating number of grains using cross-polarised ENVISAT-1 ASAR data[C]//Microwave Remote Sensing of the Atmosphere and Environment V,Proceeding of SPIE. India:Vol 6410,641009:1-12.

Pearson R L,Miller D L,1972. Remote mapping of standing crop biomass for estimation of the productivity of the short-grass prairie[J]. Pawnee National Grasslands[C]. Colorado. Ann Arbor. MI:ERIM:1357-1381.

QI J,CHEHBOUNI A,HUETE A R,et al,1994. A modified soil adjusted vegetation index[J]. Remote Sensing of Environment,48(2):119-126.

QUARMAY N A,MILNES M,HINDLE T L,et al,1993. The use of multi-temporal NDVI measurement from AVHRR data for crop yield estimation and prediction[J]. International Journal of Remote Sensing,14(2): 199-210.

REN J Q,CHEN Z X,ZHOU Q B,et al,2008. Regional yield estimation for winter wheat with MODIS-NDVI data in Shandong,China[J]. International Journal of Applied Earth Observation and Geoinformation,10 (4):403-413.

Reujean J L,Breon F M,1995. Estimating PAR absorbed by vegetation from bidirectional reflectance measurements[J]. Remote Sensing of Environment,51(3):375-384.

RICHARDSON A J,WIEGAND C L,1977. Distinguishing vegetation from soil background information[J]. Photogrammetric Engineering and Remote Sensing,43(12):1541-1552.

ROUSE J W,HAAS R H,SCHELL J A,et al,1974. Monitoring the vernal advancement of retrogradation of natural vegetation[R]. NASA/GSFCT Type Final Report,Greenbelt,MD,USA,1-371.

SMITH A M,BOURGEOIS G,TEILLET P M,et al,2008. A comparison of NDVI and MTVI2 for estimating LAI using CHRIS imagery:a case study in wheat[J]. Canadian Journal of Remote Sensing,34:539-548.

SHIBAYAMA M,AKIYAMA T,1989. Seasonal visible,near-in-frared and mid-infrared spectra of rice canopies in relation to LAI and above-ground dry phytomass[J]. Remote Sensing of Environment,27(2): 119-127.

SON N T,CHEN C F,CHEN C R,et al,2014. A comparative analysis of multitemporal MODIS EVI and NDVI data for large-scale rice yield estimation[J]. Agricultural and Forest Meteorology,197:52-64.

SONG R Z,CHENG T,YAO X,et al,2016. Evaluation of Landsat 8 time series image stacks for predicting yield and yield components of winter wheat[C]//Geoscience and Remote Sensing Symposium(IGARSS), IEEE:6300-6303.

SUGIURA R,NOGUCHI N,ISHII K,2005. Remote sensing technology for vegetation monitoring using an unmanned helicopter[J]. Biosystems Engineering,90(4):369-379.

SWAIN K C,THOMSON S J,JAYASURIYA H P W,2010. Adoption of an unmanned helicopter for low-altitude remote sensing to estimate yield and total biomass of a rice crop[J]. Transactions of the ASABE,53 (1):21-27.

TENNAKOON S B,MURTY V V N,EIUMNOH A,1992. Estimation of cropped area and grain yield of rice using remote sensing data[J]. International Journal of Remote Sensing,13(3):427-439.

VEGA F A,RAMIREZ F C,SAIZ M P,et al,2015. Multi-temporal imaging using an unmanned aerial vehicle for monitoring a sunflower crop[J]. Biosystems Engineering,132:19-27.

VIÑA A,GITELSON A A,NGUY-ROBERTSON A L,et al,2011. Comparison of different vegetation indices for the remote assessment of green leaf area index of crops[J]. Remote Sensing of Environment,115(12): 3468-3478.

WANJURA D F,HATFIELD J L,1987. Sensitivity of spectral vegetative indices to crop biomass[J]. Transactions of the ASAE,30(3):811-816.

ZHOU X,ZHENG H B,XU X Q,et al,2017. Predicting grain yield in rice using multi-temporal vegetation indices from UAV-based multispectral and digital imagery[J]. ISPRS Journal of Photogrammetry and Remote Sensing,130:246-255.

第 4 章　基于动力学方法的甘肃省主要
作物生长监测和估产研究

4.1　作物生长模型同化遥感数据估产的意义和进展

4.1.1　作物生长模型同化遥感数据估产的意义

作物产量信息对于政府指导和调整农业生产系统是非常重要的,对于一个国家或地区的粮食安全预警、粮食流通贸易、管理部门决策具有至关重要的作用。因此及时、准确、方便的监测和预报区域作物产量对农业管理至关重要。2019 年中央一号文件也指出:实施农业关键核心技术攻关行动,培育一批农业战略科技创新力量。其中,精准和及时预测作物产量无疑是关键一步。

作物生长模型是模拟作物生长的有效工具,可反映作物生长遗传规律、栽培调控及环境条件之间的因果关系。作物生长模型通过使用严格的数学模型方法,对作物整个生长、发育过程进行数学描述,在充分考虑对作物生长具有关键影响的光、温、水、土、肥及田间管理等环境因素影响的基础上,逐日模拟作物从播种到收获的整个生长过程,以及模拟不同发育期内作物的各项生理、生化过程。输入作物品种特性、气象条件、土壤条件及田间管理措施等要素,作物生长模型就可在单点尺度较好模拟作物叶面积指数 LAI、地上总生物量和穗重等长势参数及作物产量。作物生长模型具有机理性强、精度高等优势,已被证明是作物产量预报和气候情景分析中的有力工具,目前已经发展了一系列的作物生长模型。

但由于作物生长模型都是实际作物生长过程的简化形式,所以物理结构并不完美,且大部分模型参数难以获取,或存在不明确的物理意义,导致模拟结果存在较大的不确定性。且随着科技的发展,作物生长模型已从单纯估产发展到农田灌溉和施肥制度优化、气候变化影响以及风险评价等多领域,模型对于作物生长发育过程的解释性和机理性也在不断提高,模型中用于解释该效应的参数也不断增加,运算过程也变得越来越复杂。虽然模拟作物生长过程更加准确,但是对其所需要的参数、初始条件和输入变量的精度要求越来越高,也使得作物生长模型的应用存在较大的不确定性。其次,作物生长模型在大的区域尺度上应用时,由于地表环境的异质性,农作物种植类型的地理分布差异,气候条件差异、土壤环境不同、田间管理措施多样等因素的影响,使作物生长模型在区域产量预报中存在极大的不确定性。由于这些不确定性,预报误差将逐渐累积,最终传播到模型输出中,导致作物生长和作物产量模拟结果偏离实际情况,使作物生长模型模拟结果具有较高的不确定性,限制了作物生长模型在区域尺度的应用。第三,现阶段的各作物模型均是从不同的角度解释和模拟作物生长过程,忽略了模拟过程中尚未考虑的其他因素对模型的影响,如病虫害的发生、极端天气事件的发生都会影响模拟效果,而多数的作物生长模型中并没有对这些过程准确地反映。所以,实际上,作物生长模型并不能够完美地还原作物的生长发育过程,随着模型的模拟运算,误差累积量会逐渐增大,也会导致模拟结果不确定性增加。目前,作物生长模型的不确定性已成为全球农业学家在作物生长模拟和预测实践中面临的一个突出问题,因此,减小作物生长模型估计结果的不确定性十分必要。

随着科学技术的发展,观测手段日益改进,尤其是随着遥感技术的发展,使作物生长模型有效应用于区域作物估产成为可能。遥感技术可快速获取大范围的农田及作物信息,同时还具有获取信息手段多、获取信息量大、成本低等优点,能有效解决作物生长模型区域参数获取难的问题。尤其是近十几年来,随着各种雷达、高光谱、热红外数据,以及新型无人机遥感平台的出现,使得遥感技术在时间、空间和光谱分辨率上得到很大提高,也为作物生理生化参数反演提供了新的途径,为有效监测区域作物长势和作物产量提供了新的技术支持和发展方向。

但也应看到,由于卫星遥感易受天气因素的影响,且受遥感数据本身时空分辨率的影响,以及地表异质性和遥感反演算法等因素的影响,遥感监测结果也存在很大的不确定性。同时,遥感手段只是获取地表或作物群体表面瞬间生长状况,且不能揭示作物生长和产量形成的内在机理。因此,难以对作物生长的相关状态变量演变特征和产量进行早期预报。

综上所述,可以看出,遥感观测提供了作物整个生长季在点尺度或区域尺度的生长状况,且具有快速、客观、及时、宏观等特点,实时反映了各种外界环境因素对作物生长发育影响的结果;而作物生长模型则基于物理过程提供了描述作物生长的有价值的估计,具有较强的机理性与连续性,可揭示环境因素对作物生长过程产生影响的原因和本质。因此,将遥感与模型结合就可为解决上述难题提供有效手段。通过将遥感观测或反演的一些宏观信息实时动态嵌入作物生长模型,从而校正有关参数,能有效解决作物生长模型参数区域化问题,实现作物生长模型从单点模拟到区域应用。同时,遥感数据也能校正模拟轨迹,获得作物生长模型时间和空间上连续、误差较小的模拟结果,从而提高区域尺度上作物长势监测及估产精度。

因此,基于先进的数据同化方法,在作物生长模型中,同化遥感观测数据,对准确监测和预报区域作物长势和作物产量具有重要意义。且随着遥感观测资料越来越丰富,作物生物物理过程认识越来越深入,加之计算机技术的快速发展,遥感信息与作物模型相结合的数据同化技术已成为区域产量预测的最有效途径,在区域作物估产中发挥着日益积极的作用。

4.1.2　作物生长模型同化遥感数据估产的方法

数据同化的核心思想是在动力学模型框架下,融合不同来源、不同时空分辨率、不同精度的观测数据,根据不同观测之间的误差关系,通过数学算法对模型中的状态变量进行优化,减小模型的不确定性,以期提高模拟结果的精度(李颖 等,2019)。数据同化技术最早源于大气科学,近几十年在大气和海洋领域有了长足发展,目前逐渐在陆地生态系统中开始应用,已同陆面过程模型和水文模型相结合,在陆地生态系统状态变量估计中取得了良好的效果。

随着作物生长模型的改进、遥感技术的发展以及地面观测网的日益完善,利用这种同化技术,将越来越丰富的地面观测信息和遥感信息融合到作物生长模型中,使作物生长过程得到校正,作物状态变量模拟得到改进,已日益成为一个研究热点。具体来说,作物生长模型与观测数据的同化技术主要是指通过调整作物生长模拟中与作物生长发育密切相关的、但难以获取的初始状态、参数或状态变量的值来缩小观测值与模拟值之间的差距,从而达到准确估计其他状态变量的目的。

作物生长模型—遥感观测同化框架包括三个方面:作物生长模型、遥感观测数据和同化方法。其中,作物生长模型提供一个动力学框架,在这个框架内,作物生长过程表示为状态变量随时间演化的过程。遥感观测获取的数据往往表征为地表物理参数的光谱特征,所以需要通过统计方法或者观测理论模型进行反演获得地表物理参数。观测理论模型一般指辐射传输模型,即将地表特征信息转换为卫星可观测的反射率等。植被辐射传输模型常被作为可见光波段的观测模型,用于反演地表生物物理参数,获得生物特征观测值。同化方法就是寻找模型和观测数据之间的最佳匹配方法,同化方法的选择是作物生长模型与遥感数据结合的重要一步,随着各种方法论的发展,数据同化方法也得到逐步的改进和完善,从最初的最小二乘法、客观分析法,到当前的变分同化算法和卡尔曼滤波(Kalman filter)同化算法等。

　　近年来国内外应用的数据同化方法很多,根据引入遥感观测方式的不同,常用的数据同化方法主要分为三种:一种是驱动法,即将遥感反演值直接代入到作物生长模型中,驱动模型的运转。利用遥感数据来校正和优化模型模拟过程,从而提高模型的模拟精度,驱动法是最早使用的数据同化方法;第二种是基于最优控制论的优化方法,利用优化方法的迭代技术重新初始化作物生长模型,即通过调整初始状态或输入参数,使得遥感反演的生物物理参数和模型模拟的状态变量的代价函数最小,该方法又称为连续同化方法,连续同化是指使用整个时间序列的遥感观测数据对选取的作物模型参数或初始值进行优化。这种方法也存在弊端,它不能对作物生长模拟过程进行动态更新;第三种是顺序数据同化方法。顺序数据同化方法通过在作物生长模型模拟的相应时刻引入遥感观测,从而对模型模拟的状态变量和模型轨迹进行调整。

4.1.2.1　驱动法

　　驱动法,通过利用外部观测数据直接作为模型的初始输入参数或直接代替原作物生长模型中模拟的状态变量,使观测值作为这一时刻的基准值驱动下一时刻的模拟过程,从而达到提高模型精度的作用(王航 等,2012;潘海珠,2020)。驱动法原理简单,便于应用。但驱动法默认观测数据为真值,或遥感反演值比模型模拟值更加准确,且时序上数据越多越好,因此,模拟精度主要依赖于观测精度和观测频率。实际应用时,该方法缺乏考虑观测信息的误差,势必会对模拟结果造成很大的不确定性。该方法常见于作物生长模型数据同化早期研究,常以遥感反演的 LAI 数据直接替代作物生长模型中 LAI 的模拟结果,改善模型对 LAI、蒸散发或者产量的模拟精度(邢会敏 等,2017a)。

4.1.2.2　优化方法

　　优化方法,指使用同化算法经过迭代不断调整并优化作物生长模型中,与作物生长发育和产量形成密切相关,但难以通过一般方法测量或获取的初始值和参数,以缩小模型模拟值和相应观测值之间的差距,当差值达到最小时,将校正后的初始值和参数作为模型的初始值和参数(Dente et al.,2008;Gao et al.,2011;王航 等,2012;张阳 等,2018)。该方法可以达到准确估计这些初始值和参数,优化作物生长模型模拟过程的目的。

　　基于优化方法的作物生长模型数据同化研究主要包括以下几个步骤:首先构建基于状态变量模拟值和观测值的代价函数,然后利用优化算法对代价函数方程进行求解,获得使该代价函数达到最小值的全局最优解,即最佳参数集或者最佳初始生长状态。针对作物生长模型,构建代价函数的状态变量通常包括两种,一种是可观测的或遥感数据反演获得的作物生长状态变量,如叶面积指数、产量、生物量、作物蒸散、土壤水分、叶片氮积累量等,这种策略对遥感反演结果的准确性有较高要求;另一种是建立作物生长模型和辐射传输模型的耦合模型,以反射率或者基于反射率构建的植被指数作为代价函数的目标变量,如归一化植被指数、土壤调节植被指数等,或者针对微波数据的后向散射系数。通过优化模型参数或初始条件,使遥感获取的冠层反射率与耦合模型模拟的反射率间的差值达到最小,以此达到优化模型的目的。此外为了能够同化多源数据,部分研究者建立了同时同化两种或两种以上观测数据的代价函数,如目标变量同时包括叶面积指数和作物蒸散。

由于采用的作物生长模型不同,所以待优化的作物生长模型的初始值和参数也不尽相同,目前常用的待优化参数包括作物的生育期,如播种期、出苗期、返青期、收获期的具体时间。其次是一些同作物生长过程相关的碳水化合物累积量,如初始干生物量。由于作物生长的模拟过程一般都是通过吸收光能水,合成生物量(干重),继而经过器官发育形成植株,所以初始干生物量也是一个关键参数,常被作为待优化的参数;叶片是接受能量的受体,因此,叶面积相关参数,如出苗时的叶面积指数、最大叶面积指数、叶面积指数扩大速率等也是常被优化的参数;此外,一些田间管理措施和土壤理化性质相关参数,如种植密度、行距、施肥量、土壤萎蔫点、田间持水量等也常被作为待优化的参数。除了对作物生长模型中的参数进行优化外,耦合模型中的辐射传输模型的一些参数也常被作为待优化的参数,如植株含水量、叶绿素含量、叶倾角分布、叶片结构参数等。

优化方法是一种连续数据同化方法,能一次处理所有数据,因其在解决反问题中的优势,得到了广泛发展。但该方法的主要不足是需要大量的时间进行参数迭代优化,当模型越复杂需要的时间越长,计算效率较低,因此常用于点尺度数据同化问题。且某些优化算法的局限性也往往使得参数优化结果陷入局部最优解情况。目前发展的一些全局优化算法可以得到全局最优解,但在实际应用中效率较低,因此使用不够广泛。

常用的优化方法主要有单纯性算法(simplex algorithm,SA)、模拟退火算法(simulated annealing algorithm,SA)、粒子群优化算法(particle swarm optimization algorithm,PSO)、复合型混合演化算法(shuffled complex evolution,SCE-UA)、遗传算法(genetic algorithm,GA)、查找表优化算法、最小二乘法、最大似然法、Powell 共轭方向法、变分同化算法(variational data assimilation,VAR)等(张超 等,2018;吴尚蓉,2019)。

复合型混合演化算法(SCE-UA),该算法由美国亚利桑那大学 Duan 等于 1992 年提出(Duan et al. ,1992),是一种全局优化算法,综合了遗传算法和控制随机搜索算法的优点,采用了竞争演化和复合型混合的概念,继承了全局搜索的思想,大大提高了算法的计算效率和全局搜索整体最优的能力。该算法是下山单纯型算法的发展,采用多个单纯型并行搜索解空间的策略,这种策略有助于克服下山单纯型算法可能会收敛于局部最小的缺点,可有效地解决高维度参数的全局优化问题,具有良好的全局优化性能和效率。且 SCE-UA 算法对待优化参数初始值不敏感,避免了优化过程对先验知识的过分依赖,使得该算法在应用中具有较高的可操作性(任建强 等,2011)。总之,SCE-UA 算法灵活、应用广泛,对非线性优化问题能获得准确的优化结果。

模拟退火算法是一种启发式优化算法,最早的思想于 1953 年提出,1983 年被引入到优化领域,主要是为了计算高维非线性问题的最优解,该算法类似于金属高温退火过程,从某一较高初温出发,伴随温度参数的不断下降,结合概率分布特性在解空间中随机寻找目标函数的全局最优解。模拟退火算法能够覆盖函数的整个取值范围,当搜索点向上向下移动时逐步找到最优解。

变分同化算法的基本思想是构建代价函数描述状态变量模拟值和观测值之间的差异,利用变分思想把数据同化问题转化为一个极值求解问题,在满足动态约束的条件下,最小化状态变量模拟值和观测值之间的"距离",使得这种"距离"最小的状态量即为最优状态估计量(解毅等,2015)。变分方法能体现复杂的非线性约束关系,能同时使用所有有效观测,对新型数据的适应能力较强,但是该方法需要构建一个伴随模型来确定目标函数对于模型变量的导数,对于复杂的模型,构建伴随模型非常困难,并且该方法计算成本较高(孙妍,2012;潘海珠,2020)。

粒子群优化算法,是通过模拟鸟群觅食行为而发展起来的一种基于群体协作的随机搜索算法,属于群体智能算法的一种,在此算法中群体中的每个个体称为一个粒子,没有质量和体积且以一定速度飞行,代表着一个潜在的解。对每一个个体通过适应度函数来评价,在搜索空间中单独的搜寻最优值,再根据个体的最优值与群体的最优值来不断更新自己的运动方向和速度大小,因此每个粒子可以依据对环境的适应度转移到较优的区域,并最终搜索到最优位置,即问题的最优解(谭正,2012)。

最小二乘法,是通过最小化模拟值和观测值误差的平方和寻找数据的最佳函数匹配,在多领域研究中应用广泛,复杂度适中。利用最小二乘法可以简便地求得未知数据,并使这些求得的数据与实际数据之间误差的平方和为最小(周彤,2019)。

4.1.2.3　顺序数据同化方法

驱动法和优化方法均认为遥感反演值较模型模拟值更准确,但事实上遥感反演作物生长参数的过程本身也存在误差,因此有必要在作物生长模型同化遥感观测过程中综合考虑遥感反演值和模型模拟值的误差,以提高状态变量模拟值的精度。近年来,基于这一思想而发展起来的顺序数据同化方法备受关注,它利用一些滤波算法,在综合评价遥感和模型二者误差的基础上,获得一个更接近真实情况的模型状态变量估计值,然后将此值引入模型的模拟过程,从而获得更准确的模拟结果和更高的模拟精度(王航 等,2012)。

顺序数据同化方法,该方法假定对当前时刻状态变量的改进能够改进下一时刻模拟的状态变量的精度。通常在作物生长模型运行时,对存在观测值的时刻,基于观测和模型误差分别加权的基础上,利用观测信息更新作物生长模型模拟的状态变量,更新之后,模型会在新的状态基础上继续模拟,直至获得新的观测信息。该方法不断更新作物生长模型状态变量模拟值,不断校正作物生长模型模拟轨迹,最终获得最优模拟结果,显著提高了模型模拟的精度(Han et al.,2008;de Wit et al.,2007;陈浩,2021)。相比优化方法,该方法并不对作物生长模型参数进行调整。

顺序数据同化方法由于只需要运行一次,因此可以显著降低运算时间。另外,模型在有新的遥感观测量时,会以此为基准重新模拟,因此模拟结果对最新的遥感观测值十分敏感,模拟结果的准确性也受最新一次遥感观测值的误差和不确定性所影响。

目前已发展了一些顺序数据同化方法,如各种滤波算法,使用较多的包括卡尔曼滤波、扩展卡尔曼滤波(extended Kalman filter,EKF)、集合卡尔曼滤波(ensemble Kalman filter,EnKF)、集合平方根滤波(ensemble square root filter,EnSRF)、粒子滤波(particle filter,PF)等算法。

针对线性系统的顺序数据同化方法以卡尔曼滤波算法为代表,该算法 1960 年由 Kalman 提出。卡尔曼滤波算法假定观测物理模型和模拟模型都同模型状态变量呈线性关系,能采用线性问题求解方法解决,可以得到最优状态估计,并对误差进行评价,故被应用于线性模型的数据同化中。

之后，针对观测物理模型和模拟模型是非线性的情况，逐步发展了可应用于非线性系统的扩展卡尔曼滤波算法。扩展卡尔曼滤波算法是卡尔曼滤波算法在非线性情况下的一种扩展形式，其基本思想是利用泰勒级数展开将非线性系统线性化，然后采用卡尔曼滤波框架对模型模拟过程进行同化。扩展卡尔曼滤波算法难以处理模型中的高维问题，对于复杂的、不连续的非线性模型，性能也很不稳定。

因此，为了更好地应对非线性问题，更合理的估计系统误差的演化，1994 年，Evensen 根据 Epstein 的随机动态预报理论提出了集合卡尔曼滤波（ensemble Kalman filter，EnKF）算法。集合卡尔曼滤波算法解决了普通卡尔曼滤波在实际应用中背景误差协方差矩阵估计和预报困难的问题，已在大气、海洋和陆面资料的数据同化中得到广泛应用。

EnKF 算法的核心是在机理模型的动力学框架内，把外部观测数据和模型模拟数据进行误差加权，计算当前时刻状态变量的最优估计值并代替模型模拟值，然后运行到下一时刻，直到所有外部观测值被同化到模型中，完成模型模拟轨迹的优化（刘正春 等，2021）。EnKF 算法通过使用蒙特卡罗方法来实现集合预报、集合滤波以及误差矩阵的计算，包括预报和更新两部分。在预报部分，利用生成的初始状态向量集合通过模型模拟得到预报集合，每个集合成员代表模型状态变量的一个具体实现，然后用预报集合计算预报误差协方差矩阵，这样就可将模型模拟的不确定性都保存在了集合中；在更新部分，集合卡尔曼滤波利用观测向量和模拟向量的误差协方差矩阵更新集合，得到分析场的集合，最后集合的均值就是模型状态的后验估计值（王鹏新 等，2020）。EnKF 算法是顺序数据同化方法中的典型算法，充分考虑了模型以及遥感观测的误差，进行模型状态变量的动态更新，还可提供状态变量值不确定性的分布信息，因此被广泛应用于陆面数据同化中，在作物生长模拟和产量估测方面也具有较大的应用潜力。

4.1.3　作物生长模型介绍

作物生长模型主要是从土壤—植被—大气系统物质和能量的传输和转化理论出发，以光、温、水、土壤等条件为环境驱动变量，应用数学物理方法和计算机技术，对作物生长、发育、产量形成过程中的光合、呼吸、蒸腾、营养等一系列生理生化过程及其与气象、土壤等环境条件的关系进行数学描述，并且能够以特定时间步长动态模拟作物的生长发育过程和预测作物产量（邢亚娟 等，2009）。作物生长模型综合了大气、土壤、作物遗传特性等自然因素，以及田间管理等人为因素，是一种面向过程、具有时间动态性的生态模型。

通过给出模型所需的驱动数据集、初始数据集和参数集，作物生长模型就可以模拟作物生长发育过程、最终产量，以及相关的生物物理化学和环境过程。同时，作物生长模型由于能够从机理上定量描述作物生长发育同环境因素的关系，因此不仅能应用于田间尺度的作物单产研究，而且还可以反映作物与气候环境的相互作用，近十几年来在作物生长评估、精准农业、农业环境调控、农田管理决策支持、气候变化影响等领域得到广泛应用。

国外从 20 世纪 60 年代就开始在作物生长模型方面开展研究，作物生长模型早期建立的基础主要是基于叶冠层光合作用理论（Monsi et al. ，1953），此后，De Wit（1965）提出了植被冠层截光的几何模型和生理模型。Loomis 等（1963）提出了一个比较简单的估算作物冠层太阳辐射截获量和光合作用的方法，开辟了以机理过程为基础、定量估算作物最大生长速率，建立作物生长模型的道路。

从 20 世纪 60 年代后期，许多研究者开始从生物物理理论向具体的作物生长建模方向发展,如 Stapleton 等(1971)建立了棉花生长过程模拟模型,同时欧洲瓦赫宁根大学的 De Wit 等(1970)也发表了首个作物生长动力学模型 ELCROS(elementary crop simulator),该模型主要用于模拟不同条件下作物的生产潜力,比较详细地描述了作物生长的机理过程,如冠层光合、蒸腾和呼吸作用,以及作物根茎叶的生长、生物量(干重)分配等,由于具有较强的通用性,EL-CROS 系列模型影响深远。20 世纪 70 年代后期,在 ELCROS 模型基础上,又发展了更为复杂的 BACROS(Basic Crop Growth Simulator)模型(Penning et al. ,1982)。这些早期模型都局限于描述作物生理过程,没有考虑外界环境因子的胁迫作用,默认作物是在最佳环境条件下(最适光温水和田间管理措施)生长。当应用于真实环境中,由于作物生长受到环境影响,作物生长模拟曲线明显偏离实际生长曲线。

　　因此,后续模型发展者开始在作物生长模型中,考虑一些对作物生长有主要影响的环境因素及作物的响应过程,如为了反映土壤水分对作物的影响,van Keulen(1975)借鉴 ELCROS 和 BACROS 模型的概念,耦合了土壤水分平衡模型,研制了 ARID CROP 模型,用于模拟水分胁迫条件下的作物生长;Childs 等(1977)则在作物生长模型中添加了气孔阻力、潜在/实际蒸散、根系吸水、土壤水分等影响作物生长的生态过程。

　　随着作物生长模型的发展,对作物生长影响因素的考虑越来越细致,对模型过程的描述也越来越详尽,从而就包含了许多难以获取的初始条件和输入参数,使建立的许多作物生长模型难以应用。因此到了 20 世纪 80 年代后期,作物生长模型的发展不再局限于研究,而是向实际应用方向发展,这就要求建立的作物生长模型理论上可行、输入数据简单,以及易于实现。根据这一目标,一些作物生长模型开始采用经验型的参数化方法,从而使模型得到很快应用。

　　近十几年来,科学家们逐渐发现作物生长模型种类繁多,不便于相互比较、验证和大范围推广。因此建模者改变建立新模型的思路,转而对现有模型进行完善,如统一模型的参数和输入/输出格式等。通过提高模型的普适性、准确性和易操作性,使作物生长模型能够适用于大范围的环境和气候条件、不同的社会经济条件以及不同的作物等,同时对模型的输入输出进行简化和标准化,使交互方式更加友好。

　　根据作物生长模型的发展思路和目标,各个国家根据本国气候和环境条件,发展了适用于当地的作物生长模型,比较著名的有以下几类:

　　(1)CERES 模型

　　20 世纪 70 年代,美国农业部主导研发了 CERES(Crop Environment Resource Synthesis)系列模型,它是针对禾谷类作物生长发育特点开发的专用模型,该模型充分考虑了作物—土壤—大气系统的动态变化,能够模拟禾谷类作物在不同条件下的生长发育和产量形成过程。CERES 模型不是通用类模型,针对小麦、玉米、水稻等不同作物开发了专用模型,如 CERES-Rice、CERES-Wheat 和 CERES-Maize 等。

　　CERES 模型采用多个模块分别模拟了作物生长发育、氮碳水平衡、产量形成等过程,以天为模拟时间步长。模型运行需要 4 类输入数据:气象数据、土壤数据、田间管理数据和作物遗传参数,其中气象数据包括逐日最高/最低气温、降水量和太阳辐射量;土壤数据包括土壤各层的理化参数,如黏粒质量分数、粉粒质量分数、容重、田间持水量、有机碳质量比、全氮质量比、有效钾质量比、速效磷质量比、pH 值等;田间管理数据为实地调查的作物物候期、灌溉信息和施肥信息。CERES 模型不仅能够在不同的环境条件下估算禾谷类作物产量,还可以对研究区内的水、氮运移等过程进行模拟(刘正春 等,2021;彭星硕,2021;陈浩,2021)。目前,CERES

系列模型包括了玉米、水稻、小麦、高粱、大麦、谷子、大豆、花生等专用模型,并从原来仅适用于美国地区逐步发展成适用于世界各地的作物生长模型。

随着 CERES 模型的发展,模型中所需气象资料、作物遗传参数、土壤数据及田间管理数据制备的复杂性也限制了模型的广泛应用。因此,美国在 1986 年实施相关计划,通过汇总美国农业生产中的常用模型,以及对模型输入输出格式进行标准化设置的基础上,开发了目前应用广泛的农业技术推广决策支持系统——DSSAT 系统(Decision Support System for Agro-technology Transfer)。DSSAT 系统将已有的禾谷类作物模型 CERES、豆类作物模型 CROP-GRO、块茎类作物模型 SUBSTOR、向日葵模型 OILCROP、甘蔗模型 CANEGRO 等众多的作物生长模型综合集成,纳入到一个统一的农业决策支持系统。系统开发的初衷是为了将已有的多种作物生长模型所需的土壤、气象数据的格式和输入输出参数文件格式标准化,以便使各种作物模型可以共用数据,从而更利于模型的普及和应用。DSSAT 系统可逐日模拟作物营养生长和生殖生长发育过程,包括发芽到开花、叶片依次出现、籽粒成熟和收获等。DSSAT 系统也模拟了作物光合作用、呼吸作用、生物量(干重)分配和植株衰老等主要生理生态过程。系统针对不同作物生长过程还相应的包含了土壤水分平衡和土壤养分平衡模块,可用于评价气候资源利用和气候变化对作物生长的影响等。此外,DSSAT 系统还包含了相应的农业生产管理程序,可评估大田管理措施的效果。

通过多年的发展,目前 DSSAT 系统可模拟超过 30 种的作物生长过程。同时,该系统的每个子模块都有简单的接口,并通过主程序对所有子模块进行管理,具有运行环境相对宽松、便于针对不同目的进行模块集成的特点。这些优点使 DSSAT 系统在多个国家和地区得到推广应用,并于 20 世纪末引入中国,已在中国不同地区进行了适用性评价。

(2)WOFOST 模型

不同于美国针对不同作物发展的作物生长系列模型,荷兰的瓦赫宁根(Wageningen)大学则更偏重于作物生长模型的普适性,在 ELCROS 和 BACKOS 模型的基础上,发展了 SUCROS 模型,并逐渐进化到现在的 WOFOST(World Food Studies)模型(Supit et al.,1994)。

WOFOST 模型的主要特点是,模型描述的物理和生理过程可应用于较为广阔的环境条件,仅需通过调整作物参数,即可适用于不同的作物模拟需求。WOFOST 模型对作物生长的描述包括三个层次:一是潜在生长,认为在环境条件最适宜的情况下,作物生长取决于大气 CO_2 浓度、太阳辐射、温度和作物本身的遗传特性;二是作物可实现生长,在最适生长过程的基础上,添加了水分和养分对作物生长过程影响的模块。通过实际蒸散发和潜在蒸散发的比例,来确定水分对作物生长的影响。同时 WOFOST 模型考虑了主要养分氮(N)、磷(P)、钾(K)对作物生长的影响,能够计算无施肥条件下的养分限制生长,以及达到作物潜在和不同水分条件下作物生长所需的养分量;三是实际生长,除了水肥影响外,还考虑了杂草、病虫害和环境污染等因素对作物生长的影响。WOFOST 模型侧重于反映作物生理过程,着重强调作物生长发育及产量形成的机理,增加的水分胁迫和养分胁迫等模块,让模型可以在更复杂的外界环境条件下对作物的生长发育过程进行更好的模拟。经过了几十年的发展,WOFOST 作物生长模型逐步改进,并在很多国家和地区得到广泛应用。

(3)AquaCrop 模型

AquaCrop(FAO Crop Model to Simulate Yield Response to Water)模型是由国际粮农组织(FAO)汇聚多个国家不同领域的专家合作研发的一种以水分消耗为主要驱动力的作物生

长模型,其目的是借助模拟手段,明晰干旱与半干旱地区作物水分利用情况,帮助这些区域制定灌溉计划,最终实现灌溉制度的优化(Steduto et al.,2009)。AquaCrop 模型由气象模块(如温度、降水、蒸散发、CO_2 浓度等)、作物生长模拟模块(如作物生长、发育和产量形成)、土壤水分平衡模块组成。该模型以水分生产力驱动作物生长过程,通过生长发育过程中水分消耗量(实际蒸腾量)和收获指数来估算作物产量。土壤水分模块为核心模块,通过土壤水分和作物生长的相互作用,着重强调水分对作物生长发育的影响,并估算水分胁迫对作物生物量、收获指数、产量的影响效应。模型还提供了作物管理模块,可以实现部分管理措施(比如灌溉和施肥)的模拟。近年来,随着干旱灾害的不断发生,AquaCrop 模型逐渐受到重视并得到快速发展。

AquaCrop 模型模拟作物生长发育和产量的具体过程是通过冠层覆盖度(canopy cover,CC)影响作物蒸腾量(transpiration,Tr),作物蒸腾量通过水分生产率(water productivity,WP)转化为生物量(Biomass,B),生物量再通过收获指数(harvest index,HI)转化为产量(yield,Y)。该过程可以归纳为 4 个步骤,即冠层覆盖度扩展、作物蒸腾、生物量积累、产量形成,各过程间相互影响。AquaCrop 模型的一个重要特征,就是采用冠层覆盖度来描述作物生长状况,而非其他模型中常用的叶面积指数。通过这种方法,简化了作物冠层扩展和作物生长之间的关系,因为冠层覆盖度容易观测,也易通过遥感手段获取。

此外,AquaCrop 模型耦合了灌溉过程,可较好地模拟灌溉地区作物生长过程,也可用于该地区灌溉优化管理。同时 AquaCrop 模型还考虑了施肥对作物生长的影响,将施肥措施考虑为产量的一个影响因子。由于该模型具有参数少、运行成本低等优点,已广泛应用于世界多个地区多种作物生长过程的模拟,如玉米、小麦、大麦、藜麦、大豆、胡麻、棉花、花生、油菜、卷心菜、甜菜、大葱、向日葵等,取得了较高的模拟精度,具有良好的适用性。

(4)SWAP 模型

SWAP(Soil Water Atmosphere Plant Model)模型由荷兰瓦赫宁根大学开发,主要用于模拟田块尺度下土壤-植被-大气系统中热量传输、水分运动、溶质运移、作物生长和产量形成等过程。SWAP 模型也是一种土壤水分驱动模型,模型利用 Penman-Monteith 公式计算水分蒸散,进而计算田块尺度的非饱和带水分流动、盐分运移、热量传递和作物生长对产量的影响,该模型对水分蒸散以及水分蒸散引起的溶质迁移过程模拟的比较全面,可以较好的刻画水分对作物生长的影响,是开展区域作物生长过程模拟的理想模型。

SWAP 模型主要包括土壤水分、热量传输、溶质迁移、植被蒸腾、土壤蒸发、作物生长等子模块,以天为步长,模拟作物整个生育期叶面积指数(LAI)、蒸散发(ET)和根区土壤水分等信息,并可以模拟灌溉情况对作物产量的影响,对大田灌溉优化管理也有较好的指导作用。

(5)EPIC 模型

EPIC(Environmental Policy Integrated Climate)模型是美国农业部农业研究中心于 1984年开发的研究土壤侵蚀与作物单产关系的作物生长模型,该模型属于光能利用率模型。EPIC模型通过在逐日气象要素(如太阳辐射、最高气温、最低气温、降水量和风速等)的驱动下,根据最大叶面积指数、叶面积变化曲线形态参数和叶面积下降速率等作物参数,估算光截获量,模拟叶面积的动态变化过程,以及作物吸收太阳辐射能转化为作物生物量(干重)的过程,最后通过模拟的地上部生物量和收获指数计算作物经济产量,进而实现作物单产的预测。

（6）APSIM 模型

APSIM（Agricultural Production Systems Simulator）模型是由澳大利亚多部门联合开发的模块化作物模型，包含了对作物生长有影响的灌溉、施肥、土壤侵蚀、土壤水分平衡和溶质运移以及残茬分解等过程。该模型强调气候和土壤对作物生长发育的影响，已在土地利用、田间管理、气候变化影响等领域得到广泛应用。与其他作物生长模型不同的是，APSIM 模型突出的是土壤而非作物，模型主要的驱动因子是与土壤相关的水、碳、氮等因子，且能很好地模拟耕地的连作、轮作、间作以及农林混作效应。APSIM 模型可用于模拟小麦、玉米、油菜、棉花、苜蓿等多种作物的生长发育，目前已在多个气候带下的多种土壤类型中得到应用和验证。

APSIM 模型的另一个特点就是把零散的单一作物模型研究结果集成到统一的农业决策支持系统中。APSIM 模型允许用户根据需要配置模型，通过通用平台使不同模型或模块之间交叉对比更简单，从而可以适应更多应用场景，模块化的设计也取得了较好的效果（Mccown et al.，1996）。

（7）国内作物生长模型介绍

相对于国外作物生长模型的发展来说，中国在作物生长模型方面的研究起步稍晚，但也有部分学者开展了有意义的探索工作，如高亮之等（1982）在分析了中国不同类型水稻的生育期，及不同水稻品种从播种到抽穗的气象生态模式的基础上，发展了 CCSODS（Crop Computer Simulation Optimization Decision-making System）模型，该模型将作物生长模型与作物优化管理相结合，可模拟水稻的生长发育过程，具有较强的机理性、通用性和综合性。之后，又发展了 RCSODS（Rice Cultivation Simulation Optimization Decision-making System）模型，通过模拟水稻栽培管理、生长发育、产量形成等过程，使我国水稻生长模拟研究更加深入，目前该模型已在江苏、安徽、湖南等地的水稻种植区得到推广应用（高亮之 等，1994）；戚昌翰等（1994）发展了水稻生长日历模拟模型 RICAM（Rice Growth Calendar Simulation Model），模拟了生物物理参数变化对水稻生长的影响，预测了水稻各品种的生产潜力，并在集成 RICAM 模型、专家知识库和实时数据的基础上，开发了 RICOS 系统（水稻生长调控决策系统），可为农户提供水稻生产与经营决策等支持信息；殷新佑等（1994）基于水稻发育速率与温度的非线性关系，建立了具有较好预测性的水稻非线性温度效应模型，并认为日最低温度在调节水稻发育过程中起重要作用；冯利平等（1995）开发了针对不同小麦品种，包含光合、呼吸、分配等生理过程，同时考虑冬小麦春化和光周期作用的小麦生长发育模型 Wheat SM（Wheat Growth and Development Simulation Model），该模型在中国华北地区具有较好的适用性；潘学标等（1996）针对土壤—棉花—大气系统，发展了一个融棉花生长发育、产量形成及常规栽培管理为一体的棉花生长模型 COTGROW（Cotton Growth and Development Simulation Model for Culture Management），该模型可根据土壤和气候数据，模拟棉花在不同田间管理措施下的生长过程，可以为制定棉花高产栽培措施提供决策建议；曹卫星等（2000）发展了基于过程的小麦生长模型 Wheat Grow，该模型包含了物候、生长发育、光合作用、物质分配和水分养分平衡过程 6 个子模块；孙忠富等（2003）将作物生长模拟技术和栽培优化原理相结合，建立了以太阳辐射为驱动因子的温室番茄生长发育动态模型，可模拟番茄植株形态发育、生物量（干重）积累和分配等过程；Huang 等（2009）在综合考虑土壤、气候、大气 CO_2 浓度和氮肥等因素的基础上，建立了 Agro-C 模型，可用于模拟多种作物；Tao 等（2009）也发展了 MCWLA 模型，该模型模拟了天气和气候变化、水分胁迫对作物生长发育的影响，采用半经验法描述土壤水文过程，采用动态

植被模型中的 CO_2 和 H_2O 交换过程方案描述碳同化过程,并且还在模型中耦合了一些非气象因素(如病虫害和田间管理措施等)对作物生长的影响。

可以看出,国内模型以实用性为目标,采用作物生长发育机理与作物栽培优化原理相结合的方法,重点考虑作物生长过程的某些方面,难以从综合的角度考虑作物生长发育的整个过程,且经验性参数较多,具有一定的局限性。总体来说,国内模型功能相对简单,针对的作物类型较为单一,具有较强的地域性和经验性,还难以大面积推广应用。

4.1.4　作物生长模型国内外应用进展

作物生长模型通过计算机模拟技术动态反映作物生长发育过程,已在作物长势评估、精准农业、农田管理决策、气候变化影响等领域得到广泛应用。

如 Huffman(2001)等评价了 DSSAT 和 EPIC 动态模型在模拟加拿大南部玉米生物量、产量和土壤氮素动态中的准确性;Marletto 等(2007)基于天气预报和数值模式结果,模拟了意大利北部小麦的生长状况和产量,并利用实测数据进行验证,结果表明 WOFOST 模型预报作物单产是可行的;Garcia-Vila 等(2009)综合 AquaCrop 模型与经济学模型,在多种气候和农业政策情景下,模拟了西班牙南部棉花的生长发育情况,分析了灌溉投入和利润之间的关系,探讨了棉花生长的最优灌溉水平,认为 AquaCrop 模型可作为供水限制下的棉花灌溉决策工具;Farahani 等(2009)分别利用充足灌溉和亏缺灌溉下叙利亚北部棉花的实测数据,评价了 AquaCrop 模型的模拟性能,认为该模型能较好地预测土壤水分的变化趋势,此外,认为冠层覆盖度的模拟精度对准确预测作物蒸散量和生物量极为重要;Geerts 等(2010)利用 AquaCrop 模型分析了干旱环境下的最优灌溉策略,根据该策略,可避免敏感生长期干旱对作物造成的影响,并使作物达到最大水分生产效率;Wang 等(2011)基于多年气象资料,利用 WOFOST 模型模拟了京津冀地区夏玉米的潜在产量和水分限制产量,并分析了实际产量与潜在产量之间的差距,根据模拟结果讨论了气候变化对产量的影响及其时空分布特征,最后认为该地区有通过改进农田管理和灌溉措施提高产量的空间;Zhang 等(2013)基于华北平原栾城试验站冬小麦多年大田试验数据,使用 CERES-Wheat 模型评价了气候变化、品种、施肥等因素对产量的影响,发现气候波动对冬小麦产量的影响十分显著,气候变化趋势可能会对未来冬小麦生产产生负面影响。品种改进和施肥措施可以显著提高冬小麦的产量,但随着化肥施用量增加这种效应逐渐减弱;Ji 等(2014)利用 CERES-Wheat 模型模拟了陕西关中平原不同水肥处理下冬小麦的生长状况,并基于田间试验数据对模型性能进行了评价,认为模拟结果精度较高,模拟误差在可接受的范围内;Martre 等(2015)利用多个样点数据测试了 27 个小麦模型在模拟作物生长和产量方面的准确性,根据模拟的小麦籽粒产量和籽粒蛋白质含量的精度结果表明,采用多模型集合模拟比单模型的结果更准确;Gilardelli 等(2018)将极端天气的影响整合到 WOFOST 模型中,通过敏感性分析,评价欧洲多种天气条件下(包括未来气候变化)模型参数值变化对产量模拟值的影响,以及各参数对产量变化的贡献率。

谢文霞等(2006)使用 WOFOST 模型对浙江水稻潜在生长进行了模拟,并利用金华和杭州两市的水稻田间试验数据对模型进行校正和验证,认为 WOFOST 模型可以成功应用于浙江主要水稻品种潜在生长过程的模拟,以及需在生育中后期加强田间管理,以达到作物的最佳生长状况;宋艳玲等(2006)利用 WOFOST 模型模拟了干旱对我国冬小麦产量的影响,发现虽然冬小麦生育期内降水量持续减少,但干旱对冬小麦产量的影响没有加重的趋势,我国北方地区冬小麦生育期内干旱与产量并没有显著相关性,但春季干旱与产量显著相关;陈振林等

(2007)应用 WOFOST 模型模拟了低温、干旱以及二者合并对东北地区玉米产量的影响,发现低温干旱并发比单一灾害对玉米产量的影响更显著,并验证了 WOFOST 模型应用于低温和干旱对玉米产量影响评估中的适应性;高永刚等(2007)利用 WOFOST 模型分析了黑龙江省各地各主要作物产量变化趋势的空间特征和各地气候要素变化趋势的空间特征,讨论了气候变化对主要粮食作物产量变化趋势的影响;项艳(2009)以河北衡水试验站农田灌溉试验为基础,利用参数化后的 AquaCrop 模型模拟了作物蒸腾与土壤蒸发过程,评价了 AquaCrop 模型在华北地区的适用性;张铁楠等(2013)基于 AquaCrop 模型和 WOFOST 模型模拟了哈尔滨春小麦的生长发育状况,并从地上生物量、产量和生育期土壤体积含水量等因素评价了两个模型的模拟精度,认为 WOFOST 模型适应性更强;金秀良等(2015)利用 AquaCrop 模型模拟了华北平原不同播期不同灌溉策略下冬小麦的冠层覆盖度、生物量和产量,结果表明模拟的冠层覆盖度、生物量和产量与实测值有较好的一致性,少量多次的灌溉方法可以显著提高冬小麦的生物量和水分利用效率,AquaCrop 模型可用于优化冬小麦的播种日期和灌溉策略;滕晓伟等(2015)基于陕西杨凌及周边区域的冬小麦大田试验数据,校正 AquaCrop 模型参数,并利用校正后的 AquaCrop 模型模拟 4 种灌溉情景对冬小麦生物量和产量的影响,通过模拟结果得出最优灌溉策略;姚宁等(2015)通过不同水分处理试验评价了 CERES-Wheat 模型模拟水分胁迫条件下旱区冬小麦生长发育和产量形成过程的精度,结果显示,CERES-Wheat 模型在模拟旱区冬小麦生长过程时存在一定的局限性,需要对营养生长阶段前期的水分胁迫响应机制和模拟方法进行改进;黄健熙等(2017)采用中国冬小麦主产区 174 个农业气象站多年观测数据,优化了 WOFOST 模型中与品种相关的积温参数,并评价了该模型模拟冬小麦物候期、叶面积指数(LAI)和产量的精度,结果表明,WOFOST 模型在全国尺度有较高的模拟精度;刘维等(2018)以吉林省玉米为研究对象,用实测土壤水分数据替换 WOFOST 模型模拟的土壤水分数据,发现用实测数据替换后能够显著提高模型模拟精度;蔡福等(2019)用锦州地区玉米的试验数据确定了 WOFOST 模型的参数,评价了该模型模拟玉米发育期、叶面积指数和生物量分配的效果。

4.1.5　优化方法遥感估产研究进展

作物生长模型同化遥感观测数据的研究始于 80 年代后期,并已取得了许多研究成果。其中,优化方法是应用最为广泛的一种数据同化方法,大量的研究表明,在对模型初始值或参数进行优化后,模型模拟效果得到明显改进。以下就是一些研究者利用优化方法改进作物生长模型模拟结果的案例:

如 Mass(1988)利用卫星遥感数据反演高粱和冬小麦的叶面积指数,以此调整作物生长模型 GRAMI 的生育期等参数,使模型轨迹得到校正,最终提高了高粱和冬小麦生长过程和产量的模拟精度;Guerif 等(1998)耦合作物生长模型 SUCROS 和冠层辐射传输模型 SAIL,通过优化方法校正定苗数、播种到出苗的累积温度、出苗时叶面积指数、叶片相对生长速率等作物生长模型参数,从而较好地模拟作物生长发育过程,并预报产量;Verhoef 等(2003)通过耦合冠层辐射传输模型 GeoSAIL 和作物生长模型 PROMET-V,建立了融合可见光数据的同化框架,先校正了辐射传输模型中的叶面积指数、绿叶/褐叶比例、土壤水分三个参数,继而采用优化算法,校正了作物生长模型中的种植密度和收获日期两个参数。该同化方案明显改进了产量以及其他状态变量的估计结果,获取了更高精度的生物量、产量、植株高度空间分布图;Doraiswamy 等(2005)在作物生长模型 ARS 中,利用优化算法,同化遥感反演的叶面积指数,用于校正区域作物生长的物候期,继而估算整个区域的土壤水分和作物产量。结果表明,同化遥感数据反演的作物生物物理参数,能够明显改进区域作物产量估算结果,可获得较高精度的产量空间分布图;Dente 等(2005)用 ENVISAT/ASAR 交叉极化数据反演了意大利南部 Bradano 盆地多时像小麦叶面积指数图,并通过优化算法将其同化到 CERES-Wheat 模型中,用于校正该模型的初始化参数,以提高试验区小麦产量估算精度;Heinzel 等(2007)通过融合光学和 SAR 多源数据,校正了作物生长模型 CERES-Wheat 的种植日期,不仅明显改进了作物生长模拟结果,还获得了改进模拟结果的最佳数据融合方案;Dente 等(2008)在流域尺度,利用变分数据同化算法,通过在作物生长模型 CERES-Wheat 中,同化 ENVISAT/ASAR 和 MERIS 反演的叶面积指数数据,校正该模型中的播种日期、土壤萎蔫点和田间持水量 3 个参数,用以改进小麦产量预报精度,并探讨了多种同化方案对产量估计的影响。继而同化了整个研究区的遥感信息,获得了该区域详细的产量空间信息;Mangiarotti 等(2008)探讨了在动态植被模型 STEP 中,耦合辐射传输模型,同化 ASAR 后向散射系数和 SPOT-NDVI 的效果,建立了同时同化两种数据的目标函数,利用进化策略算法对耦合模型中的多个参数,包括 STEP 模型中的 7 个参数和辐射传输模型中的 3 个参数进行估计,结果显示优化后,模型预报效果得到明显改进;Ma 等(2008)耦合了 PROSAIL 模型和作物生长模型 WOFOST,通过缩小 SAVI 指数模拟值和观测值的差距,对作物生长模型出苗期进行校正,从而使开花期和成熟期模拟值更接近于观测值,也使得模拟的籽粒生物量更接近于产量;Fang 等(2008)通过同化 MODIS-LAI 产品,优化了 CERES-Maize 模型中的种植日期、种植密度、行距和氮施用量 4 个参数,并探讨了同化遥感产品的时间和频率对同化结果的影响;Fang 等(2011)耦合了 CERES-Maize 模型和冠层辐射传输模型 MCRM,采用遗传算法,同时同化 MODIS 叶面积指数和植被指数产品(NDVI 和 EVI),校正了耦合模型中的 6 个参数,以此提高美国印第安纳州玉米产量模拟精度,结果发现,同化后估算的玉米产量与农业局统计值比较一致,尤其是同时同化 MODIS 植被指数和 LAI 产品时,得到的模拟结果最好;Thorp 等(2012)耦合辐射传输模型和生理生态模型,并采用遗传算法校正叶面积生长参数,以此改进冠层、植物氮含量和产量的模拟结果;Jego 等(2012)用多光谱数据反演的 LAI,采用优化算法,重新初始化作物生长模型播种日期、播种密度和田间持水量参数,用于改进雨养农业区玉米、豌豆和春小麦的生长模拟结果,在进行参数优化后,生物量和产量的估计结果显著改进,尤其是在水分胁迫情况下,模型改进效果更加明显;Ma 等(2013)利用 SCE-UA 算法在 WOFOST 模型中同化 MODIS-LAI 数据产品,校正 WOFOST 模型中出苗日期、初始生物量和初始土壤含水量等关键参数,同化后显著提高了水分胁迫下小麦产量模拟精度,在区域估产中有巨大潜力;Huang 等(2015a)提出了一个作物模型数据同化框架,可在 SWAP 模型中同化 MODIS-LAI 和 ET 产品,用于改进该同化系统估算冬小麦区域产量的潜力。该框架通过利用 LAI 和 ET 构建代价函数,利用 SCE 优化算法,重新初始化 SWAP 模型 3 个关键参数,用优化后的模型估算冬小麦产量,并评价四种同化方案估算冬小麦产量的精度,结果发现,同时同化 MODIS-LAI 和 ET 产品比单独同化 LAI 或 ET 数据,估产精度更高;Huang 等(2015b)以 TM-LAI 为结合点,考虑模型和遥感数据中的尺度效应,利用 4DVar 构建代价函数,利用 SCE 优化算法,校正 WOFOST 模型中 2 个关键参数,最后利用优化后的 WOFOST 模型获取了河北地区冬小麦产量,同时认为同化性能主要取决于 LAI 反演精度和尺度效应,尺度校正能显著提高区域小麦产量预测精度;Jin 等(2016)耦合作物生长模型 CERES-Maize 和冠层反射率模型 ACRM,提出了一种基于模拟退火算法的同化方案,将 MODIS 反射率产品同化到耦合模型中,用于估算吉林省春玉米主产区区域尺度玉米时序 LAI;Dong 等(2016)首先利用融合算法融合 MODIS 和 OLI 数据生成高时空分辨率的绿叶面积指数 GLAI,继而利用 SCE-UA 算法在作物模型 SAFY(Simple Algorithm for Yield)中同化 GLAI 数据,对模型参数进行优化,并评价同化不同来源的 GLAI 对作物生长模拟的改进效果,结果表明,在高分辨率遥感数据有限的情况下,同化融合数据集可显著提高作物模型精度;Jin 等(2017)利用 HJ-1A/B 和 RADARSAT-2 数据,以及地面观测数据反演了陕西杨陵地区冬小麦冠层覆盖度和生物量,继而采用粒子群优化(PSO)算法在 AquaCrop 模型中同化反演结果,并评价同化不同来源数据和不同状态变量对冬小麦产量估算的影响,结果表明,使用生物量作为同化变量比使用冠层覆盖度作为同化变量,以及同化多源数据比单一数据更能提高产量估计精度。

除了国外的大量研究外,国内也有许多学者利用优化方法开展研究,赵艳霞等(2005)在 CERES-Wheat 模型中同化 MODIS-LAI,优化小麦的播种日期和种植密度,最终提高了小麦模拟产量的准确性;闫岩(2006)利用 SCE_UA 算法实现了在 CERES-Wheat 模型中同化遥感数据的方案;杨鹏(2007)利用 Landsat/TM 影像反演了研究区域的多时相叶面积指数,通过优化算法实现了 EPIC 模型与影像信息的融合,并用于河北石家庄地区冬小麦的单产估测,结果表明通过优化算法校正部分关键参数后的作物模型单产精度得到显著提高;王东伟等(2010)在作物模型和辐射传输模型的耦合模型中,通过变分算法同化多时相 MODIS 遥感观测信息,在北京昌平和顺义地区的同化结果显示融合时序遥感观测能极大改善被提取 LAI 的不确定性;朱元励等(2010)在同化遥感信息和水稻生长模型的过程中引入了粒子群算法(PSO),并比较该方法与模拟退火算法(SA)间的优缺点,同时讨论了叶面积指数(LAI)和叶片氮积累量(LNA)分别作为同化参数的同化效果,结果表明,PSO 无论是从同化效率还是反演精度上都要好于 SA,粒子群优化算法是一种可靠的遥感与模型同化算法,且 LAI 作为外部同化参数时的反演结果总体优于利用 LNA 作为同化参数时的反演结果;陈劲松等(2010)通过 SCE 优化算法,将国产环境卫星 HJ-1A/B 数据提取的水稻叶面积指数信息和 WOFOST 作物生长模型相结合,对水稻生长模型参数进行优化,显著提高了水稻估产精度;任建强等(2011)以遥感反演的 LAI 作为结合点,以黄淮海粮食主产区典型县市夏玉米为研究对象,在区域尺度利用 SCE-UA 算法,在 EPIC 模型中同化遥感反演的 LAI 信息,提高夏玉米单产模拟精度;姜浩(2011)建立了基于代价函数的同化方法,利用河北固城和南部农气站田间试验数据,在 SWAP 作物模型中同化 MODIS-LAI 时间序列数据产品提取的冬小麦物候信息,估算冬小麦产量,结果表明,同化后提高了作物模型估产精度,且随着纬度的降低,同化后的估产精度更高;谭正(2012)以苏州东桥研究区实测数据和雷达遥感影像为基础,以不同生育期的水稻生物量为信息融合点,利用粒子群算法,优化 WOFOST 作物生长模型参数,在此基础上实现对水稻产量的有效预测;靳华安等(2012)通过叶面积指数(LAI)耦合作物生长模型 CERES-Maize 和植被冠层辐射传输模型 SAIL,并构建了耦合模型同化时间序列遥感数据估算区域玉米产量的方案。通过利用 SCE-UA 算法优化耦合模型中种植日期、种植密度、光周期敏感参数、叶片红光和近红外波段反射率等 5 个参数,进行玉米产量同化估产研究,得到了吉林省榆树市玉米产区单产空间分布图;吴伶等(2012)基于作物生长模型 WOFOST、冠层辐射传输模型 PROSAIL、粒子群优化算法(PSO)以及遥感数据,构建了区域尺度遥感—作物模型同化框架,同化 CCD 影像获取的土壤调节植被指数 SAVI,重新初始化 WOFOST 模型关键参数,实现了水稻生长参数时空连续模拟；包姗宁等(2015)利用 ET 和 LAI 作为同化变量,分别构建了时间序列趋势信息的代价函数和四维变分代价函数,并采用 SCE-UA 算法最小化代价函数,重新初始化 WOFOST 模型重要参数,继而同化 MODIS-LAI 和 MODIS-ET 产品,估测作物产量,并比较了同化单变量(ET 或 LAI)和同化双变量(ET 和 LAI)的估产精度,结果表明:同化双变量策略优于同化单变量。且单独同化 LAI 对提高估产精度有重要作用,单独同化 ET 显著改善了 WOFOST 模型水分平衡的参数；黄健熙等(2015)基于 SWAP 作物生长模型,以及冬小麦关键生育期 LAI 和 ET 遥感产品趋势变化信息构建代价函数,利用 SCE-UA 算法校正 SWAP 模型中的关键参数,提高陕西省关中平原冬小麦产量的估测精度,结果表明,同化 LAI 和 ET 后,冬小麦产量的估测精度比未同化精度有显著提高；李振海(2016)利用 Landsat/TM 数据反演冬小麦 LAI 和冠层氮素累积量,然后以均方根误差构建代价函数在 DSSAT 模型中同化 LAI 和氮素累积量,采用 PSO 算法优化模型参数,结果发现,冬小麦产量和蛋白质含量模拟结果明显得到改善；王鹏新等(2016)以陕西关中平原为研究区,将遥感反演的条件植被温度指数(VTCI)与 CERES-Wheat 模型模拟的土壤浅层含水率相结合,采用四维变分算法(4D-VAR)同化小麦主要生育期旬尺度的 VTCI 数据,将同化和未同化的 VTCI 组合建立冬小麦单产估测模型,并应用于关中平原各县(区)单产估测,结果表明,应用同化的 VTCI 建立的估测模型精度显著提高；张超等(2018)建立了田间尺度的光学遥感与作物模型 SAFY-FAO 的同化系统框架,利用 SCE-UA 优化算法在作物模型中同化冠层光谱反演的叶面积指数,获得了作物模型参数最优值,并评价了该同化系统模拟冬小麦叶面积指数、生物量(干重)累积量、产量、蒸发蒸腾量以及土壤含水量等指标的准确性、可靠性和稳定性；王利民等(2019)以 SWAP 模型为基础,以 MODIS 叶面积指数(LAI)及蒸散发(ET)遥感数据作为同化数据源,使用一阶差分代价函数,利用 SCE-UA 算法优化灌溉量和出苗日期参数,获取了黑龙江南部地区春玉米产量空间分布图；周彤(2019)基于 WOFOST 模型和无人机反演的 LAI 数据进行同化研究,应用最小二乘优化算法调整 WOFOST 模型敏感参数,使 LAI 模拟值与 LAI 反演值误差最小。结果表明,同化后的模型能更好评价江苏省冬小麦生长发育状况；段丁丁(2019)利用采集的马铃薯叶面积指数和高分一号影像,获取了 LAI 反演结果。通过全局敏感性分析方法筛选了 DSSAT-SUBSTOR 模型中对产量和 LAI 敏感的参数,利用 SCE-UA 优化算法校正了模型敏感参数值,继而获得了吉林省长春区域马铃薯产量的估算结果；王伟童(2020)以河南省农科院原阳基地 11 种不同田间管理模式的夏玉米为研究对象,利用植被指数法反演玉米 LAI,借助 EFAST 全局敏感性分析算法筛选 DSSAT 模型敏感参数集,并利用 SCE-UA 算法获取了最优参数集用于夏玉米产量估算；于海洋(2020)耦合作物生长模型 CERES-maize 和辐射传输模型 PROSAIL,利用模拟退火算法同化多时相反射率遥感数据,估测吉林西部地区 5 个县的 5 个玉米地块的玉米产量。

　　利用优化方法校正模型参数的案例中,当应用到区域尺度时,往往存在计算量过大的情况,所以有的学者根据不同的参数组合,建立了查找表,根据观测值,就可以直接获得该像元、该区域的最优参数值,继而应用到作物生长模拟中。如杨鹏(2007)首先基于差值植被指数 DVI 与田间观测的叶面积指数构建了叶面积指数的最优回归模型,获得了区域叶面积指数时序数据,最后通过优化方法实现了在 EPIC 模型中同化遥感数据的策略,并建立了查找表,解决了优化算法在区域应用的效率问题,并最终应用于石家庄地区冬小麦产量估算中；陈艳玲等(2018)利用全局敏感性分析算法筛选 WOFOST 敏感参数。基于环境减灾卫星 HJ/CCD 影像数据反演的冬小麦叶面积指数(LAI)和 WOFOST 模型,构建了区域尺度冬小麦单产预测同化模型,通过查找表优化算法,校正作物模型敏感参数,最终提高了 WOFOST 模型模拟河北省藁城市冬小麦区域产量的精度。

4.1.6 顺序数据同化方法遥感估产研究进展

除了前述的优化方法外,还有不少研究者,采用顺序数据同化方法,在作物生长模型中同化观测数据,这样一方面可以源源不断的融合观测数据,另一方面也避免了采用优化算法所需的大计算量。目前在顺序数据同化案例中,主要利用滤波算法融合观测的状态变量信息。常用于融合的状态变量包括叶面积指数和土壤水分信息,通过改进这些关键变量的模拟结果,继而改进其他状态变量的最终模拟结果,如区域产量的预报结果。

目前也已有大量的研究人员开展了这一方面的研究:如 Ines 等(2006)利用 EnKF 算法在 CERES-Maize 模型中同化 MODIS-LAI 和 AMSR-E 土壤水分数据,进而降低模型模拟 LAI 和土壤水分过程中的误差,并用于估测美国爱荷华州的玉米单产,结果表明,在一般或干旱环境下,同时同化 LAI 和土壤水分比单独同化 LAI 或土壤水分更能提高玉米估产精度;De Wit 等(2007)在 WOFOST 模型中利用 EnKF 算法同化空间分辨率较低的微波土壤水分数据,用于减小土壤水分模拟误差对产量的影响,并利用该方案估测欧洲西南部冬小麦和玉米产量,结果表明,在区域尺度同化土壤水分遥感信息,能明显改进区域冬小麦产量模拟结果,但对玉米改善不明显;Nearing 等(2012)基于 EnKF 和序贯重要性重采样滤波器算法,在 CERES-Wheat 模型中同化 LAI 和土壤水分数据,评价模型结构、参数和同化算法不确定性对产量估计的影响,认为由于缺乏根区土壤水分信息以及叶面积指数误差等原因,导致小麦产量估算精度改进效果不佳;Ma 等(2013)耦合作物生长模型 WOFOST 和冠层辐射传输模型 ACRM,利用 EnKF 算法在耦合模型中同化 HJ-1A/B 获取的 NDVI 时序数据估算区域尺度冬小麦产量,结果表明同化后的区域估产精度显著提高;Li 等(2014)耦合了作物生长模型 WOFOST 和水文模型 HYDRUS-1D,并在耦合模型中,利用 EnKF 算法同化从 ETM+中获取的叶面积指数时序数据,同化后,可显著改进张掖绿洲玉米生长发育和产量估测结果;Liu 等(2014)构建了融合粒子滤波(PF)算法、MODIS-LAI 产品和 WOFOST 模型的数据同化框架,发现无论是在潜在生长状况下还是水分胁迫状况下,该同化系统都能显著改善河北省衡水地区冬小麦的产量模拟结果;Huang 等(2016)融合 MODIS 和 TM 数据生成了高空间分辨率的叶面积指数时序数据,并使用 EnKF 算法在 WOFOST 模型中化该时序 LAI 数据,发现同化后,县域产量模拟精度显著提高;Hu 等(2017)基于 SWAP 模型和 EnKF 算法发展了状态—参数同步更新的同化策略,并选择 LAI 和表层土壤水分作为同化变量,评价玉米估产效果,结果发现,状态—参数同步估计的同化策略优于仅更新状态变量的同化策略,同时提高了土壤水分和产量的模拟精度;Xie 等(2017)利用 EnKF 算法在作物生长模型 CERES-Wheat 中同化 Landsat 影像数据反演的叶面积指数和土壤水分预测关中平原冬小麦产量,结果发现,在小麦生长阶段同化更多与产量相关的状态变量,在改善小麦产量估计方面较同化单一变量更有潜力;陈思宁等(2012)建立引入 EnKF 算法的作物模型-遥感信息耦合模型 PyWOFOST,同化 MODIS-LAI 数据的结果表明,PyWOFOST 模型能显著提高东北地区玉米 LAI 和产量的模拟精度;姜志伟等(2012)利用粒子滤波算法建立了 CERES-Wheat 作物模型同化系统,并应用地面观测数据分析了粒子扰动维数和方差对同化结果和同化效率的影响,结果发现,该同化系统能较好校正作物生长模型状态轨迹,冬小麦的估产精度也得到明显改善;黄健熙等(2015)以 PyWOFOST

模型作为动力学模型,叶面积指数(LAI)作为状态变量,遥感 LAI 作为观测值,EnKF 算法作为同化算法,研发了区域冬小麦产量估测同化系统。结果表明,同化遥感观测是一种有效的区域估产方法,对提高区域冬小麦模拟精度有重要作用;王鹏新等(2016)采用粒子滤波算法在 CERES-Wheat 模型中同化遥感数据反演的 LAI 和条件植被温度指数(VTCI),用于估测关中平原冬小麦单产,结果表明,在旱作区同时同化 VTCI 和 LAI 的产量估测结果显著优于单独同化 VTCI 或 LAI 的估测结果;解毅等(2017)采用粒子滤波算法在 CERES-Wheat 模型中同化 Landsat 数据反演的叶面积指数、地上生物量和 0～20 cm 土壤含水率,获取了逐日冬小麦作物生长状态变量同化值,并根据各状态变量对产量影响的权重构建综合指数,结果发现,基于综合指数构建的小麦估产模型精度显著提高,认为综合指数充分结合了不同变量在作物估产方面的优势,可用于高精度的冬小麦产量估测;张树誉等(2017)以越冬后的冬小麦为研究对象,选取叶面积指数和条件植被温度指数(VTCI)为同化变量,采用粒子滤波算法在 CERES-Wheat 模型中同化遥感反演的 LAI 和 VTCI 数据,结果表明,同化 LAI 变化趋势更加符合关中平原冬小麦的实际生长状况,同化 VTCI 能更好地反映冬小麦的水分胁迫程度;王一明(2018)以通辽市玉米为研究对象,在地块尺度使用高分一号 WFV 数据,市县尺度使用 HJ-1A/B 数据,利用膨胀系数、调节因子等参数改进后的 EnKF 算法将遥感数据同化到 WOFOST 模型中,用于提高区域尺度产量模拟精度,并从田块和市县两个尺度评价了模拟结果;张阳等(2018)选取叶面积指数为结合点,采用 EnKF 算法在 WOFOST 模型中同化 MODIS-LAI 产品,用于改进吉林省榆树和白城站点玉米单产估算结果;江铭诺(2018)利用禹城农业试验站田间实测数据校正 MODIS-LAI 数据,并在作物生长模型 WOFOST 中同化 MODIS-LAI 数据对山东省夏玉米估产进行了探索研究,同时评价了集合大小、同化步长、同化不同区间、观测误差和预测误差等同化方案对同化效果的影响,结果表明,同化步长越小,则模拟的叶面积指数越靠近观测值;汪存华等(2018)以 WOFOST 作物生长模型为基础,运用 EnKF 算法,基于我国典型区域的遥感数据和实测数据,评价了同化技术对县域尺度作物产量模拟精度的影响;王鹏新等(2020)以河北省中部平原为研究区域,将遥感反演的 LAI 与 CERES-Maize 模型模拟的 LAI 相结合,通过 EnKF 算法实现了玉米主要生育期旬尺度 LAI 的同化,继而评价了该地区 53 个县区玉米产量估测精度及玉米单产的时空分布特征;彭星硕(2021)以冠层叶面积指数为同化变量,结合 EnKF 算法,建立了基于无人机多光谱遥感与作物生长模型耦合的田块尺度夏玉米估产同化系统,并利用实测数据评价了该系统的准确性和可靠性,最后获得了旱区夏玉米产量空间分布图;陈浩(2021)利用无人机遥感获取了研究区域的多光谱影像,结合田间实测数据反演了夏玉米叶面积指数,并基于该区域多年试验数据实现了 WOFOST 模型参数本地化,最终选取 EnKF 算法在 WOFOST 模型中同化反演的 LAI 数据,实现了对夏玉米产量的预测。以上研究均表明,在作物生长模型中,同化遥感信息,能明显改进作物产量估计结果。

4.1.7 多种数据同化方法遥感估产研究进展

如前所述,在作物生长模型中同化遥感数据已成为区域尺度作物生长监测和产量预测的重要手段,但目前多数研究仅采用优化方法或仅采用顺序数据同化方法作为同化策略,往往会造成计算量大、计算效率不高,或过于依赖卫星观测资料的精度等问题。因此,近些年来,一些研究人员将优化方法和顺序数据同化方法有机结合,在利用优化方法获取更为准确的模型参数基础上,采用顺序数据同化方法进行区域尺度的作物生长模拟,既可以提高运算效率,又可以避免直接使用遥感反演数据进行顺序同化带来的误差,从而实现二者的优势互补,提高模型在区域运行时的模拟精度。

目前,已有一些研究人员在这一方面开展了有益的探索和研究。如 Dong 等(2013)以北京市冬小麦为研究对象,耦合 DSSAT-Wheat 模型和 PROSAIL 辐射传输模型,提出了一种结合 4DVar 和 EnKF 算法的新的数据同化算法,并评价了多种同化算法对 LAI 估计结果的改进效果,结果表明,新算法的性能优于 EnKF 算法和 4DVAR 算法,且当 LAI 大于 3 时,新算法的精度和效率更高;Silvestro 等(2017)基于 HJ-1A/B 和 OLI 图像反演了杨凌地区的叶面积指数和冠层覆盖度,分别利用 EnKF 算法在 SAFY 模型中同化 LAI,以及粒子群优化算法(PSO)在 AquaCrop 模型中同化冠层覆盖度。并在田块尺度利用地面观测数据,区域尺度利用统计数据评价这两种同化方案的性能和实用性。结果表明,这两种方法在作物估产方面精度都比较高,但从业务应用角度来看,在 SAFY 模型中应用 EnKF 方法比在 AquaCrop 模型中应用 PSO 算法效果更佳。

王维等(2011)以关中平原为研究区域,将遥感反演的条件植被温度指数(VTCI)与 CERES-Wheat 模型模拟的土壤浅层水分数据相结合,通过 4DVAR 与 EnKF 两种数据同化算法实现了区域 VTCI 的同化,结果表明,两种同化算法均提高了基于 VTCI 的干旱监测准确性,但在区域 VTCI 同化实验中,EnKF 方案适用性更强;王航等(2012)基于集合平方根滤波算法(EnSRF)和粒子群优化算法(PSO),以叶面积指数和叶片氮积累量(leaf nitrogen accumulation,LNA)共同作为同化耦合点和过程更新点,建立了基于遥感信息与水稻生长模型(Rice-Grow)耦合的水稻生长与产量预测技术,结果表明,结合两种同化算法后,模型模拟的水稻生长指标和产量结果更接近于实测值,基于该技术的区域尺度模拟结果能更好地描述水稻生长和产量时空分布状况;孙妍(2012)利用 MODIS-LAI 数据、地面实测数据和 ALMANAC 作物模型,选取 3 种同化算法(直接最小化方法、变分同化算法和 EnKF 算法),实现了作物模型和遥感信息的结合,评价了同化方法对作物生长模型产量模拟精度的影响;解毅等(2015)以陕西省关中平原冬小麦为研究对象,采用 4DVAR 和 EnKF 两种同化算法同化 TM 和 ETM+数据反演的 LAI,用于估算区域尺度冬小麦生长,对同化结果评价后发现,两种同化方法均能综合遥感反演 LAI 和模型模拟 LAI 的优势,使 LAI 结果更符合冬小麦 LAI 的实际变化规律,EnKF-LAI 更能反映关中平原冬小麦的实际生长状况;邢会敏等(2017a)以冬小麦为研究对象,基于 AquaCrop 模型,评价了粒子群优化(PSO)算法、模拟退火算法(SA)和复合型混合演化算法(SCE-UA)三种数据同化算法同化遥感数据时的运算效率和同化效果,结果表明,SCE-UA 算法无论在运算效率上还是同化结果精度上均优于 PSO 和 SA 算法;李颖等(2019)利用 EnKF 算法和 SCE-UA 算法在 Wheat SM 模型中同化 MODIS-LAI,分别在站点和区域两种尺度下开展了河南省鹤壁市冬小麦估产研究,评价两种同化策略下,模型在区域尺度运行时的模拟精度和计算效率,结果表明,在区域尺度运行时,同化后单产模拟精度较同化前有明显提高,且 EnKF 算法的运行效率显著优于 SCE-UA 算法;潘海珠(2020)利用三种作物模型(SAFY-WB、WOFOST 和 CERES-Wheat)模拟冬小麦的生长发育,发展了两种多模型数据同化方法(四维变分 4DVAR+贝叶斯模型平均 BMA、集合卡尔曼滤波 EnKF+贝叶斯模型平均 BMA)。结果发现,基于多模型数据同化方法的冬小麦 LAI 和产量同化结果显著优于单一算法的同化结果。其次,同化冬小麦关键生育期的遥感观测即可明显提高模型模拟精度,同化空间分辨率越低的遥感观测数据,模拟精度也会降低,但计算效率会大幅提高;刘正春等(2021)

以山西省晋南地区的 3 个县为研究区,基于 Sentinel-1 数据反演的土壤含水率和 Sentinel-2 数据反演的 LAI,利用 4DVAR 和 EnKF 两种算法在 CERES-Wheat 模型中同化 LAI 和土壤含水率,评价两种同化算法的性能,结果发现,两种同化算法都能较好地结合模型和遥感观测的优势,但 4DVAR 算法同化结果较 EnKF 更接近田间实测值,继而利用 4DVAR 同化后的 LAI 和土壤含水率建立了估产模型,用于估测研究区的冬小麦产量。

4.2　作物生长模型 WOFOST 介绍

4.2.1　WOFOST 作物生长模型简介

WOFOST 模型是荷兰瓦赫宁根(Wageningen)大学发展的作物生长模型,该模型以模拟最佳光温水条件下的作物生长过程为基础,继而完善水分胁迫、养分胁迫等胁迫因子对作物生长的影响。WOFOST 模型属于光能利用率模型,即采用光能作为生长驱动因子,利用物候发育期控制作物生长过程。

WOFOST 模型属于机理模型,基于潜在的生物物理化学过程描述作物的生长发育,如光合、呼吸、分配等过程,以及这些过程和环境因素之间的相互作用和反馈机制。WOFOST 模型中包含气象要素、作物生长和土壤水分平衡三个重要模块。气象要素模块主要用于 WOFOST 模型中所需气象驱动数据和气象要素的计算,时间步长为日;作物生长模块主要根据日净同化速率计算作物生物量累积过程,继而计算分配到根茎叶的同化产物量;土壤水分平衡模块主要通过实时模拟土壤含水量,判断水分胁迫对作物的影响,当土壤含水量达到田间持水量时,作物生长默认为潜在生长状况,当土壤含水量低于田间持水量时,作物生长视为水分胁迫状况下生长。

随着不断的应用和实践,WOFOST 作物生长模型也得到长足发展,该模型起初仅应用于评价热带区域一年生作物的产量潜力,之后逐渐应用于实际的作物生产、农田管理等方面。目前,WOFOST 作物生长模型已成为农业生产风险评价、作物生长监测、气候影响评价等方面的有力工具。例如,在欧洲 MARS 项目的框架下,WOFOST 模型已经成为一个早期粮食安全预警系统中的产量预报工具,在评价欧盟各国农业生产和产量预报方面起了重要作用。此外,WOFOST 模型还常被用于进行气象灾害风险评价研究,用于分析土壤类型、作物、品种、播种日期、径流等因素引起的农业生产风险问题。以下是针对 WOFOST 作物生长模型中的各模块进行的详细描述。

4.2.2　WOFOST 作物生长过程模拟

4.2.2.1　作物生长过程概述

WOFOST 作物生长模型描述作物从出苗到成熟整个生长发育过程的物候期、作物生长和产量形成过程。该模型将作物生物量(干重)累积过程描述为辐射、温度和作物属性的函数。WOFOST 模型采用变量和变率来描述作物生长和土壤水分运移过程中相关状态变量的特征值和变化速率,如生长速率计算如下:

$$\Delta W = C_e (A - R_m) \tag{4.1}$$

式中,ΔW 为生长速率;A 为总碳同化速率;R_m 为维持呼吸速率;C_e 为同化物转换效率。

继而采用时间积分方法来模拟作物的整个生长累积过程,即表征作物生长状态的变量为时间的函数。作物整个生育期,主要受温度因子的影响,部分作物状态变量也表征为温度的函数,如物候期即为温度的函数。

作物根据吸收的辐射能和单叶光合特征,计算日 CO_2 同化速率和总碳同化量。继而通过分配步骤就可获得植株各部分的干重,通过累积步骤实现作物的植株形成和整个生长发育过程。作物生长模型模拟过程如图 4.1 所示。

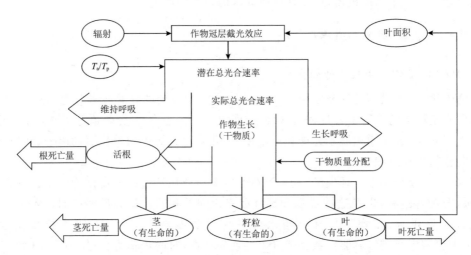

图 4.1　WOFOST 模型模拟流程图
(T_a:实际蒸腾速率;T_p:潜在蒸腾速率)

WOFOST 模型涉及的生理生态过程包括物候、碳同化、呼吸、同化产物的分配、衰老、蒸腾和根部伸长过程,各过程详述如下。

4.2.2.2　物候过程

作物的物候期变化是作物最重要的生理生态过程,其中最关键的变化是作物从营养生长阶段向生殖生长阶段的转变。开花后,作物通过光合作用积累的碳水化合物逐渐转移到籽粒中。在 WOFOST 模型中,用变量来表征作物的物候期,其中 0、1 和 2 分别表示出苗、开花和成熟期,其他生育期则按照积温和达到该生育期所需的有效积温来确定。WOFOST 作物生长模型中包括了根据播种日期和温度,自动确定出苗日期的模块,由有效温度决定,其中,有效温度的确定如式(4.2)—式(4.4)和图 4.2 所示。

$$T_e = 0 \qquad (T \leqslant T_b) \tag{4.2}$$

$$T_e = T - T_b \qquad (T_b < T < T_{max,e}) \tag{4.3}$$

$$T_e = T_{max,e} - T_b \qquad (T \geqslant T_{max,e}) \tag{4.4}$$

式中,T_e 为有效温度;$T_{max,e}$ 为对作物有效的最高温度阈值;T_b 为基温(在该温度下,生长活动停止);T 为日平均温度。

物候期的持续时间取决于作物发育速率,温度是影响作物发育速率的主要环境因子,高温会导致生育期缩短。发育速率可以表示为 0~2 的一个标量,计算如下:

$$D_{r,t} = \frac{DT_s}{\sum T_i} \tag{4.5}$$

式中,$D_{r,t}$ 为 t 时刻的发育速率;DT_s 为温度校正因子;T_i 某一生育期所需积温。

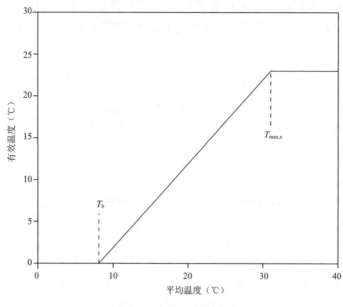

图 4.2　有效温度的计算

4.2.2.3　作物碳同化过程

作物生长依赖于吸收的太阳辐射进行光合作用。太阳辐射为作物光合和蒸腾提供能量，是决定潜在产量的主要气象要素。入射到冠层的辐射，部分吸收、部分散射。WOFOST 模型中包含了用于估计日总辐射和光合有效辐射的具体算法和计算过程。由于总辐射的观测较少，因此常采用其他气象要素替代算法进行估算，如日照时数、气温日较差、降水、云量。太阳总辐射包括直接辐射和散射辐射，叶片也区分为光下叶片和阴影下叶片。阴影下叶片仅接受散射辐射，光下叶片同时接受直接辐射和散射辐射。总入射辐射中散射辐射所占比例主要取决于大气状况，该比例系数根据大气透过率经验关系确定。光合有效辐射根据总辐射和太阳高度角确定，光合有效辐射区分为散射辐射通量和直接辐射通量两部分。

冠层对光存在消减作用，用消光系数表示，该参数受叶型影响，如直立型叶片和平展型叶片的消光系数存在明显差异，丛生型叶片由于相互遮阴，导致光衰减效应较强。在 WOFOST 模型中，采用集群因子参数来表征这种丛生效应，并用于计算辐射的消光系数。太阳辐射中对作物光合作用有效的光谱成分称为光合有效辐射。入射光合有效辐射部分被冠层反射，部分被吸收，首先估算叶片接收到的光能。向下的光合有效辐射会先经过冠层消光，损失部分辐射能量，冠层内辐射衰减同消光系数和累积叶面积指数有关，消光系数区分为直接辐射消光系数和散射辐射消光系数。

（1）冠层日总 CO_2 同化速率

日总 CO_2 同化速率的估算是 WOFOST 模型中作物生长模拟的核心过程，其具体计算包括三个步骤，即冠层瞬时 CO_2 同化速率、冠层日总 CO_2 同化速率和实际总同化速率。首先依据光能利用率原理，以光合有效辐射和叶面积指数为基础，计算冠层瞬时 CO_2 同化速率，继而分别对冠层和时间积分，获得冠层日总 CO_2 同化速率。

冠层瞬时 CO_2 同化速率表征为瞬时 CO_2 同化速率和叶面积指数的函数，继而采用高斯积分法,对冠层上中下三层同化速率进行累积求和,从而获得冠层瞬时 CO_2 同化速率。其次,再对白天的三个时间的冠层瞬时 CO_2 同化速率进行加权平均,就可以得到冠层日总 CO_2 同化速率。以上过程的具体计算公式如下:

$$PAR_{a,L} = \frac{-dPAR_{o,L}}{dL} = k(1-\rho)PAR_o \exp(-kLAI_L) \tag{4.6}$$

式中,$PAR_{a,L}$ 为冠层某深度 L 处叶片吸收的光合有效辐射量(photosynthetically active radiation,PAR);$PAR_{o,L}$ 为冠层某深度 L 处的光合有效辐射量,PAR_o 为冠层顶的光合有效辐射量;L 为冠层深度;k 为光合有效辐射消光系数;ρ 为冠层反射率。

$$A_L = A_m \left[1 - \exp\left(\frac{-\varepsilon PAR_a}{A_m} \right) \right] \tag{4.7}$$

式中,A_L 为冠层某深度 L 处瞬时 CO_2 同化速率;A_m 为光饱和时的瞬时 CO_2 同化速率;ε 为初始光能利用率;PAR_a 为吸收的总光合有效辐射量。

$$A_{C,L} = \frac{A_{T,L,-1} + 1.6A_{T,L,0} + A_{T,L,1}}{3.6} \tag{4.8}$$

式中,$A_{C,L}$ 为冠层瞬时 CO_2 同化速率;$A_{T,L,P}$ 为冠层不同深度处的瞬时 CO_2 同化速率。

$$A_d = L_d \frac{A_{C,-1} + 1.6A_{C,0} + A_{C,1}}{3.6} \tag{4.9}$$

式中,A_d 为冠层日总 CO_2 同化速率;L_d 为日长;A_C 为不同时间冠层瞬时 CO_2 同化速率。

(2)实际总 CO_2 同化速率

碳同化是作物生长发育的基础,但实际 CO_2 同化速率仍然要取决于那些影响同化产物形成的因素,例如由于温度不适或者气孔关闭而导致的光合速率和蒸腾速率减小。因此,实际 CO_2 同化速率取决于生育期、温度、水分等的综合作用,可表征为作物最大光合速率、温度系数、水分胁迫系数的函数。同时,CO_2 同化速率也受到作物生长对同化产物供需要求的限制。下面为影响 CO_2 同化速率的效应因子的具体计算方法。

作物最大光合速率是指光饱和时,冠层顶部叶片的光合能力,观测中常常受到环境条件(温度和 CO_2 浓度),以及作物生理生态特性的影响。随着作物生长发育,温度和辐射状况也存在明显的季节变化,这些环境条件的变化都会迅速的反映到最大光合速率值的变化上,如在作物生长盛期,温度和光照条件较好,最大光合速率也较高,之后随着叶片枯萎凋敝,叶片光合能力下降,最大光合速率也会逐渐减小,在 WOFOST 模型中,这种效应采用最大光合速率和生育期的函数关系表示。

此外,温度也是一个关键的环境胁迫因子,在 WOFOST 模型中,采用一个温度校正因子表征这种效应。同时,模型中假定日温和夜温均会影响实际光合速率,因为夜间时段,白天合成的碳同化产物会形成植株的各器官组分,在这个形成过程中,如果受到持续多日的低温胁迫,那么同化速率会减小,同化过程会受到影响,甚至停止。在模型中,这种温度影响效应采用平均温度校正系数和低温校正系数表征。

还有,水分胁迫也会对 CO_2 同化速率产生影响,其效应表征为实际蒸腾速率/潜在蒸腾速率的比例系数。

4.2.2.4 呼吸过程

作物呼吸作用可为作物的生长发育提供能量。在 WOFOST 模型中,作物的呼吸过程可分为两类,即维持呼吸和生长呼吸。维持呼吸指呼吸作用所产生的能量和中间产物主要用于维持作物存活的呼吸方式,生长呼吸指呼吸作用所产生的能量和中间产物主要用于合成作物生长所需要物质的呼吸方式。

(1)维持呼吸

维持呼吸表征为作物生物量(干重)的函数。作物各组成结构用于维持呼吸能量消耗的比例由 Penning 等(1982)提供,与作物品种有密切关系。维持呼吸计算过程如下:

$$R_{m,r} = \sum_{i=1}^{4} C_{m,i} W_i \tag{4.10}$$

式中,$R_{m,r}$ 为维持呼吸速率;$C_{m,i}$ 为维持呼吸能量消耗比例系数;W_i 为植株各组分干重。

一般根、茎、叶维持呼吸耗能量比例系数分别为 0.01、0.015、0.03,这一特征参数随作物生长发育阶段而变化,在作物生长后期,作物植株代谢能力和维持呼吸能量消耗量均显著减小。因此,维持呼吸能量消耗比例系数在 WOFOST 模型中表示为生育期的函数。

此外,温度对维持呼吸速率也有显著影响,高温将促进呼吸作用。温度每增加 10 ℃,维持呼吸耗能量将提高 2 倍,这一温度效应在 WOFOST 模型中用参数 Q_{10} 表征,即表示温度每增加 10 ℃,维持呼吸速率的增加比率。因此,温度对维持呼吸的影响效应具体计算过程如下:

$$R_{m,T} = R_{m,r} Q_{10}^{\frac{T-T_r}{10}} \tag{4.11}$$

式中,$R_{m,T}$ 为温度 T 下的维持呼吸速率;$R_{m,r}$ 为参考温度 25 ℃下的维持呼吸速率;Q_{10} 为温度每增加 10 ℃,维持呼吸速率的增加比率;T 为日平均温度;T_r 为参考温度。

(2)生长呼吸

作物通过光合作用合成的同化产物和产生的能量,除用于维持呼吸消耗外,剩余的同化产物均转移到植株体中,用于植物组织的分裂、生长和发育。在这个生长过程中,也需要消耗能量,并释放 CO_2 和 H_2O,称之为生长呼吸过程。表达式为:

$$R_g = R_d - R_{m,T} \tag{4.12}$$

式中,R_g 为生长呼吸速率;R_d 为实际日 CO_2 总同化速率;$R_{m,T}$ 为温度 T 下的维持呼吸速率。

4.2.2.5 碳同化产物分配过程

作物植株通过光合作用合成的碳同化产物通过分配步骤形成植株的各器官。在 WOFOST 模型中,这一过程由分配系数和转换效率因子确定。分配系数表征碳同化产物分配到植株各器官的比例,转换效率因子表征碳同化产物转化为植株各器官的转换效率,这些特征参数均同作物品种有关,并随生育期而变化,也同植株营养器官和生殖器官的形成速率有关。

作物植株各器官的形成和发育由生物量(干重)增量和植株各器官(根、茎、叶和籽粒)的分配系数和转换效率因子确定。最终,根据作物植株各器官的分配系数和转换效率因子确定植株总的转换效率,这一过程具体计算如下:

$$C_e = \frac{1}{\sum_{i=1}^{3} \dfrac{pc_i}{C_{e,i}} \cdot (1 - pc_{rt}) + \dfrac{pc_{rt}}{C_{e,rt}}} \tag{4.13}$$

式中,C_e 为植株的碳同化产物转换效率因子;$C_{e,i}$ 为地上部各器官(茎、叶、籽粒)碳同化产物转换效率因子;$C_{e,rt}$ 为地下部(根)碳同化产物转换效率因子;pc_i 为碳同化产物向地上部各器官转移的分配系数;pc_{rt} 为碳同化产物向植株根转移的分配系数。

最终,新合成的碳同化产物中用于生长消耗的组分与植株碳同化产物转换效率因子的乘积即为植株生物量(干重)增量,计算如下:

$$\Delta W = C_e \cdot R_g \tag{4.14}$$

式中，ΔW 为植株生物量（干重）增长速率；C_e 为植株的碳同化产物转换效率因子；R_g 为生长呼吸速率。

4.2.2.6　净生长速率估算

作物在整个生育期，存在明显的新陈代谢活动。叶片是光合作用的主要场所，光强和温度是影响光合作用、叶片扩展的主要环境因子。光强决定光合速率和光合产物的转化，温度则影响细胞分裂和生长速率。作物生长早期，温度是最重要的影响因素，叶片扩展速率受温度限制，叶片生长曲线表征为指数生长形式，叶片扩展速率由累积叶面积指数、叶面积指数最大相对增长速率确定。其中，叶面积指数最大相对增长速率由有效温度确定，一般同温度呈线性关系。但是这种指数生长曲线仅适用于作物生育期初期（$LAI < 0.75$ 的情况下），随着作物的生长发育，叶面积的扩展还受到碳同化产物合成速率的限制。

当作物生长发育到后期，根、茎、叶均会衰败枯落死亡。根、茎生物量增长速率为生长速率减去枯萎速率，即为净生长速率。枯萎速率与作物品种有关，表征为作物植株不再参与生长发育代谢过程的那部分，该参数随生育期而变化。

叶片净生长速率指从叶片生长速率中减去叶片的凋萎速率。在 WOFOST 模型中，叶片的枯落凋萎过程最为复杂，受到的影响因素最多，如过度荫蔽、水分胁迫、叶片生长日数超过阈值都会引起叶片的枯萎凋落。模型中概括为生理衰老、水分胁迫和相互荫蔽三个效应因子。其中生理衰老指叶片超过生长日数阈值而凋萎的情况，采用叶片在 35 ℃ 温度下生长日数这一参数表征；水分胁迫也会造成叶片枯黄和凋萎，这一效应用实际蒸腾与潜在蒸腾之间的比例系数表征；此外，随着作物的生长发育，枝叶繁茂、相互荫蔽也会导致或加速叶片凋萎，使叶片提前枯黄落叶，这一效应，采用关键叶面积指数这一参数表征，即当叶面积指数达到该值后，就会发生相互荫蔽效果，使叶片的凋萎率线性增加。

4.2.2.7　根系生长过程

根系生长速率由根系长度日增长量确定，为作物自有的特征参数，表征为生育期的函数，并受最大根系深度参数的限制。同时根系生长也受土壤理化性质的影响，当土壤剖面上存在难以渗透层，或者根尖处土壤含水量在萎蔫点以下，或者根尖位于地下水位处，都会影响根系的向下生长。

4.2.3　作物生长水分胁迫模拟

作物除了通过气孔吸收 CO_2 外，从土壤中吸收的水分，也会通过气孔，蒸腾散失到大气中。如果土壤水分不能持续不断地得到补充，土壤就会干涸，到一定程度后，会发生作物水分胁迫，作物通过气孔闭合机制，主动响应这种胁迫效应，减小蒸腾，降低植株水分散失，同时也阻碍了 CO_2 的吸收，间接影响了碳同化产物的合成。当水分胁迫达到一定程度时，作物就会萎蔫，并最终死亡。

在 WOFOST 模型中，利用水分平衡方程模拟土壤水分变化以及作物水分胁迫和响应机制（图 4.3），由此判断作物何时受到水分胁迫，以及受到哪种程度的水分胁迫。

土壤实际含水量计算过程如下：

$$\theta_t = \frac{IN_{up} + (IN_{low} - T_a)}{RD} \Delta t \tag{4.15}$$

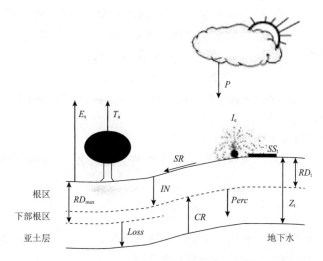

图 4.3　WOFOST 模型土壤水文过程

$$IN_{up} = P + I_e - E_s + SS_t/\Delta t - SR \tag{4.16}$$
$$IN_{low} = CR - Perc \tag{4.17}$$

式中，θ_t 为 t 时刻根区实际土壤含水量；IN_{up} 为通过根区上边界的水分净流入速率；IN_{low} 为通过根区下边界的水分净流出速率；T_a 为作物实际蒸腾速率；RD 为根系实际深度；P 为日降水量；I_e 为日有效灌溉量；E_s 为土壤蒸发速率；SS_t 为地表储水量；SR 为地表径流速率；CR 为通过毛细作用水分上升速率；$Perc$ 为土壤水分下渗速率；Δt 为时间步长；Z_t 为地下水位深度。

WOFOST 模型中，将土壤分为 3 层，实际根区、下部根区、亚土层。由于土壤田间持水量能够完全保证作物水分吸收，因此潜在作物生长条件就是假定土壤含水量维持在田间持水量的程度。影响根区土壤含水量变化的过程包括蒸发、蒸腾、降水、下渗和毛细作用上升过程。

（1）蒸发：主要取决于可用的土壤水和土壤的入渗能力；

（2）降水：部分降水被茎、叶、枝干截留，到达土表的一部分转化成径流。在 WOFOST 模型中，假定部分降水不入渗，这个比例为降水量的函数，但一般默认灌溉水能全部入渗；

（3）下渗：当根区土壤含水量超过田间持水量，那么水分就会向下层根区和亚土层下渗。从根区向下层根区的下渗过程受下层根区土壤水势限制，从下层根区向亚土层的下渗，则受到亚土层土壤储水量和最大下渗速率的限制；

（4）地表径流：当地表储水量超过最大储水量时，就会产生径流。

4.2.3.1　作物冠层蒸散发过程

蒸散发过程包括蒸腾和蒸发，其中蒸腾指植物表面的水分散失，蒸发指土壤或水面的水分散失。蒸发的主要驱动力为蒸发面和周围大气的水汽压梯度，蒸发速率主要取决于蒸发面和大气间的扩散阻力。蒸散发的估算主要考虑两个关键因子：辐射和蒸发能力。WOFOST模型采用 Penman 公式描述蒸散发过程。

（1）作物冠层潜在蒸散发

作物冠层潜在蒸散发表征为作物最大蒸腾速率和土壤潜在蒸发速率之和：

$$ET_0 = E_{0s} + T_m \tag{4.18}$$

式中，ET_0 为作物潜在蒸散发速率；E_{0s} 为土壤潜在蒸发速率；T_m 为作物最大蒸腾速率。

由于作物冠层能截获光能、降低风速，因此可减小土壤蒸发量，故土壤潜在蒸发速率可表示为叶面积指数的函数，土壤潜在蒸发速率和作物最大蒸腾速率分别为：

$$E_{0s} = ET_0 \exp(-k_{gb} \cdot LAI) \tag{4.19}$$

$$T_m = ET_0(1 - \exp(-k_{gb} \cdot LAI)) \tag{4.20}$$

式中，ET_0 为作物潜在蒸散发速率；E_{0s} 为土壤潜在蒸发速率；T_m 为作物最大蒸腾速率；k_{gb} 为辐射消光系数；LAI 为叶面积指数。

（2）水分胁迫对蒸腾速率的影响

如果土壤水分供给不充足，那么实际蒸腾速率就会受到水分胁迫的影响，该效应可表征为一个校正因子：

$$R_{ws} = \frac{\theta_t - \theta_{wp}}{\theta_{ws} - \theta_{wp}} \tag{4.21}$$

式中，R_{ws} 为水分胁迫效应校正因子；θ_t 为实际土壤含水量；θ_{wp} 为土壤凋萎系数；θ_{ws} 为土壤关键含水量（气孔关闭时的土壤含水量），该参数计算如下：

$$\theta_{ws} = (1 - p)(\theta_{fc} - \theta_{wp}) + \theta_{wp} \tag{4.22}$$

式中，θ_{ws} 为土壤关键含水量（气孔关闭时的土壤含水量）；p 为土壤水分损耗率；θ_{fc} 为田间持水量；θ_{wp} 为土壤凋萎系数。

（3）缺氧对蒸腾速率的影响

除了土壤缺水会影响作物植株生理生态活动外，土壤水分过多，水分布满土壤孔隙，土壤中缺乏空气，因而造成土壤缺氧，根系的生理功能受到限制，整个植株的生长和生理生态活动都会受到影响。在 WOFOST 模型中，采用土壤通气临界含水量反映这一效应。当土壤实际含水量超过土壤通气临界含水量时，植株会发生氧气胁迫，导致气孔关闭，植株蒸腾速率减小，且会影响碳同化产物的合成。该临界值估算如下：

$$\theta_{air} = \theta_{max} - \theta_c \tag{4.23}$$

式中，θ_{air} 为土壤通气临界含水量；θ_{max} 为土壤孔隙度；θ_c 为临界空气含量。

模型中由于缺氧引起的蒸腾速率减小可表征为一个校正因子：

$$R_{os,max} = \frac{\theta_{max} - \theta_t}{\theta_{max} - \theta_{air}} \tag{4.24}$$

$$R_{os} = 1 - \frac{N_{od}}{4}(1 - R_{os,max}) \qquad N_{od} \leqslant 4 \tag{4.25}$$

式中，$R_{os,max}$ 为由于缺氧引起的蒸腾速率减小的最大效应校正因子；R_{os} 为由于缺氧引起的蒸腾速率减小的效应校正因子；θ_{air} 为土壤通气临界含水量；θ_{max} 为土壤孔隙度；θ_t 为实际土壤含水量（cm^3/cm^3）；N_{od} 为缺氧持续日数。

（4）实际蒸腾速率

实际蒸腾速率估算如下：

$$T_a = R_{ws}R_{os}T_m \tag{4.26}$$

式中，T_a 为作物实际蒸腾速率；T_m 为作物最大蒸腾速率；R_{os} 为氧气胁迫效应校正因子；R_{ws} 为水分胁迫效应校正因子。

（5）土壤蒸发速率

土壤蒸发速率计算如下：

$$E_s = E_{s,\max} \frac{\theta_{fc} - \dfrac{\theta_{wp}}{3}}{\theta_{\max} - \dfrac{\theta_{wp}}{3}} \tag{4.27}$$

式中,E_s 为荫蔽地表蒸发速率;$E_{s,\max}$ 为荫蔽地表最大蒸发速率;θ_{fc} 为田间持水量;θ_{wp} 为土壤凋萎系数;$\theta_{\max}$ 为土壤孔隙度。

4.2.3.2　土壤水分平衡过程

根区的土壤水分平衡过程受降水和地表蒸散发的影响,包含了入渗、储水、下渗等过程。在土壤的上边界,主要包括降水和灌溉引起的水分下渗,以及地表蒸发和作物蒸腾引起的水分损耗,如果降水强度超过土壤的下渗和储水能力,就会发生径流。当土壤含水量超过田间持水量,水分会向土壤下层渗漏。土壤分为三层:实际根区、下部潜在根区和亚土层。随着作物生长,实际根区和下部潜在根区合并,土壤剖面就视为两层。土壤水分平衡各过程计算如下。

（1）土壤含水量和土壤储水量

根区实际土壤含水量:

$$\theta_t = \theta_{wp} + \frac{W_{av}}{RD} \tag{4.28}$$

下部潜在根区土壤储水量:

$$W_{lz} = W_{av} + RD_{\max}\theta_{wp} - RD\theta_t \tag{4.29}$$

式中,θ_t 为根区实际土壤含水量;θ_{wp} 为土壤凋萎系数;W_{av} 为初始超过土壤凋萎湿度的土壤储水量;RD 为根系实际深度;W_{lz} 为下部潜在根区土壤储水量;$RD_{\max}$ 为根系最大深度。

（2）土壤蒸发

土壤蒸发取决于土壤供水量和土壤水分下渗能力。

（3）降水

由于作物叶片和茎秆的截留,部分降水渗入土壤,部分降水则形成径流,WOFOST 模型中这种效应表征为一个降水下渗系数。

（4）入渗

入渗过程区分为地表实际储水量小于或等于 0.1 cm,以及大于 0.1 cm 两种情况,两种情况下分别估算:

$$IN_P = (1 - F_I C_I)P + I_e + \frac{SS_t}{\Delta t} \quad (\leqslant 0.1 \text{ cm}) \tag{4.30}$$

$$IN_P = P + I_e - E_w + \frac{SS_t}{\Delta t} \quad (> 0.1 \text{ cm}) \tag{4.31}$$

式中,IN_P 为初始入渗速率;F_I 为未入渗最大降水比例;C_I 为 F_I 的校正因子（日降水量的函数）;P 为日降水量;I_e 为有效灌溉量;E_w 为荫蔽水面蒸发速率;SS_t 为 t 时刻的地表储水量;Δt 为时间步长。

最大入渗速率估算如下:

$$IN_{\max} = \frac{(\theta_{\max} - \theta_t)RD}{\Delta t} + T_a + E_s + Perc \tag{4.32}$$

式中,$IN_{\max}$ 为最大入渗速率;$\theta_{\max}$ 为土壤孔隙度;θ_t 为根区实际土壤含水量;RD 为根系实际深度;Δt 为时间步长;T_a 为实际蒸腾速率;E_s 为荫蔽地表蒸发速率;$Perc$ 为土壤水分从根区向下部潜在根区的下渗速率。

（5）地表径流

当地表储水量超过地表最大储水能力时，就会产生地表径流。地表储水量和地表径流估算如下：

$$SS_t = SS_{t-1} + (P + I_e - E_w - IN)\Delta t \tag{4.33}$$

$$SR_t = SS_t - \min(SS_t, SS_{\max}) \tag{4.34}$$

式中，SS_t 为 t 时刻地表储水量；P 为日降水量；I_e 为有效灌溉量；E_w 为荫蔽水面蒸发速率；IN 为校正后的入渗速率；Δt 为时间步长；SR_t 为 t 时刻地表径流；$SS_{\max}$ 为最大地表储水量。

（6）下渗

如果根区土壤含水量超过田间持水量，那么土壤水分就从根区下渗到潜在根区和亚土层，估算如下。

土壤水分从根区向潜在根区的下渗速率：

$$Perc = \frac{W_{rz} - W_{rz,fc}}{\Delta t} - T_a - E_s \tag{4.35}$$

土壤水分向亚土层的下渗：

$$Loss = \frac{W_{lz} - W_{lz,fc}}{\Delta t} + Perc \tag{4.36}$$

式中，$Perc$ 为土壤水分从根区向潜在根区的下渗速率；W_{rz} 为根区土壤储水量；$W_{rz,fc}$ 为田间持水量情况下的根区等效储水量；Δt 为时间步长；T_a 为实际蒸腾速率；E_s 为荫蔽地表蒸发速率；$Loss$ 为土壤水分从潜在根区向亚土层的下渗速率；W_{lz} 为潜在根区土壤储水量。

（7）根区和潜在根区土壤储水量变化

$$\Delta W_{rz} = (IN - T_a - E_s - Perc)\Delta t \tag{4.37}$$

$$\Delta W_{lz} = (Perc - Loss)\Delta t \tag{4.38}$$

式中，ΔW_{rz} 为根区土壤储水量变化量；ΔW_{lz} 为潜在根区土壤储水量变化量；T_a 为实际蒸腾速率；E_s 为荫蔽地表蒸发速率；IN 为入渗速率；$Perc$ 为土壤水分从根区向潜在根区的下渗速率；$Loss$ 为土壤水分从潜在根区向亚土层的下渗速率；Δt 为时间步长。

由于根系生长，引起根区变化，根区和潜在根区土壤储水量的转化估算如下：

$$-\Delta W_{rz} = \Delta W_{lz} = W_{lz}\frac{RD_t - RD_{t-1}}{RD_{\max} - RD_{t-1}} \tag{4.39}$$

式中，RD_t 为 t 时刻的根系深度；RD_{t-1} 为 $t-1$ 时刻的根系深度；$RD_{\max}$ 为根系最大深度；W_{lz} 为潜在根区土壤储水量；ΔW_{rz} 为根区土壤储水量变化量；ΔW_{lz} 为潜在根区土壤储水量变化量。

因此，根区和潜在根区的实际土壤储水量为：

$$W_{rz,t} = W_{rz,t-1} + \Delta W_{rz} \tag{4.40}$$

$$W_{lz,t} = W_{lz,t-1} + \Delta W_{lz} \tag{4.41}$$

式中，$W_{rz,t}$ 和 $W_{rz,t-1}$ 分别为 t 时刻和 $t-1$ 时刻根区土壤储水量；$W_{lz,t}$ 和 $W_{lz,t-1}$ 为 t 时刻和 $t-1$ 时刻潜在根区土壤储水量；ΔW_{rz} 为根区土壤储水量变化量；ΔW_{lz} 为潜在根区土壤储水量变化量。

（8）实际土壤含水量

$$\theta_t = \frac{W_{rz,t}}{RD} \tag{4.42}$$

式中，θ_t 为 t 时刻根区实际土壤含水量；$W_{rz,t}$ 为 t 时刻根区土壤储水量；RD 为根系实际深度。

4.2.4　作物生长养分胁迫模拟

WOFOST 模型不仅考虑了潜在生长和水分限制生长，还考虑了土壤养分对作物生长发育的影响。WOFOST 模型能够模拟在不施肥条件下的养分限制生长，还可以估算达到作物潜在和水分限制状况下作物所需的养分量。目前模型中主要考虑了三种关键养分氮（N）、磷（P）、钾（K）对作物生长的影响。WOFOST 模型采用 QUEFTS 土壤肥力定量评价模型（Quantitative Evaluation of the Fertility of Tropical Soils）中模拟养分效应的方案（Janssen et al.，1990），QUEFTS 模型考虑了 N，P，K 肥效协同效应对作物产量的影响。QUEFTS 模型的原理如下：

QUEFTS 模型中，假定产量可表征为三个主要养分元素 N，P，K 的函数，并建立了产量和养分供给之间的经验关系，具体计算过程包括以下 4 个步骤：基于土壤理化性质估算土壤基础肥力，评价土壤养分潜在供给量；基于土壤养分潜在供给量估算作物对 N，P，K 养分的实际吸收量；分别计算在养分充足和不足条件下 N，P，K 吸收量和产量之间的关系，确定产量范围；考虑 N，P，K 养分协同效应下，作物的实际产量。下面是对这一过程的详细介绍。

（1）建立土壤理化性质和土壤 N，P，K 元素基础肥力（SN，SP，SK）之间的关系：QUEFTS 模型认为土壤基础肥力可根据其理化性质估算，和土壤基础肥力密切相关的土壤物化参数主要有：pH 值、有机碳（org. C）含量、有机氮（org. N）含量、有效磷（P. Olsen）含量和可交换钾（exch. K）含量等。QUEFTS 模型已经给出了这种根据土壤物化性质估算土壤养分潜在供给量的公式：

$$SN = 17 \times (pH - 3) \times org. N \tag{4.43}$$

或

$$SN = 1.7 \times (pH - 3) \times org. C \tag{4.44}$$

$$SP = 0.014 \times [1 - 0.5 \times (pH - 6)^2] \times totalP + 0.5 \times P. Olsen \tag{4.45}$$

$$SK = [250 \times (3.4 - 0.4 \times pH) \times exch. K] / [2 + 0.9 \times org. C] \tag{4.46}$$

式中，SN，SP，SK 分别为土壤 N，P，K 元素基础肥力；pH，org. C，org. N，totalP，P. Olsen，exch. K 分别为 pH 值、有机碳、有机氮、总磷、有效磷和可交换钾含量。

（2）建立土壤养分潜在供给量和作物 N，P，K 养分实际吸收量（UN，UP，UK）之间的关系：QUEFTS 模型认为某种养分供给量增加，也会影响其他养分的吸收，当分别计算 N，P，K 元素实际吸收量时，需考虑到另外两种养分和该养分的协同效应。

模型中采用养分供给曲线表示养分供给量和作物实际吸收量之间的关系，即 dU/dS（吸收率）从 1 下降到 0 的过程（图 4.4）。当某种养分供给不充分时，作物植株该养分含量为最大吸收状态（点 1）。之后，该养分吸收率随着供给量的增加而减小，直到该养分在植株中累积达到最大值（点 2），此时，即使增加供给量，作物也不再吸收。

下面以氮元素含量和磷元素含量相互影响效应为例来描述上述 3 种情况（图 4.4）。在阶段 A，相对于磷元素肥力来说，氮肥供应量很小，所有氮肥均被吸收，作物实际氮吸收量等于土壤实际氮肥供给量；在阶段 C，氮肥供给量虽然很大，但氮肥吸收量则是固定的，而这一阶段磷肥则被完全吸收。在阶段 B，作物植株氮肥吸收量则是随着氮肥供给量逐渐增加的。同理，也可获得其他养分元素两两结合时,养分供应量和实际吸收量之间的关系。

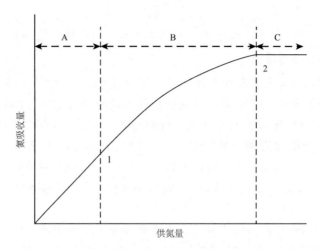

图 4.4　氮肥供给量(SN)和氮肥吸收量(UN)的相互关系
(以含磷量不变的情况下,氮吸收量的变化规律为例)

根据以上原理,建立了这 3 个阶段养分之间相互影响的关系式[式(4.47)—式(4.51)]。模型在计算作物某种养分实际吸收量时,需计算两次,每次均考虑和另一种养分的协同效应。

条件:A　$S1 < r1 + (S2 - r2)(a2/d1)$ (4.47)

　　　C　$S1 > r1 + (S2 - r2)(2 \times d2/a1 - a2/d1)$ (4.48)

　　　　B　介于 A 和 C 之间

U1(2)计算公式:A　$U1(2) = S1$ (4.49)

C　$U1(2) = r1 + (S2 - r2)(a2/d1)$ (4.50)

B　$U1(2) = S1 - [0.25[S1 - r1 - (S2 - r2)/(a2/d1)]^2]/[(S2 - r2)(d2/a1 - a2/d1)]$

 (4.51)

式中,S1 和 S2 表示养分元素 1 和元素 2 的潜在供给量;U1(2)表示受养分元素 2 潜在供给量的影响,养分元素 1 的实际吸收量;a,d,r 为常数。

(3)建立作物 N,P,K 养分实际吸收量和产量(YND,YNA,YPD,YPA,YKD,YKA)之间的关系(图 4.5):当某种养分相对其他两种养分来说供给量很低时,该养分成为限制因素,作物植株中该养分为最大吸收状态,此时它的养分利用率(nutrient use efficiency,NUE)最大。而当养分十分充足时,该养分不是限制因素,作物植株中该养分含量为最大累积状态。根据养分最大吸收和最大累积两个关键点,可以获得 N,P,K 三种养分控制下的产量变化范围。对于每种养分,都可以估算出两种状态下的产量(YA 和 YD)。

$$YNA = 30 \times (UN - 5) \tag{4.52}$$

$$YND = 70 \times (UN - 5) \tag{4.53}$$

$$YPA = 200 \times (UP - 0.4) \tag{4.54}$$

$$YPD = 600 \times (UP - 0.4) \tag{4.55}$$

$$YKA = 30 \times (UK - 2) \tag{4.56}$$

$$YKD = 120 \times (UK - 5) \tag{4.57}$$

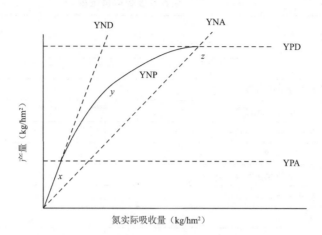

图 4.5　氮磷肥综合效应下的产量估算

式中，YND、YPD、YKD 分别表示作物在植株 N，P，K 含量为最大吸收状态时的产量；YNA，YPA，YKA 分别表示作物在植株 N，P，K 含量为最大累积状态时的产量。

　　(4)分析 N，P，K 养分协同效应下的产量变化范围和估算最终实际产量(YE)：最终实际产量取决于三种养分元素协同效应的综合作用。如：YPD 和 YPA 决定产量的上下边界，YND 和 YNA 决定产量的左右边界，最终氮肥肥力和磷肥肥力共同决定的产量 YNP 可表征为一条曲线，如假设该曲线为抛物线形，则通过模拟即可计算 YNP 值。同理，可以计算氮、磷、钾两两元素确定的 6 个产量值，最终以 6 个产量的平均值作为养分限制下的最终实际产量(YE)。

$$YE = (YNP + YNK + YPN + YPK + YKN + YKP)/6 \tag{4.58}$$

式中，YE 表示最终的养分限制产量。

4.2.5　WOFOST 作物生长模型所需数据及参数表

　　WOFOST 模型需要以下几种数据：气象驱动数据和模型参数数据。

　　气象驱动数据：包括最高和最低气温(℃)、日总辐射($kJ/m^2 \cdot d$)、日平均水汽压(kPa)、2 m高日平均风速(m/s)和日降水量(mm/d)。

　　模型参数数据：包括作物参数和土壤参数(表 4.1 和表 4.2)。

　　WOFOST 模型参数不同于其他模型的参数，分为三类，一类为固定参数，在整个生育期参数值不变；第二类为时变参数，如比叶面积(SLATB)和最大叶 CO_2 同化速率(AMAXTB)，均表征为生育期(development stage，DVS)的函数，在模型参数文件中，确定了这类参数在几个关键生育期的参数值，在模拟过程中，通过已有的插值程序计算这类参数的逐日参数值；第三类为温度效应参数，该类参数为日平均温度的函数，如最大光合速率的温度校正因子(TMPFTB)，参数表中确定了关键温度的参数值。后两类参数可视为多个参数，如 SLATB，参数文件中分别提供了 3 个生育期(DVS＝0.0，0.78，2.0)的比叶面积，则 $SLATB_{0.0}$、$SLATB_{0.78}$ 和 $SLATB_{2.0}$ 视为不同的参数。

　　各参数及其物理意义，以及参数理论取值范围如表 4.1 和表 4.2 所示。

表 4.1 作物参数及参数取值范围

参数名称	定义	单位	参数取值范围	
			下限值	上限值
出苗参数				
TBASEM	出苗最低阈值温度	℃	−10.0	8.0
TEFFMX	出苗最高有效温度	℃	18.0	32.0
TSUMEM	从播种到出苗的总积温	℃·d	0.0	170.0
物候参数				
TSUM1	从出苗到开花的总积温	℃·d	150.0	1050.0
TSUM2	从开花到成熟的总积温	℃·d	600.0	1550.0
生长初始值参数				
TDWI	初始生物量干重	kg/hm²	0.50	300.0
LAIEM	出苗时叶面积指数	hm²/hm²	0.0007	0.3
RGRLAI	叶面积指数最大相对增长速率	hm²/(hm²·d)	0.007	0.5
叶面积参数				
SLATB	比叶面积(f(DVS))	hm²/kg	0.0007	0.0042
SPAN	叶片在 35 ℃时生长的天数	d	17.0	50.0
TBASE	叶片凋萎的低温临界值	℃	−10.0	10.0
光合作用参数				
KDIFTB	散射光消光系数(f(DVS))	—	0.44	1.0
EFFTB	单叶光能利用率	m²s/(kg/(hm²·h))	0.4	0.5
AMAXTB	最大叶 CO_2 同化速率(f(DVS))	kg/(hm²·h)	1.0	70.0
TMPFTB	最大叶 CO_2 同化速率温度校正因子(平均温度的函数)	—	0.0	1.0
TMNFTB	总同化速率的低温校正因子	—	0.0	1.0
生物量(干重)分配参数				
CVL	叶同化产物转换效率	kg/kg	0.6	0.76
CVO	籽粒同化产物转换效率	kg/kg	0.45	0.85
CVR	根同化产物转换效率	kg/kg	0.65	0.76
CVS	茎同化产物转换效率	kg/kg	0.63	0.76
维持呼吸参数				
Q_{10}	温度每增加 10 ℃,呼吸速率的相对变化量	—	1.5	2.0
RML	叶维持呼吸速率	kg(CH_2O)/(kg·d)	0.027	0.03
RMO	籽粒维持呼吸速率	kg(CH_2O)/(kg·d)	0.003	0.017
RMR	根维持呼吸速率	kg(CH_2O)/(kg·d)	0.01	0.015
RMS	茎维持呼吸速率	kg(CH_2O)/(kg·d)	0.015	0.02
RFSETB	衰老校正因子(f(DVS))	—	0.25	1.0

续表

参数名称	定义	单位	参数取值范围	
			下限值	上限值
生物量(干重)分配参数				
FRTB	地上部生物量(干重)向根的分配比例系数(f(DVS))	kg/kg	0.0	1.0
FLTB	地上部生物量(干重)向叶的分配比例系数(f(DVS))	kg/kg	0.0	1.0
FSTB	地上部生物量(干重)向茎秆的分配比例系数(f(DVS))	kg/kg	0.0	1.0
FOTB	地上部生物量(干重)向籽粒的分配比例系数(f(DVS))	kg/kg	0.0	1.0
植株器官凋亡速率				
PERDL	由于水分胁迫引起的叶片的凋亡速率	—	0.0	0.1
RDRRTB	根的相对凋亡速率(f(DVS))	kg/(kg · d)	0.0	0.02
RDRSTB	茎的相对凋亡速率(f(DVS))	kg/(kg · d)	0.0	0.04
水分胁迫				
CFET	蒸腾速率校正因子	—	0.8	1.2
根生长参数				
RDI	初始根系深度	cm	10.0	50.0
RRI	根最大生长速率	cm/d	0.0	3.0
RDMCR	植株成熟时的最大根深	cm	50.0	400.0
养分参数				
NMINSO	籽粒中氮含量最低浓度	kg/kg	0.0022	0.035
NMAXSO	籽粒中氮含量最高浓度	kg/kg	0.009	0.056
PMINSO	籽粒中磷含量最低浓度	kg/kg	0.0007	0.04
PMAXSO	籽粒中磷含量最高浓度	kg/kg	0.0016	0.01
KMINSO	籽粒中钾含量最低浓度	kg/kg	0.002	0.018
KMAXSO	籽粒中钾含量最高浓度	kg/kg	0.005	0.05
NFIX	生物固氮氮吸收比例	kg/kg	0.0	0.75
NMINVE	营养器官中氮含量最低浓度	kg/kg	0.0022	0.018
NMAXVE	营养器官中氮含量最高浓度	kg/kg	0.009	0.046
PMINVE	营养器官中磷含量最低浓度	kg/kg	0.0003	0.002
PMAXVE	营养器官中磷含量最高浓度	kg/kg	0.0016	0.01
KMINVE	营养器官中钾含量最低浓度	kg/kg	0.002	0.018
KMAXVE	营养器官中钾含量最高浓度	kg/kg	0.005	0.05

表 4.2　土壤参数及参数取值范围

参数名称	定义	单位	参数取值范围	
			下限值	上限值
土壤水分特征曲线				
SMTAB	土壤体积含水量	cm^3/cm^3	0.01	0.9
SMW	土壤凋萎系数	cm^3/cm^3	0.01	0.35
SMFCF	田间持水量	cm^3/cm^3	0.05	0.74
SM0	饱和含水量	cm^3/cm^3	0.3	0.9
CRAIRC	土壤通气临界空气含量	cm^3/cm^3	0.04	0.1
土壤水力传导曲线				
CONTAB	水力传导率	cm/d	-8.0	2.0
K0	饱和土壤的水力传导率	cm/d	0.1	100.0
SOPE	根区最大渗透速率	cm/d	0.1	100.0
KSUB	亚土层最大渗透速率	cm/d	0.1	100.0

4.3　基于 EFAST 算法的 WOFOST 模型参数敏感性分析

4.3.1　参数敏感性分析的意义和研究进展

作物生长模型包括许多生物物理和生物化学参数,这些参数限制了作物生长模型在区域尺度上的应用。因此正确标定这些参数对于作物生长模型的应用和正确评价农业生产有重要意义。

由于作物生长模型包含了作物生长相关的气象、生态、水文等多种过程,因此参数数量较多,如 Cyst 模型包含 56 个参数,WOFOST 模型包含 94 个参数。参数数量多以及部分参数的难以获取和估计都为正确应用这些模型提出了挑战,也是作物生长模型区域应用的一个主要问题。

大多数参数需要通过田间观测获取,耗时耗力,且一些参数的获取十分困难。虽然也可从相关研究中取得,但是许多参数的取值受环境条件、作物品种、季节以及其他因子影响,直接将这些参数值应用于其他区域很不客观,基于不精确参数得到的模型预报值也是没有意义的,因此在模拟前进行参数估计,获得适合于当地生态环境的准确的参数值是十分必要的。

目前已发展了大量的参数估计算法,如模拟退火算法、遗传算法、贝叶斯算法等。某种程度上来说,这些方法在求解难以获取的参数问题时,十分有效,但这仅仅适用于模型参数数量较少的情况下,当用于复杂的生态、水文或作物模型时,就产生了问题,因为同时估计所有未知参数是极不现实的。事实上,仅有少量参数对最终的模型输出起作用,而大多数参数仅起了较小的作用,因此,需要一个有效的方法减少待估计的模型参数数量,而参数敏感性分析方法则在辨识重要参数中起了主要作用。通过参数敏感性分析算法,筛选出那些重要参数,继而集中校正这些敏感参数,而那些贡献较小的参数就可以采用默认值或者观测值。此外,基于参数敏感性分析方法,也可以分析模型的平衡性和稳定性,还可以达到完善模型、发展模型的目的。

近年来,参数敏感性分析已成为模型应用和模型发展的一个重要工具。参数敏感性分析指通过改变参数,观察模型输出的相应变化。在早期研究中,参数敏感性分析算法主要应用在复杂的水文模型中,之后逐渐推广到生态、作物和环境模型中。

鉴于参数敏感性分析的重要性,有关参数敏感性的研究得到了越来越多的关注,许多研究都集中于发展敏感性分析算法。起初参数敏感性分析主要是用于模型简化过程中的重要参数辨识,因此针对这一问题,提出了局部敏感性分析算法,如一次一因子算法(one-at-a-time,OAT),即一次改变一个参数,而其他参数保持不变,观察模型输出的变化。由于该方法简便高效,所以普遍应用于许多学科中。随着对模型结构和模型性能的深入认识,参数之间的相互作用效应也得到了广泛关注,因此针对这一情况,全局敏感性分析的概念被提出,并在该领域取得了显著进展,目前全世界已发展了多种全局敏感性分析算法,主要分为三类,即筛选法、回归法和方差方法。筛选方法能够提供参数重要性排序,方差方法能够量化每一个参数对输出结果的影响程度(Ginot et al. ,2006)。同局部敏感性分析算法相比,全局敏感性分析算法在分析整个参数空间模型输出的不确定性中,有显著优势,能够评估参数对模型输出的综合效应。由于这一优点,全局敏感性分析算法目前已应用于多个学科领域(Benson et al. ,2008)。但全局敏感性分析算法也具有运算量大的缺点,加之越来越复杂的各种模型,每次执行参数敏感性分析都需要耗费大量的时间。因此,越来越多的科学问题也集中在如何提高算法效率和适用性方面。一方面,可以通过改进采样策略,以提高计算效率,例如,Helton 等(2005)建议,采用超立方体采样比随机采样更加有效。另一方面,一些学者也提出利用 meta 模型,仿真技术用于简化模型,从而提高敏感性分析的效率(Borgonovo et al. ,2012)。

此外,一些科学家则更多的关注于参数敏感性分析应用中的一些问题,例如,如何快速简单的执行参数敏感性分析。基于这些需求,发展了用于执行参数敏感性分析算法的软件 Simlab。另外一些研究也集中于分析当敏感性算法应用到不同环境、不同作物品种、不同田间管理措施和气候区时,敏感性指数的变化情况(Villa-Vialaneix et al. ,2012)。如 Francos 等(2003)发现参数的敏感性同参数的变化范围有关;Van Griensven 等(2006)综合 OAT 和超立方采样算法,在两个流域分析了流域模型的参数敏感性,结果表明参数重要性排序明显依赖于变量、模拟地点和模拟时间;Luquet 等(2006)等的工作表明,敏感性分析结果取决于作物参数的复杂性和分析中包含的作物参数个数;Lamboni 等(2009)使用方差方法(ANOVA)对CERES-EGC 模型参数执行敏感性分析后,提出参数敏感性随时间而变的观点;Confalonieri 等(2010)认为参数敏感性分析同应用环境明显相关;Foscarini 等(2010)对模糊系统的敏感性分析结果也表明,不同的参数分布类型也会影响参数敏感性分析的结果;DeJongea 等(2012)比较了充分灌溉和非充分灌溉条件下的参数敏感性,结果表明,充分灌溉条件下最敏感的参数是那些有关作物品种的参数,而非充分灌溉条件下,水分保持相关参数是最敏感的;何亮等(2015)探讨了小麦生长模型(APSIM-Wheat)在不同气候区下参数的敏感性,认为在不同的气候区,对产量和蒸散发有重要影响的参数存在显著差异;邢会敏等(2017b)对 AquaCrop 模型参数的全局敏感性结果显示,针对不同的模拟变量,筛选出的敏感参数差异不大,但参数的重要性排序上存在较大差异,因此,仅针对产量的敏感性分析不能判断作物参数在整个生育期对其他生长量的影响,也易造成不全面的敏感性分析结果;谭君位等(2020)对 ORYZA 模型中16 个作物参数开展了 30 年模拟结果的全局敏感性研究,分析了参数敏感性与气象因子的相关性,认为模型参数敏感性在不同生育阶段、不同稻作制度、不同站点之间均存在较大的差异。以上的研究都证明了参数敏感性分析的复杂性,当执行敏感性分析时,为了获得更可信的参数敏感性结果,必须考虑诸多影响因子,如模型结构、环境、作物品种、年份等属性,且也需考虑针对作物生长过程或者其他模拟变量的参数敏感性研究。

因此,在应用作物生长模型预测作物产量前,剖析模型的结构,理解参数的重要性和不确定性是十分必要的。

4.3.2　研究区介绍

研究区位于中国西北干旱灌溉区的张掖盈科绿洲(图 4.6)。盈科绿洲位于甘肃省河西走廊中部($37°45'—42°40'$N,$97°42'—102°04'$E),该地区属于温带干旱气候区,年平均气温 $6\sim8\ ℃$,年降水量 $104\sim328$ mm,年潜在蒸发量 $1638\sim2341$ mm。试验区域位于张掖市以南 8 km($100.41°$E,$38.86°$N),主要作物为制种玉米和大田玉米。2008 年 5—7 月在盈科绿洲开展了"黑河综合遥感联合试验"WATER 试验(Watershed Allied Telemetry Experiment Research),其中,盈科绿洲为主要生态遥感研究区,在该研究区开展了包括生态、气象、水文要素的常规观测试验,以及用于航空卫星遥感同步的生物物理化学参数、生态水文模型校正和验证的加密观测试验(Li et al.,2009),关于该试验的介绍参照网站(http://westdc.westgis.ac.cn/data)。

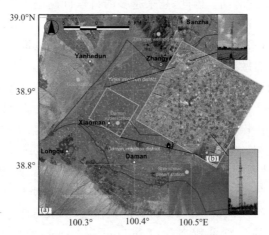

图 4.6　张掖盈科绿洲试验区

4.3.3　数据和方法

4.3.3.1　试验数据和处理

WOFOST 模型模拟主要需要以下三类数据:气象数据、模型参数数据和初始值数据。

试验区内从 2007 年架设了自动气象站,自动气象站主要包括风、温、湿梯度观测、气压、降水、辐射四分量。经过相应的数据处理,以及严格的质量检查,转换为模型需要的逐日气象数据集,可用于驱动作物生长模型。另外还架设了涡动相关系统,对农田生态系统碳循环进行了有效监测。此外,在主要作物的整个生长阶段,完整地记录了作物的主要生育期和田间管理措施。

参数数据包括作物参数数据和土壤参数数据。WOFOST 模型自带了比较完备的作物参数数据和土壤参数数据,由于在此主要是讨论参数敏感性分析算法应用中的问题,所以采用默认的参数数据集。根据盈科站点的经纬度采用 MAG205.CAB 作为作物参数文件,根据收集的盈科站点的土壤物理特性数据选择 EC3-medium fine 作为土壤参数文件,参数的详细定义和取值见表 4.1 和表 4.2。

另外需确定模型变量初始值,作物初始值为初始生物量干重,已包含在作物参数文件中,土壤初始值根据具体地理情况和对初始值的敏感性分析确定。对土壤水分初始值进行敏感性分析后,该值对模拟结果无影响,因此土壤水分初始值参数选取默认值,初始和最大地表储水量为 0 cm,初始土壤可利用水量为 20 cm,不渗透因子为 0。模型包含有地下水影响和无地下水影响两种土壤水分计算过程,根据盈科站点的地下水文观测资料,在此选用无地下水影响的土壤水分模块。

根据生育期的调查和气象数据观测资料,确定了 TSUM1 和 TSUM2 参数值,TSUM1(从出苗到开花的积温(℃·d))和 TSUM2(从开花到成熟的积温(℃·d))分别为 1299 ℃·d 和817 ℃·d。其他土壤相关参数,如田间持水量等采用该地区观测值,水力传导系数等参数采用默认值。

玉米于 2008 年 4 月 20 日穴播,9 月 22 日收获,行距为 55 cm,株距为 22 cm,调查了研究区的详细大田管理措施,具体灌溉和施肥量如表 4.3 所示,整个生育期,施肥量和灌溉量充足,灌溉量达 885 mm。

表 4.3　2008 年盈科试验站大田管理措施

灌溉		施肥					
日期	灌溉量(mm)	日期	肥料	施肥量	含氮量(%)	含磷量(%)
5 月 18 日	150	4 月 5 日	磷酸二铵	300 kg/hm²	21.2	23.5
6 月 15 日	150	4 月 5 日	有机肥	6 m³/hm²	1.6	0.68
7 月 16 日	180	5 月 16 日	磷酸二铵	225 kg/hm²	21.2	23.5
8 月 15 日	180	5 月 16 日	复合肥	225 kg/hm²	10	10
9 月 8 日	225	6 月 15 日	尿素	225 kg/hm²	46	
		6 月 15 日	复合肥	225 kg/hm²	10	10
		8 月 14 日	硝酸铵	525 kg/hm²	35	

4.3.3.2　参数敏感性分析算法

在此采用扩展傅里叶灵敏度检测方法(Extended Fourier Amplitude Sensitivity Test)用于 WOFOST 模型参数敏感性分析,EFAST 算法是一种全局、定量敏感性分析方法,可应用于复杂的非线性、非单调模型。该方法是一种基于方差的敏感性分析算法,通过分析输入因子的变化对输出结果的方差影响,可以得到各参数的主敏感性指数和总敏感性指数,获得各因子的参数敏感性。EFAST 算法是 Saltelli 在已有的 1977 年发展的傅里叶灵敏度检测(FAST)算法的基础上,综合 Sobol 算法中可计算总敏感性指数的优点,发展的新的敏感性分析算法(Sobol,1993)。FAST 算法采用了一种高效的采样方法,通过一条合适的搜索曲线,能够扫描整个参数空间,得到每个参数对输出变量的敏感性测度的定量结果。然而,FAST 算法并不能够计算参数之间相互作用对输出方差的影响,而 Sobol 算法能够计算总敏感性指数,能够度量某一参数的总效应,充分考虑了该参数同其他参数的协同作用。但 Sobol 算法采用了 Monte Carlo 算法,计算量较大,效率不高。EFAST 算法则吸收了这两种算法的优点,具有高效、省时的特点。该算法不仅参数变动范围可扩展到整个参数域,而且能考虑各参数的概率分布,并且计算某一参数灵敏度时,其他参数可同时变化,从而可计算参数的交互作用。近些年来,由于这些优点,EFAST 算法目前已广泛应用于水文、气象等领域。EFAST 算法的数值试验代码可通过网址(http://sensitivity-analysis. jrc. ec. europa. eu/software/index. htm)下载。EFAST 算法主要包括两个步骤:第一步就是采样程序,即通过采用转换函数,在参数空间中高效、均匀采样,最后得出一个输入参数集;第二步,就是采用傅里叶灵敏度检测技术,以得到一个输出结果方差对各参数变化的敏感性的定量测定。其主要计算原理如下:

$$\mathrm{var}(Y) = \frac{1}{2\pi}\int_{-\pi}^{\pi} f^2(s)\mathrm{d}s - \left[E(Y)\right]^2 \approx \sum_{j=-\infty}^{\infty}(A_j^2 + B_j^2) - (A_0^2 + B_0^2) \approx 2\sum_{j=1}^{\infty}(A_j^2 + B_j^2)$$

$$(4.59)$$

式中,A_j 和 B_j 为傅里叶系数,其定义如下:

$$A_j = \frac{1}{2\pi}\int_{-\pi}^{\pi} f(s)\cos(js)\mathrm{d}s \tag{4.60}$$

$$B_j = \frac{1}{2\pi}\int_{-\pi}^{\pi} f(s)\sin(js)\mathrm{d}s \tag{4.61}$$

$$\widehat{\mathrm{var}}_i(Y) = \sum_{j=-\infty}^{+\infty}\Lambda_{pw_i} = 2\sum_{j=1}^{\infty}(A_{jw_i}^2 + B_{jw_i}^2) \tag{4.62}$$

$$\widehat{\mathrm{var}}(Y) = \sum_{j=-\infty}^{+\infty}\Lambda_j = 2\sum_{j=1}^{\infty}(A_j^2 + B_j^2) \tag{4.63}$$

$$S_i = \widehat{\mathrm{var}}_i(Y) / \widehat{\mathrm{var}}(Y) \tag{4.64}$$

$$ST_i = 1 - \frac{\widehat{\mathrm{var}}_{(-i)}(Y)}{\widehat{\mathrm{var}}(Y)} \tag{4.65}$$

$$C = nN_s = nN_r(2M\omega_{max} + 1) \tag{4.66}$$

式中,$\widehat{\mathrm{var}}(Y)$ 为模型输出结果的方差;$\widehat{\mathrm{var}}_i(Y)$ 为模型条件方差的估计值;$\widehat{\mathrm{var}}_{(-i)}(Y)$ 为除 i 外的其他因子下的模型条件方差的估计值;S_i 为参数 i 的主敏感性指数;ST_i 为参数 i 的总敏感性指数。n 为参数数量;N_s 为采样数;N_r 为搜索曲线数;M 为干扰因子数;ω_{max} 为待分析因子所设的最大频率数;C 为完成一次完整敏感性分析检验所需的模型模拟次数。

一般将待分析参数设置为一个较高频率,对剩余的其他参数设置为一个较低的频率。在此根据 Saltelli 对其中参数频率、搜索曲线等的探讨,以及对频率和搜索曲线进行数值实验后,确定待分析参数和其他参数的频率,继而则根据 ω_i、N_r 和 M 之间的关系确定搜索曲线数。

4.3.4　参数敏感性分析数值试验方案

在此设计了有关 WOFOST 模型参数敏感性分析的 5 个数值试验方案,以下是 5 个方案的详细介绍。

4.3.4.1　样本数对参数敏感性分析的影响

样本大小显著影响参数的敏感性,大样本无疑会增加参数敏感性分析的可信度,但是计算量也随之增加,但采样量较小的话,采样又不具有代表性,因此适度采样,并判断敏感性指数的收敛程度,将对参数敏感性分析结果具有重要作用。本研究中,探讨了敏感性指数随样本增加的收敛情况。针对这一问题,设计了 9 种样本数的情况,即对待分析因子的频率分别设置为 8,16,32,64,128,256,512,1024 和 2048,采样数则分别等于 65,129,257,513,1025,2049,4097,8193 和 16385。

另外,为了探讨 EFAST 算法的稳定性,在此设置了 10 次重复试验,并统计了平均值和标准差,该分析中参数范围采用对 MAB0205.cab 设定的参数扰动±10%获得。

4.3.4.2 参数变化范围对参数敏感性分析的影响

参数的取值或取值范围主要来源于观测试验、统计资料、参考文献或者一些经验值,针对玉米,选定了常规采用的两种来源的参数范围,一种是针对 MAG205.CAB 参数文件默认的参数值,对其中各参数变化±20%,据此确定参数范围;另一种就是根据部分研究者进行的观测试验资料,确定的参数范围。目前针对 WOFOST 模型对玉米的模拟,Ceglar 等(2011)已根据试验统计数据,确定了 WOFOST 各参数的完备的参数取值范围。这两种情况的参数取值范围见表 4.4 所示。由于没有关于这些参数分布等属性的进一步的信息,所以在这个数值试验中,参数分布采用均匀分布。另外,由于作物模型的主要目标是模拟产量,因此在此分析参数范围的影响时,也将用于敏感性分析的模型的输出结果默认为产量,然后研究参数变化对产量的影响。

同时为了深入分析参数范围和参数组合对参数敏感性分析结果的影响,针对默认的参数文件,参数取值范围分别设定为变化±10%、±20%、±30%、±40%、±50%,据此确定参数搜索范围,同时根据模型默认的参数上下限,对其中部分参数的边界进行调整。

表 4.4　WOFOST 作物生长模型中 2 种参数范围的上下边界

参数名称	对参数文件默认值变化±10%确定的范围		Ceglar 等(2011)确定的范围	
	最小值	最大值	最小值	最大值
LAIEM	0.043524	0.053196	0.04	0.09
RGRLAI	0.02646	0.03234	0.02	0.04
$SLATB_{0.0}$	0.00234	0.00286	0.0022	0.0035
$SLATB_{0.78}$	0.00108	0.00132	0.0010	0.0018
$SLATB_{2.0}$	0.00108	0.00132	0.0010	0.0018
SPAN	29.7	36.3	30	35
TBASE	9	11	8	10
$KDIFFTB_{0.0}$	0.54	0.66	0.44	0.65
$KDIFFTB_{2.0}$	0.54	0.66	0.44	0.65
$EFFTB_0$	0.405	0.495	0.45	0.55
$EFFTB_{40}$	0.405	0.495	0.45	0.55
$AMAXTB_{0.0}$	63	77	65	72
$AMAXTB_{1.5}$	56.7	69.3	55	65
$AMAXTB_{1.75}$	44.1	53.9	40	50
$AMAXTB_{2.0}$	18.9	23.1	15	25
$TMPFTB_9$	0.045	0.055	0.05	0.225
$TMPFTB_{16}$	0.72	0.88	0.48	0.8
$TMPFTB_{18}$	0.846	1	0.55	0.94
$TMPFTB_{20}$	0.9	1.0	0.63	1.0
CVL	0.612	0.748	0.68	0.72

参数名称	对参数文件默认值变化±10％确定的范围		Ceglar et al.,(2011)确定的范围	
	最小值	最大值	最小值	最大值
CVO	0.6039	0.7381	0.73	0.76
CVR	0.621	0.759	0.65	0.69
CVS	0.5922	0.7238	0.65	0.72
Q_{10}	1.8	2.2	1.5	2.0
RML	0.027	0.033	0.003	0.011
RMO	0.009	0.011	0.005	0.01
RMR	0.0135	0.0165	0.006	0.01
RMS	0.0135	0.0165	0.006	0.015
$RFSETB_{1.75}$	0.225	0.675	0.7	0.8
$RFSETB_{2.0}$	0.275	0.825	0.2	0.3
$FRTB_{0.0}$	0.36	0.44	0.35	0.40
$FRTB_{0.4}$	0.243	0.297	0.25	0.30
$FRTB_{0.6}$	0.171	0.209	0.19	0.23
$FRTB_{0.9}$	0.054	0.066	0.06	0.1
$FLTB_{0.0}$	0.558	0.682	0.55	0.65
$FLTB_{0.33}$	0.558	0.682	0.55	0.63
$FLTB_{0.88}$	0.135	0.165	0.1	0.2
$FLTB_{0.95}$	0.135	0.165	0.1	0.2
$FLTB_{1.1}$	0.09	0.11	0.05	0.1
$FOTB_{1.1}$	0.45	0.55	0.45	0.55
$FOTB_{1.2}$	0.9	1.0	0.90	1.0
PERDL	0.027	0.033	0.01	0.03
$RDRSTB_{1.5001}$	0.018	0.022	0.005	0.02
$RDRSTB_{2.0}$	0.018	0.022	0.005	0.02
RDI	9	11	7.0	10.0
RRI	1.98	2.42	1.5	3.0
RDMCR	90	110	80	130

4.3.4.3　参数分布对参数敏感性的影响

由于较难获得参数的更多的信息,所以假定了均匀分布,但是参数分布也可能是高斯分布,因此为了判断参数分布对参数敏感性的影响,在此测试了高斯分布和均匀分布情况下的参数敏感性。

4.3.4.4　参数敏感性分析的时间属性

各生育阶段,作物的主要生理生态过程不同,例如,作物生长早期以营养生长为主,而开花后以生殖生长为主。在不同生育期,主要的生理过程不同,也会导致对作物模拟起关键作用的参数有所差异。因此,分析生育期不同生长阶段的参数敏感性十分必要。

产量是作物生长模型的主要输出变量,籽粒生物量是产量形成基础,因此在这里作为分析参数敏感性时间特征的目标输出变量。由于籽粒是在开花后形成的,所以数值试验测试从第210 d 开始的作物生长模拟。在该数值试验中,玉米默认参数±20％扰动作为参数变化的上下边界,主敏感性指数被采纳作为评价标准。

4.3.4.5　多目标状态变量的参数敏感性分析

作物生长模型包括了许多生理生态过程,能够模拟和作物生长相关的诸多状态变量,这些输出结果对模型用户和政策制定者来说也十分重要。例如,有关生物量的输出对碳循环的研究十分有用。因此,针对其他状态变量的参数敏感性分析也十分重要,也更有利于辨识模型相关过程和参数的作用。

WOFOST 模型是光能利用率模型,通过叶片吸收光能合成碳水化合物。根据光合有效辐射、叶面积指数和光能利用率之间的关系,模拟生成的总生物量(干重),继而通过干物质的分配,逐渐形成植株,获得产量,因此叶面积扩展和生物量形成过程相关的状态变量也是关注重点。根据这一分析,选择总干重 TAGP(包括根、茎、叶、籽粒总干重)、叶面积指数 LAI、籽粒干重 WSO 作为待分析状态变量。同时,蒸腾系数(TRC),代表水分利用效率,在此也作为一个重要的输出变量进行分析。另外,三个重要的生育期,即出苗期、开花期和成熟期被选择,同时反映参数敏感性的时间属性。

4.3.5　结果与分析

4.3.5.1　样本数对参数敏感性的影响

参数敏感性分析的目标就是采用合理的样本大小,对整个参数空间进行采样,辨识最重要的参数。参数敏感性分析的一个关键步骤就是模型输入参数的采样,采样大小确定参数敏感性分析的计算消耗量。

随着样本增加,所有参数的重要性排序也发生变化(表 4.5)。从表 4.5 中可以看出,采样会影响参数重要性排序,但影响较小;另外,对于大多数参数来说,从小样本到大样本,排序依然十分稳定。例如,最重要的参数 SPAN,在不同样本大小的情况下,其排序都在最前面,而不重要的参数,排序依然在后面。因此,如果参数敏感性分析的目标仅仅是在参数校正前对参数排序进行研究,那么采用 EFAST 算法时,选择采样大小为 129,就可以产生比较稳定的结果。

表 4.5　样本大小对 WOFOST 作物生长模型参数重要性排序的影响

参数名称	样本数								
	65	129	257	513	1025	2049	4098	8193	16385
LAIEM	47	47	47	45	45	45	45	45	45
RGRLAI	36	36	35	35	35	35	35	35	35
$SLATB_{0.0}$	27	29	28	28	28	28	28	28	28
$SLATB_{0.78}$	5	5	5	5	5	5	5	5	5
$SLATB_{2.0}$	34	34	34	32	32	32	32	32	32
SPAN	1	1	1	1	1	1	1	1	1
TBASE	3	3	3	3	3	3	3	3	3
$KDIFFTB_{0.0}$	17	18	19	19	19	19	19	19	19

参数名称	样本数								
	65	129	257	513	1025	2049	4098	8193	16385
$KDIFFTB_{2.0}$	8	9	10	8	8	8	8	8	8
$EFFTB_0$	6	6	6	6	6	6	6	6	6
$EFFTB_{40}$	4	4	4	4	4	4	4	4	4
$AMAXTB_{0.0}$	23	24	24	25	25	25	25	25	25
$AMAXTB_{1.5}$	13	14	14	14	14	14	14	14	14
$AMAXTB_{1.75}$	16	13	12	12	12	13	13	13	13
$AMAXTB_{2.0}$	26	26	26	26	26	26	26	26	26
$TMPFTB_9$	44	45	45	47	47	47	47	47	47
$TMPFTB_{16}$	39	38	38	38	38	38	38	38	38
$TMPFTB_{18}$	35	33	33	34	34	34	34	34	34
$TMPFTB_{20}$	18	16	18	18	17	18	18	18	18
CVL	22	20	20	20	20	20	20	20	20
CVO	2	2	2	2	2	2	2	2	2
CVR	21	22	23	23	23	23	23	23	23
CVS	33	35	37	37	37	37	37	37	37
Q_{10}	9	7	7	7	7	7	7	7	7
RML	15	12	13	13	13	12	12	12	12
RMO	20	21	21	21	21	21	21	21	21
RMR	19	19	17	17	18	17	17	17	17
RMS	10	8	8	10	9	10	9	10	10
$RFSETB_{1.75}$	14	15	15	15	15	15	15	15	15
$RFSETB_{2.0}$	31	31	31	31	31	31	31	31	31
$FRTB_{0.0}$	29	27	27	27	27	27	27	27	27
$FRTB_{0.4}$	37	37	36	36	36	36	36	36	36
$FRTB_{0.6}$	32	32	32	33	33	33	33	33	33
$FRTB_{0.9}$	42	41	42	42	42	42	42	42	42
$FLTB_{0.0}$	25	23	22	22	22	22	22	22	22
$FLTB_{0.33}$	11	11	11	11	11	11	11	11	11
$FLTB_{0.88}$	12	17	16	16	16	16	16	16	16
$FLTB_{0.95}$	28	28	29	29	29	29	29	29	29
$FLTB_{1.1}$	30	30	30	30	30	30	30	30	30
$FOTB_{1.1}$	24	25	25	24	24	24	24	24	24
$FOTB_{1.2}$	7	10	9	9	10	9	10	9	9
$PERDL$	45	44	44	44	44	44	44	44	44
$RDRSTB_{1.5001}$	46	46	46	46	46	46	46	46	46
$RDRSTB_{2.0}$	41	39	39	39	39	39	39	39	39
RDI	40	43	43	43	43	43	43	43	43
RRI	38	42	41	40	40	40	40	40	40
$RDMCR$	43	40	40	41	41	41	41	41	41

另外,详细分析了几个参数敏感性指数随样本大小变化的情况(图 4.7),在此选择 3 种类型参数:最敏感的、中等敏感的和不敏感的。按照表 4.5 中的参数重要性排序,参数 SPAN, $FOTB_{1.1}$ 和 $RDRSTB_{1.5001}$ 被选择作为最敏感、中等敏感和不敏感的样例。

从图 4.7 也可以看出,采样大小是 WOFOST 模型中,敏感性指数收敛性的主要确定因子。总体而言,对大多数参数来说,样本大小超过 1025 时,就能达到比较稳定的敏感性指数结果。采样大小为 2049 时,就可以达到最为稳定的敏感性指数结果。当样本大小比较小的时候,例如仅 65,敏感性指数变化比较剧烈,难以得到一个稳定的收敛结果。因此,可以判断,对大多数参数来说,样本大小小于 65 时,难以得到稳定的敏感性指数结果。另外,从这张图上,也可以看出,敏感性分析误差也随着样本数增加而逐渐变小。

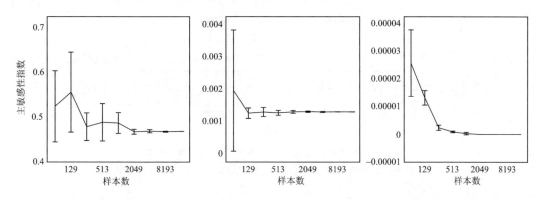

图 4.7　参数 SPAN,$FOTB_{1.1}$ 和 $RDRSTB_{1.5001}$ 随着样本数增加参数敏感性收敛情况

对于高敏感性的参数来说,如 SPAN,达到最终稳定的敏感性指数结果,收敛速度较慢,在敏感性指数收敛过程中,波动较大,对于这类参数,只有在大量样本的情况下,才能达到较好的收敛结果。然而,对于那些不敏感的参数来说,随着样本增加,敏感性指数波动较小,能够较快地得到收敛结果。

4.3.5.2　参数取值范围对参数敏感性的影响

参数变化范围对参数敏感性分析的影响如图 4.8 所示。参数范围对参数敏感性结果有非常显著的影响,不同的参数范围得到的敏感参数也存在差异。对第一种参数变化范围来说,即参数取值的上下边界由默认参数扰动 10% 获取,叶片在 35 ℃时生长的天数(SPAN),籽粒同化产物转换效率(CVO),叶片凋萎的低温临界值(TBASE),叶片在 40 ℃时的光能利用率($EFFTB_{40}$),这 4 个参数对产量有明显的影响,其主敏感性指数均超过 0.05,4 个参数对产量的总效应达到 85%,尤其是 SPAN,其对产量变化的效应达到 47%。但也有一些参数,其变化对最终的产量完全没有任何影响。对第二种参数范围来说,即参数范围由 Ceglar 提供,茎维持呼吸速率(RMS)、SPAN、在拔节前后的比叶面积($SLATB_{0.78}$)、成熟期散射光消光系数($KDIFFTB_{2.0}$),被辨识为对最终产量影响最大的几个参数,4 个参数对产量的总效应达到了 74%,单参数最大效应为 25%。另外,成熟期最大单叶 CO_2 同化速率温度校正因子($TMPFTB_{2.0}$)和叶片在 40 ℃时的光能利用率($EFFTB_{40}$)也被辨识为重要因子,这些结论同 Ceglar 的结果也是比较一致的。从这个结果可以看出,个别参数在产量模拟中起了主导作用,尤其是 SPAN,在两种参数范围情况下,均被辨识为重要参数,$EFFTB_{40}$ 和 $TMPFTB_{2.0}$ 也是相对比较重要的参数。

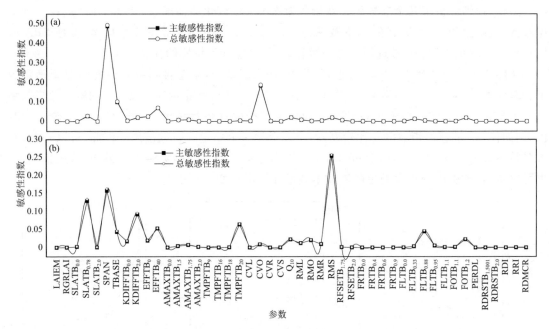

图 4.8　参数变化范围对参数敏感性分析结果的影响

(a)对玉米参数扰动±10%的参数范围;(b)Ceglar 等提供的参数范围

　　由于参数反映具体的生物理化过程,所以随着参数范围变化,同产量形成的重要生物过程也有差异。例如,对于第一种参数变化范围,仅碳同化和生物量(干重)转换效率相关的参数最为敏感,对于第二种参数范围,维持呼吸相关参数则起了主要作用。由此可见参数变化范围是参数敏感性结果的重要影响因子。

　　以上的分析可以看出最敏感的参数是那些有关叶片扩展和作物呼吸过程的参数。首先,影响叶片生长、凋萎枯落、光能截获的参数都比较重要,这些表征作物吸收光的载体的参数是对产量影响较大的。叶片是最重要的器官,能够截获光和吸收能量,是产量形成的基础,但在生育后期,叶面积达到最大值,这会影响生殖生长阶段的同化和孕穗潜力,所以叶片相关参数都很重要。其次就是同碳水化合物消耗有关的呼吸过程的参数,呼吸参数定义为作物呼吸消耗的碳同化产物的比例,间接影响生物量(干重)的累积和向产量的转换。尤其是茎秆的维持呼吸速率,由于茎秆在作物植株中占的比例较大,茎秆维持呼吸速率参数敏感性也最高。另外,产量对散射光消光系数和单叶光能利用率也很敏感,消光系数直接影响冠层中光的接收和分布,确定某一深层吸收的光合有效辐射,对 CO_2 同化速率影响较大。另外,可以发现个别参数敏感性很高,而大多数参数的影响则不明显,部分参数基本没起到作用,其参数主敏感性指数小于 0.01。不敏感参数也是同参数取值范围密切相关的,但其中茎秆凋亡速率和根系参数在两种参数范围下均不敏感,这主要是因为,根系参数主要同根部吸水、作物水分胁迫过程有关,而本书中的研究区在灌溉农业区,灌溉水完全能满足作物的需求,水分胁迫很小,因此本研究中根系参数不是敏感参数。同时这两种参数范围中,不敏感参数区比较一致,主要集中在光合作用、光合作用影响因子参数区域。

　　对参数范围成比例放大后,其参数敏感性结果如图 4.9 所示。当参数范围从±10%成比例放大到±50%后,虽然参数空间扩大了,但是参数敏感性排序并没有变化,敏感性结果仍然

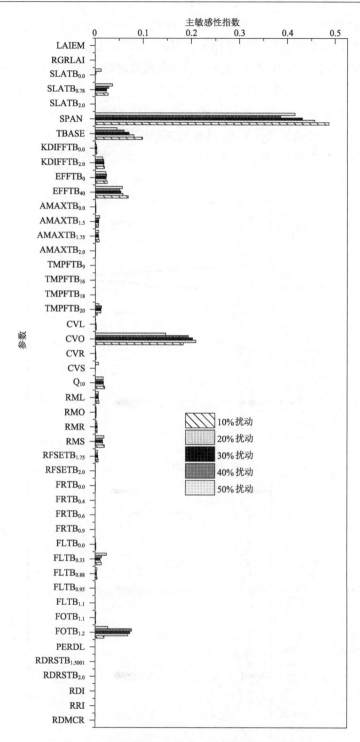

图 4.9　参数范围倍性放大对参数敏感性的影响

类似于扰动±10％的参数变化范围。最敏感的参数依然是 SPAN、CVO、TBASE 和 EFF-TB$_{40}$，即影响叶片扩展的参数和同化产物转换效率相关的参数，敏感性较强。此外，对比前面两种类型参数变化范围数值试验的结果，可以看出虽然一些参数采样空间扩大了，如

SLATB$_{0.78}$，参数取值范围从技术文档提供的[0.0011, 0.0013]变化到 Ceglar 提供的[0.0010, 0.0018]，但是很明显参数敏感性排序变化了。因此，可以认为参数取值的不同配置，对最终产量的影响较大，而非参数的大小，参数敏感性同参数范围的组合结构也存在一定的关系。

4.3.5.3　参数分布对参数敏感性的影响

参数分布对参数敏感性结果的影响如图 4.10 所示，从图 4.10 上可以看出，两种参数分布获得的参数敏感性结果的趋势是一致的，其参数主敏感性指数几乎无差异，参数的分布并不影响确定哪一个是敏感性参数，但是从反映参数相互作用的总敏感性指数看，参数分布还是对参

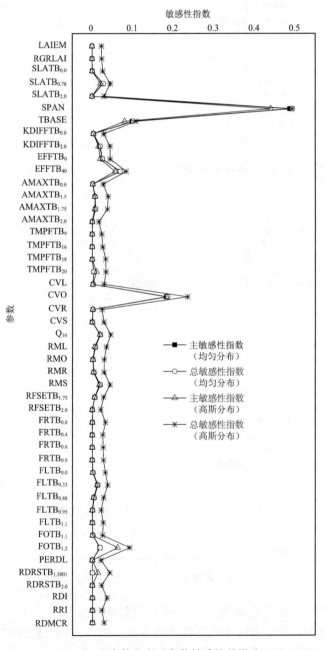

图 4.10　参数分布对参数敏感性的影响

数敏感性结果产生一定的影响。正态分布反映参数之间具有综合效应,参数之间相互作用,共同对产量模拟结果产生影响,而这一现象在均匀分布中,则没有明显表现。

4.3.5.4　参数敏感性分析的时间变化特征

作物生长模型模拟作物整个生长发育中涉及的主要生理生态过程,通过作物生长相关状态变量同环境的函数关系来反映作物的生长过程。因此,作物生长模型中所包含的状态变量是同时间相关的,决定状态变量的参数,其敏感性必然也随时间而变化。

在作物生长模型中,主要关注的是最终形成的产量值,而一般产量仅为籽粒生物量的最终结果,但实际前期的生长发育过程和模拟对产量的形成也有很大作用,仅仅最终的产量值并不能细致反映整个生长阶段的生长发育演化过程,以及作物生长同环境之间的响应关系,也难以判断所有参数对产量的整体影响,因此考虑对产量起决定作用的籽粒生物量的参数敏感性随时间演变的过程是十分必要的。

参数敏感性的时间属性如图 4.11 所示。从图 4.11 上可以看出,对籽粒生物量来说,在整个生育期中,某些参数十分敏感,如 $SLATB_{0.78}$、$SPAN$、$TBASE$、$KDIFFTB_{2.0}$、$EFFTB_0$、$EFFTB_{40}$、$AMAXTB_{1.5}$、CVO、Q_{10}、RML、RMS、$FLTB_{0.33}$、$FOTB_{1.1}$ 和 $FOTB_{1.2}$。很明显,在整个生殖生长阶段,这几个参数的敏感性明显高于其他参数。另外,在某些生长期,这些参数起了关键作用,有较高的敏感性指数。然而部分参数在开花后,对籽粒生物量的形成几乎未发生过明显作用,如 $TMPFTB$,$RFSETB$,$FRTB$,$RDRSTB$,RDI 和 RRI,其变化对籽粒生物量的结果影响不大。

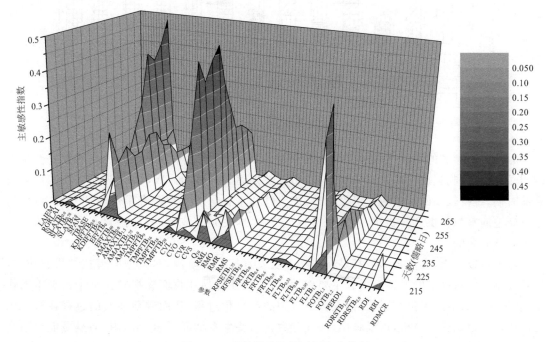

图 4.11　参数敏感性的时间变化特征

为了更细致的了解参数敏感性随时间演化的情况,在此选取了 12 个最为敏感的参数(其参数主敏感性指数在整个生育期最大可达到 0.05 以上),分析其敏感性指数的时间性(图 4.12),从图 4.12 上可详细看出,哪个参数在整个生育期都发生了主要作用,哪个参数仅在某一生育期起关键作用。参数 SPAN、EFFTB$_{40}$、CVO、FOTB$_{1.2}$，基本上在整个生育期都对作物产量有影响，而其他 8 个参数则仅在作物的某个生育期或者某一阶段对产量有关键影响。SPAN、KDIFFTB$_{2.0}$、EFFTB$_{40}$和 AMAXTB$_{1.5}$都同碳同化过程紧密相关，这说明碳同化是 WOFOST 模型的核心，直到成熟期都起着关键作用，相关参数也是决定最终产量的关键因子。在生殖生长阶段，SPAN 和 CVO 十分重要，如果 SPAN 和 CVO 很高的话，那么产量就明显增加，另外，拔节期的地上部生物量向叶片的分配比例系数（FLTB$_{0.33}$）也对最终的产量起着关键作用，暗示拔节期是十分关键的生育期。在拔节期，作物生长迅速，更多的碳水化合物分配到了叶片中，对于截留更多的光和最终的生物量（干重）形成十分有利。因此，拔节期充足的施肥量和灌溉量是必须的，其后开花后地上部生物量向籽粒的分配比例系数也是十分重要的。

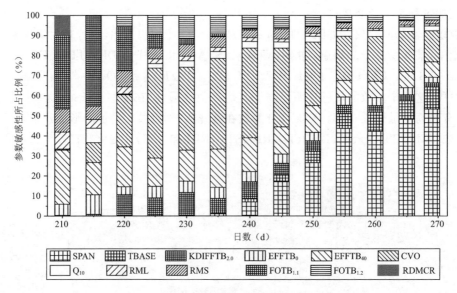

图 4.12　12 个敏感参数的敏感性指数的时间属性特征

另外某些参数的敏感性随作物生长发育过程逐渐增加，如 SPAN。SPAN 的重要性越来越明显，尤其是临近成熟期。对某些参数，敏感性则逐渐减小，如 CVO。这说明在玉米即将成熟的时候，维持较高的叶片活性仍很重要，因为叶片生物量的累积是产量形成的基础，可以持续不断地向籽粒提供营养物质，为了获得较高产量，即使是在成熟期，保持营养器官的活性也是十分有必要的。

综上可以看出，大多数参数都是在作物生长发育的某个阶段，对模型的模拟结果起作用，但是并不一定对最终的模拟结果起主要作用，这样往往容易让我们忽视它在整个模型中的作用，认为该参数对结果没有影响，甚至怀疑其中的参数化过程，从而判断涉及的过程在模型中的作用。然而从这个分析，可以看出，一些参数在某些生育期起了重要作用，但是可能对最终的产量没有任何影响。例如，地上部生物量（干重）向籽粒的分配比例系数（FOTB）这一参数，当仅仅考虑对最终的产量的影响时，它的重要性并不明显。但这个研究的结果表明，FOTB 对籽粒生物量的累积还是很有价值的。因此通过分析参数敏感性的时间演化特征，对于正确判识参数作用，以及模型结构有重要作用。

4.3.5.5　多目标状态变量的参数敏感性分析

　　5 个状态变量的参数敏感性结果如图 4.13 所示,可以看出,影响 5 个状态变量输出的敏感性参数是完全不同的。由于籽粒生物量在开花后才形成,所以在出苗期,没有任何参数对籽粒生物量(WSO)有影响,参数的变化,对这个时期的这个状态变量没有作用。对 LAI 最敏感的参数是 $SLATB_{0.0}$、$FLTB_{0.0}$ 和 $FRTB_{0.0}$,对 TAGP 最敏感的参数是 SPAN 和 CVO,而 $EFFTB_0$,$EFFTB_{40}$,$KDIFFTB_{0.0}$,$KDIFFTB_{2.0}$ 和 CVO 对蒸腾系数(TRC)有重要影响。开花后,对 TRC 敏感的参数不变,但是对 LAI,WSO 和 TAGP 有影响的敏感参数明显不同于在营养生长阶段。开花期,对 WSO 最敏感的参数是 $EFFTB_{40}$ 和 $FOTB_{1.1}$,对 LAI 最敏感的参数是 $KDIFFTB_{0.0}$ 和 $KDIFFTB_{2.0}$,对 TAGP 最敏感的参数是 $EFFTB_{40}$ 和 CVS,对 TRC 最敏感的参数是 $EFFTB_{40}$。成熟期,对 LAI 影响最大的是 SPAN,对 WSO 影响最大的是 SPAN 和 CVO,对 TAGP 影响最大的是 SPAN 和 $EFFTB_{40}$。类似于前面的分析,对所有生长过程来说,SPAN 仍然是一个十分重要的参数,直接同作物生长相关,因此在精确的作物生长监测和产量预报时,精确估计该参数十分重要。

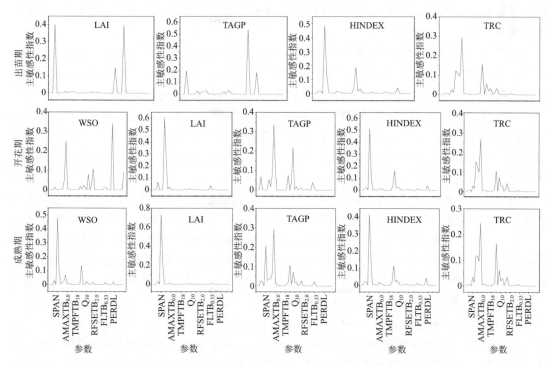

图 4.13　出苗期、开花期和成熟期,模拟变量(籽粒重量(WSO)、叶面积指数(LAI)、
总地上部生物量(TAGP)、蒸腾系数(TRC))的参数敏感性分析

　　另外,由于碳同化和水分蒸散发综合了多种生理生态过程和因素,因此在总生物量和蒸腾系数模拟中,有更多的参数起了重要作用。同时,籽粒生物量和叶面积指数主要受叶片生长和呼吸速率的影响,而总生物量和蒸腾系数是整个模型演变的基础,则受到多种过程的制约。

　　从参数敏感性的动态演化可以发现,除蒸腾系数的参数敏感性变化不大外,从出苗到成熟,对其他状态变量模拟结果有影响的敏感参数是变化的,也证明了参数敏感性的时间属性特征是十分重要的。

4.3.6　结论与讨论

作物生长模型普遍应用于作物生长监测、产量估计和农业政策决策,但是大量的参数限制了模型的进一步应用。参数敏感性分析是理解模型和应用模型的基础工具。基于参数敏感性分析结果,敏感参数可以首先被校正,得到适合于当地环境、当地品种的一组参数。EFAST算法提供了一种简单、快速和全局的方法,可用于在整个参数可行空间评价参数敏感性。

然而,当实施 EFAST 算法时,很少关注参数取值范围对敏感性分析结果的影响,以及参数敏感性结果的动态演化。除了有清晰物理意义的参数,大多数参数的取值范围和参数分布很难获取,其获取途径主要是文献、试验结果、统计结果。其次,很多模型中的参数,由于对模型结构采用概念性的认知和简化,所以参数往往是个简化、近似、概括性的概念,参数取值可能同实际情况并不完全符合。另外,由于模型的时间尺度问题,往往忽视了参数的时间尺度问题,也造成对参数值认知的误差。所以正确的参数值、参数范围往往难以准确、有效确定,从而导致在进行参数敏感性分析和参数估计时,对其中必要的参数上下边界确定方面的问题弱化,也会造成后面参数敏感性分析结果的不确定性。尤其对于不确定性较大的生态模型来说,参数取值范围问题更为明显,如作物生长模型,有的参数直接采用默认参数范围,这些从作物本身属性来说,都是不合适的。

因此,这一小节针对 WOFOST 模型,讨论了参数敏感性分析应用中的几个问题,如参数变化范围,参数敏感性分析的时间属性和多目标状态变量输出。结果表明,参数范围对参数敏感性有明显影响,但当参数变化范围成比例放大时,几乎对参数敏感性排序没什么影响。这说明在进行模型参数敏感性分析前,确定正确的边界条件非常重要。同时也对 WOFOST 模型的参数敏感性情况进行了分析,在模型的敏感性分析中,很清楚地表明了,部分参数非常重要,而部分参数则在整个生育期都不起什么作用。其中,初始生长、叶片扩展、光能截获和物候生育期的长短相关的参数,起了关键作用。

另外分析了参数敏感性在时间上的变化特征,可以看出参数敏感性在整个模拟过程中的变化。有的参数虽然对最终的结果没有作用,但是在模拟初始的时候起到了关键作用,有的参数的重要性则是逐渐增加的,直至影响最终结果。Lamboni 等(2009)也强调,在对动态模型执行参数敏感性分析时,对整个时间序列的输出进行分析更可行。例如,当没有考虑参数的时间属性时,有关生物量(干重)分配的参数并不敏感,其变化对最终的产量影响不大,相关的参数化过程,也显示是冗余的,暗示了这些过程可以简化。Steduto 等(2009)也提议,在不同植物器官中的分配系数是可以忽略的,仅采用收获指数表征产量和生物量之间的关系即可。在作物生长模型 AquCrop 中也看到类似的简化。然而,从参数敏感性时间属性的分析结果看,各器官的分配系数在某一阶段起了关键作用。因此,这种参数敏感性的时间属性是参数敏感性分析中非常重要的一种特征,当改进或者简化模型时,也必须考虑参数敏感性的这种时间动态特征。

此外,鉴于作物生长模型的综合性,虽然农田生态系统目前主要关注作物产量,但是农田生态系统的效用远不只如此,除了提供作物产量,同时还可作为饲料作用。更为人所关注的是目前农田生态系统在碳循环中的作用。因此相关碳循环的状态变量,如碳同化速率和校正因子等,也是需要关注的热点。在这一小节中,还考察了针对不同目标状态变量所计算的敏感性指数,结果发现,不同的状态变量,对其起主要作用的敏感性参数也是不同的。这说明在进行参数敏感性分析,并进行随之的参数校正,以及最终对模型进行完善改进时,也需要考虑模型和参数的各种作用,这样才能更好地理解模型,对模型进行多效用分析,发挥模型的最大作用。也便于针对具体目标,辨识模型的具体结构,并对模型结构进行适当改进和分析,发挥作物生长模型的多种功能。

最后,可以看出,WOFOST 模型中,仅仅几个参数对最终的产量结果起了重要作用,这对于模型稳定性是十分有风险的。当这些关键参数被设置为不正确的参数值时,模型的产量估计结果也是会被质疑的,因此改进模型结构,增加参数的平衡性和模型的稳定性也是参数敏感性分析的研究目标。

4.4　基于集合卡尔曼滤波算法的区域作物产量估计

如前所述,精确的区域产量估计在粮食安全中起了重要作用。作物生长模型提供了描述作物生长的有价值的估计,而遥感观测则提供了实际作物生长在整个生长季在点尺度或者更大区域的估计。模拟和遥感观测各有优点,均对减小产量预报的不确定性具有重要作用。模型—数据同化方法,则在考虑观测和模拟误差的情况下,综合模型和遥感观测的这种优点,通过应用所有的可用信息,尽可能的精确描述作物生长状态。

在此,基于两种数据同化算法,利用多源观测数据,提出了一个数据同化框架,用于在点尺度校正作物生长模型,在区域尺度估计产量,减小区域产量估计的不确定性。首先,基于样点加强观测,应用优化算法—模拟退火算法,获得一个适合于当地作物品种的参数集,该方案能减小模型参数的不确定性。然后,利用顺序数据同化算法—集合卡尔曼滤波算法(EnKF),在作物生长模型中,同化源于遥感技术的面作物生长信息,用于精确估计作物区域产量,减小模型结构或者输入数据的不确定性。

4.4.1　数据及处理

4.4.1.1　地面观测数据和数据处理

生态气象常规观测设置在盈科试验站内($100°25'E, 38°51'N$),海拔高度 1519 m,站内建立了自动气象站和涡动相关通量观测系统,其下垫面植被为玉米农田。

涡动相关通量观测系统于 2008 年架设,架设高度为 2.85 m,可连续观测冠层 CO_2 和 H_2O 通量,该系统由 Campbell 公司生产的三维超声风速温度计(CSAT3)和 LI-COR 公司生产的开路红外气体分析仪 LI-7500 组成,采样频率为 10 Hz,用于持续观测农田生态系统 CO_2,H_2O 和能量通量,该数据采用 EdiRer 软件(http://www.geos.ed.ac.uk/research/micromet/EdiRe)处理,经过异常值剔除、时间滞后校正、频率响应订正、坐标旋转、插补等一系列数据处理过程,形成了精度较高的半小时通量数据产品。在此根据涡动相关通量观测的夜间净生态系统碳交换量(net ecosystem exchange,NEE)作为夜间生态系统呼吸量,并建立夜间生态系统呼吸量同温度回归关系,将该关系用于估算白天生态系统呼吸量(R_{eco})。白天生态系统呼吸量和净生态系统碳交换量的总和,即为总初级生产力(GPP)。计算的 2008 年的总初级生产力用于模型校正,而 2009—2011 年的数据用于模型验证(表 4.6)。

其他地面观测数据主要采用黑河联合试验数据(Li et al.,2009),2008 年 5—7 月,在张掖盈科绿洲布设了加密观测试验,在 5—7 月开展了大量陆表参数的加密观测,包括冠层光谱、大气参数、冠层结构、冠层生物化学组分、土壤水分等,多数观测内容以 3～5 d 为一个周期重复开展观测。其中对玉米叶面积指数的观测包括点和面的观测，在盈科试验站内开展了叶面积指数的定点观测，为作物生长模型参数校正提供了基础。同时在盈科绿洲开展了与卫星同步的叶面积指数区域调查，用于叶面积指数空间分布的估计。并在玉米成熟期开展了玉米产量调查，产量调查结果为 50 个田块的产量统计值（表 4.6）。

表 4.6　用于 WOFOST 模型校正和验证的地面观测

观测数据	应用目的	采样时间	采样数	观测时段(年份)
点尺度(盈科气象站)				
气象数据	输入数据	1—12 月		2008—2011
土壤数据	输入数据	播种前		2008
灌溉量	输入数据	整个生育期		2008—2011
施肥量	输入数据	整个生育期		2008—2011
LAI	参数校正、输出验证	整个生育期		2008
GPP(源于涡动相关系统)	参数校正、输出验证	1—12 月		2008
GPP(源于涡动相关系统)	输出验证	1—12 月		2009—2011
产量	参数校正、输出验证	成熟期		2008
区域尺度(盈科绿洲)				
产量	输出验证	成熟期	50	2008

同时详细记录了 2008 年整个生育期的大田田间管理措施，包括灌水时刻表和灌溉量，施肥时间和施肥量，2009—2011 年的灌溉量和作物物候期从当地的水务部门和农业气象站获得，另外也调查了当地的土壤物理属性。

4.4.1.2　PROBE/CHRIS 卫星影像数据和数据处理

PROBE/CHRIS 数据为欧空局发射的 PROBE 卫星上搭载的多角度高分辨率成像分光计数据，可观测 5 个角度(0°、±36°、±55°)的数据，其波长范围在 400～1050 nm，能够在不同模式下工作，空间分辨率为 17 m。

在此获取了主要用于监测陆地地表的 2008 年 6 月 4 日的数据，该数据包括从可见光到近红外的 18 个波段的数据，具体中心波长和波段宽度见 CHRIS 数据格式。获取的原始数据为经过辐射校正后的辐亮度值，利用欧空局开发的 BEAM 软件，对原始数据去噪和去除条带，并利用 CE-318 获取的光学厚度数据进行大气校正，利用已经经过严密几何校正的高分辨率(2.5 m)SPOT 影像对 CHRIS 影像进行几何校正，最终获得地表反射率。

为了确保 LAI 空间分布图的精度，需要对研究区土地利用进行分类，6 月 4 日，玉米处于出苗期，LAI 比较低，而小麦则达到了成熟期，LAI 值比较高，因此，采用非监督分类结合目视解译的方法进行分类，提取玉米的种植范围。

基于 LAI 和植被指数之间的统计关系，可以利用 CHRIS 数据提取 LAI 空间分布图。LAI 区域采样于 5 月中旬开始，当卫星过境的时候进行采集，为了同不同空间分辨率的卫星影像进行匹配，观测的 LAI 样点和样点数每次都有差异。为了满足统计需求，在 6 月 18 日采集的 52 个 LAI 观测样本用于提取 LAI 空间图。随机选择其中 50% 的样本用于统计模型，其余的用于验证，采用 6 个植被指数和 5 种统计模型用于建立 LAI 反演模型。

4.4.2　作物生长模型——多源观测同化方法

4.4.2.1　作物生长模型——多源观测同化的总体框架

基于作物生长模型—多源观测同化的作物区域产量估计框架如图 4.14 所示,总体来说,这个同化框架包括两个部分:点尺度的模型校正和区域尺度的顺序数据同化两部分。

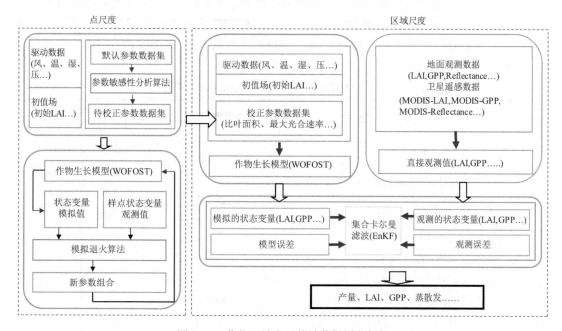

图 4.14　作物区域产量估计数据同化框架

在模型校正步骤,该框架包括作物生长模型 WOFOST,点尺度多源观测数据,参数估计算法,数据集(输入数据和参数集)。在此利用模拟退火算法,校正作物生长模型。当得到全局最优值时,我们就假定得到了一个能用于研究区的最优参数数据集。

模拟退火算法计算耗时,因此在作物生长模型—多源观测数据同化框架的第二步,区域尺度估产时,则采用顺序数据同化算法,执行区域尺度数据同化方案。顺序数据同化方案包括动力学模型、观测模型、顺序数据同化算法、数据集(输入数据、校正的参数数据集、需同化的地面和遥感观测数据)。动力学模型为 WOFOST 作物生长模型,观测模型用来构建模拟的状态变量和观测数据之间的关系,在此根据同化的观测数据确定具体的观测模型,如果同化的观测数据是直接观测的模型状态变量,那么观测模型即为单位矩阵,如果同化的是遥感观测的反射率,那么观测模型就是辐射传输模型,用于将模拟的叶面积指数(LAI)转换为冠层反射率。本研究中同化的观测是 CHRIS-LAI 空间分布图,是作物生长模型中直接输出的状态变量,因此观测模型为单位矩阵。当有观测数据时,观测就采用顺序数据同化算法被依次融合到作物生长模型中,用于改进作物生长模拟精度。在此,集合卡尔曼滤波(EnKF)被采用作为顺序数据同化算法。下面是对作物区域产量估计数据同化系统各组成部分的详细介绍。

4.4.2.2　WOFOST 模型待校正参数和敏感性分析

WOFOST 模型中,物候参数由气温和日长决定。而养分参数,如基础氮、磷、钾含量,以及施的氮肥、磷肥、钾肥的效率则采用 Liu 的方程和土壤的基础理化性质计算(Liu et al.,2010)。在该区域,土壤氮、磷、钾含量分别为 63.72 kg/hm²,15.51 kg/hm² 和 144.95 kg/hm²,其他需要的养分参数均采用默认值。

　　至于作物参数,按照模型作者的建议,以下 17 个参数需要估计,而其他的作物参数则采用默认值(表 4.7)。如前所述,有的模型参数对最终产量起重要作用,有的参数则对最终产量影响不大。因此,为了提高运算效率,集中校正那些重要参数,采用参数敏感性分析算法辨识敏感参数是十分必要的。在此利用 EFAST 算法和 OAT 算法对这 17 个参数进行参数敏感性分析。在此采用默认参数的扰动值作为参数的上下边界。

表 4.7　WOFOST 模型中 17 个待校正参数的参数取值范围

参数名称	定义	单位	参数范围	
			下边界	上边界
TDWI	初始生物量干重	kg/hm²	35.0	65.0
LAIEM	出苗期的叶面积指数	hm²/hm²	0.03385	0.06287
RGRLAI	叶面积指数最大相对增长速率	hm²/(hm² · d)	0.0206	0.0382
SLATB$_{0.0}$	出苗期的比叶面积	hm²/kg	0.0018	0.0034
SLATB$_{0.78}$	比叶面积(DVS=0.78)	hm²/kg	0.0008	0.0016
SLATB$_{2.0}$	成熟期的比叶面积	hm²/kg	0.0008	0.0016
SPAN	叶片在 35 ℃时生长的天数	d	23.0	43.0
AMAXTB$_{0.0}$	出苗期的最大叶 CO_2 同化速率	kg/(hm² · h)	49.0	91.0
AMAXTB$_{1.25}$	最大叶 CO_2 同化速率(DVS=1.25)	kg/(hm² · h)	49.0	91.0
AMAXTB$_{1.5}$	最大叶 CO_2 同化速率(DVS=1.50)	kg/(hm² · h)	44.1	81.9
AMAXTB$_{1.75}$	最大叶 CO_2 同化速率(DVS=1.75)	kg/(hm² · h)	34.3	63.7
AMAXTB$_{2.0}$	成熟期的最大叶 CO_2 同化速率	kg/(hm² · h)	14.7	27.3
TMPFTB$_0$	最大叶 CO_2 同化速率温度校正因子($T=0$℃)	—	0.007	0.013
TMPFTB$_9$	最大叶 CO_2 同化速率温度校正因子($T=9$℃)	—	0.035	0.065
TMPFTB$_{16}$	最大叶 CO_2 同化速率温度校正因子($T=16$℃)	—	0.56	1.0
TMPFTB$_{18}$	最大叶 CO_2 同化速率温度校正因子($T=18$℃)	—	0.66	1.0
TMPFTB$_{20}$	最大叶 CO_2 同化速率温度校正因子($T=20$℃)	—	0.7	1.0

注:DVS 为生育期。

4.4.2.3　WOFOST 模型参数估计方法

　　参数正确与否对于正确模拟至关重要,在此采用模拟退火算法,对 WOFOST 作物生长模型待校正的参数进行参数估计。

　　模拟退火算法主要包括三个组成部分:生成函数 $g(T, \Delta x)$、接受函数 $h(T, \Delta E)$、退火时间表 $T(k)$。生成函数用于生成参数的可能值,对于生成函数来说,定义系统下一状态与当前状态之差 Δx 为一个服从概率密度函数 $g(T, \Delta x)$ 的随机变量,元素 Δx 基于均匀分布生成;接受函数指在得到一个新的状态后,模拟退火算法基于接受函数的值,决定是否接受这个状态,如果新状态 x_j 的能量 E_{k+1} 小于上一状态能量 E_k,那么 x_j 的接受概率为 1,反之,其接受状态按照玻尔兹曼(Boltzmann)分布计算;退火时间表控制算法迭代过程中的温度 T 的变化。根据采用的概率分布、退火时间表和采用的生成随机变量的方法的区别,衍生出来了多种模拟退火算法(Kruger et al. ,1993)。在本研究中,采用自适应均匀发生函数作为生成函数,采用玻尔兹曼概率分布作为接受函数,采用线性降温函数作为退火时间表,其具体公式如下所示。参数范围通过默认参数扰动 30% 获得(表 4.7),另外,模拟退火算法自身需要两个参数,即迭代次数和搜索次数,在此分别设置为 1000 和 5。

生成函数:

$$g_i(T, \Delta x_i, \text{Count}) = \text{uniform}\left[0, \frac{\text{SA\_COUNT} - \text{Count}}{\text{SA\_COUNT}}(x_i^{\text{upper}} - x_i^{\text{lower}})\right] \tag{4.67}$$

接受函数:

$$h(T, \Delta E) = \frac{\exp\left(-\dfrac{E_{k+1}}{T}\right)}{\exp\left(-\dfrac{E_{k+1}}{T}\right) + \exp\left(-\dfrac{E_k}{T}\right)} \approx \frac{1}{\exp\left(\dfrac{\Delta E}{T}\right)},$$

$$p(x_j \mid x_i, T) = \begin{cases} 1 & E_j < E_i \\ \exp\left(\dfrac{\Delta E}{T}\right) & E_j \geqslant E_i \end{cases} \tag{4.68}$$

退火时间表:

$$T(k) = T_0 - k\frac{(T_0 - T_N)}{N} \tag{4.69}$$

式中,x_i^{upper} 和 x_i^{lower} 分别为参数 x_i 的上限和下限;Count 为在一个局部搜索过程中,状态 x_i 搜索下一状态时,应用 Metropolis 准则判断连续被拒绝的次数;SA_COUNT 为连续被拒绝次数的上限;E_{k+1} 为新状态的能量值;E_k 为上一状态的能量值;T 为温度;T_0 为初始温度;T_N 为中止温度;N 为退火迭代次数;k 为当前迭代的序数。

精度评价指标是参数估计过程中最为关键的一步,能够假定为优化问题的目标函数,如果目标函数表示为模拟值和观测值之间的近似程度,那么优化问题就是一个最大化的例子。在此,借用水文模型参数估计中的通用评价指标——纳什效率系数(Nash-Sutchliffe efficiency coefficient,NSE)作为目标函数。按照目标函数的特征,目标函数越大,模拟效果越好。同时为了探讨多源地表观测数据在参数估计中的作用,根据用于估计参数的观测量不同,对 NSE 效率系数变形后,建立如下 7 种同化不同观测数据的目标函数:

$$J_1 = 1 - \frac{\sum_{i=1}^{N}(GPP_{\text{sim}} - GPP_{\text{obs}})^2}{\sum_{i=1}^{N}(GPP_{\text{obs}} - \overline{GPP}_{\text{obs}})^2} \tag{4.70}$$

$$J_2 = 1 - \frac{\sum_{i=1}^{N}(LAI_{\text{sim}} - LAI_{\text{obs}})^2}{\sum_{i=1}^{N}(LAI_{\text{obs}} - \overline{LAI}_{\text{obs}})^2} \tag{4.71}$$

$$J_3 = 1 - \frac{\sum_{i=1}^{N}(Yield_{\text{sim}} - Yield_{\text{obs}})^2}{\sum_{i=1}^{N}(Yield_{\text{obs}} - \overline{Yield}_{\text{obs}})^2} \tag{4.72}$$

$$J_4 = 2 - \frac{\sum\limits_{i=1}^{N} (GPP_{sim} - GPP_{obs})^2}{\sum\limits_{i=1}^{N} (GPP_{obs} - \overline{GPP}_{obs})^2} - \frac{\sum\limits_{i=1}^{M} (LAI_{sim} - LAI_{obs})^2}{\sum\limits_{i=1}^{M} (LAI_{obs} - \overline{LAI}_{obs})^2} \qquad (4.73)$$

$$J_5 = 2 - \frac{\sum\limits_{i=1}^{N} (GPP_{sim} - GPP_{obs})^2}{\sum\limits_{i=1}^{N} (GPP_{obs} - \overline{GPP}_{obs})^2} - \frac{\sum\limits_{i=1}^{M} (Yield_{sim} - Yield_{obs})^2}{\sum\limits_{i=1}^{M} (Yield_{obs} - \overline{Yield}_{obs})^2} \qquad (4.74)$$

$$J_6 = 2 - \frac{\sum\limits_{i=1}^{N} (Yield_{sim} - Yield_{obs})^2}{\sum\limits_{i=1}^{N} (Yield_{obs} - \overline{Yield}_{obs})^2} - \frac{\sum\limits_{i=1}^{M} (LAI_{sim} - LAI_{obs})^2}{\sum\limits_{i=1}^{M} (LAI_{obs} - \overline{LAI}_{obs})^2} \qquad (4.75)$$

$$J_7 = 3 - \frac{\sum\limits_{i=1}^{N} (GPP_{sim} - GPP_{obs})^2}{\sum\limits_{i=1}^{N} (GPP_{obs} - \overline{GPP}_{obs})^2} - \frac{\sum\limits_{i=1}^{M} (LAI_{sim} - LAI_{obs})^2}{\sum\limits_{i=1}^{M} (LAI_{obs} - \overline{LAI}_{obs})^2} - \frac{(Yield_{sim} - Yield_{obs})^2}{(Yield_{obs})^2}$$

$$(4.76)$$

式中,GPP_{sim}和GPP_{obs}分别为总初级生产力模拟值和观测值(g C/(m² · d));LAI_{sim}和LAI_{obs}分别为叶面积指数模拟值和观测值;$Yield_{sim}$和$Yield_{obs}$分别为产量模拟值和观测值(kg/hm²);$\overline{GPP}_{obs}$,$\overline{LAI}_{obs}$为观测序列平均值。由于模型模拟的是籽粒生物量(干重),而地面调查的是产量,包含了水分,因此需进行转换,从统计产量转换为籽粒生物量(干重),转换系数为0.87。

另外,下面四个指标用于检测模型校正精度,平均误差(mean residual error,ME),平均相对误差(mean relative error,MRE),平均绝对值误差(mean absolute error,MAE),均方根误差(root mean square error,RMSE)。ME、MRE、MAE 和 RMSE 越接近于0,表明模拟值和观测值越一致,这四个指标的表达式如下:

$$ME = \frac{1}{n} \sum_{i=1}^{n} (X_i - X_{obs,i}) \qquad (4.77)$$

$$MRE = \frac{1}{n} \sum_{i=1}^{n} \frac{(X_i - X_{obs,i})}{X_{obs,i}} \qquad (4.78)$$

$$MAE = \frac{1}{n} \sum_{i=1}^{n} (|X_i - X_{obs,i}|) \qquad (4.79)$$

$$RMSE = \sqrt{\sum_{i=1}^{n} \frac{(X_i - X_{obs,i})^2}{n}} \qquad (4.80)$$

式中,n 是观测数,$X_{obs,i}$和 X_i 分别是采样点的观测值和模拟值。

4.4.2.4　集合卡尔曼滤波算法和数值试验

顺序数据同化算法用于当有观测时的模型状态更新,在此根据作物生长模型的特点,采用集合卡尔曼滤波算法作为顺序数据同化算法,该算法易于实现,许多研究都已经证明了 EnKF 在数据同化中的有用性。在此根据前人研究成果,集合数采用 100(De Wit et al. ,2007)。其计算过程主要包括:预报和更新,具体计算步骤如下。

预报步骤：

$$X_{i,t+1}^f = M(X_{i,t}^a) + \omega_i \qquad \omega_i \sim N(0,Q) \tag{4.81}$$

更新步骤：

$$X_{i,t+1}^a = X_{i,t+1}^f + K_{t+1}[Y_{i,t+1} - H(X_{i,t+1}^f)] \tag{4.82}$$

其中

$$Y_{i,t+1} = Y_{t+1} + v_i \qquad v_i \sim N(0,R) \tag{4.83}$$

$$K_{t+1} = P_{t+1}^f H^T (HP_{t+1}^f H^T + R)^{-1} \tag{4.84}$$

$$P_{t+1}^f H^T = \frac{1}{N-1}\sum_{i=1}^{N}[X_{i,t+1}^f - \overline{X_{t+1}^f}][H(X_{i,t+1}^f) - H(\overline{X_{t+1}^f})]^T \tag{4.85}$$

$$\overline{X_{t+1}^f} = \frac{1}{N}\sum_{i=1}^{N} X_{i,t+1}^f \tag{4.86}$$

$$HP_{t+1}^f H^T = \frac{1}{N-1}\sum_{i=1}^{N}[H(X_{i,t+1}^f) - H(\overline{X_{t+1}^f})][H(X_{i,t+1}^f) - H(\overline{X_{t+1}^f})]^T \tag{4.87}$$

最终获得更新后的模型状态变量值：

$$\overline{X_{i,t+1}^a} = \frac{1}{N}\sum_{i=1}^{N} X_{i,t+1}^a \tag{4.88}$$

式中，$X_{i,t+1}^f$ 为 $t+1$ 时刻的模型状态变量预报值集合；M 为动力学模型；$X_{i,t}^a$ 为 t 时刻的模型状态变量分析值集合；ω_i 为模型误差（以 0 为均值，Q 为误差协方差矩阵的高斯分布）；$X_{i,t+1}^a$ 为 $t+1$ 时刻的模型状态变量分析值集合；K_{t+1} 为 $t+1$ 时刻的卡尔曼增益矩阵；$Y_{i,t+1}$ 为 $t+1$ 时刻的观测集合；H 为观测模型；Y_{t+1} 为 $t+1$ 时刻观测；v_i 为观测误差（以 0 为均值，R 为误差协方差矩阵的高斯分布）；P_{t+1}^f 为 $t+1$ 时刻误差预报值；Q 为模型误差协方差矩阵；R 为观测误差协方差矩阵。

在该算法应用到绿洲产量估计前，先用 50 个样区实际产量，测试 EnKF 算法的效果。在样本像元，提取 CHRIS－LAI，该值认为是观测的 LAI，然后利用 EnKF 算法融合到作物生长模型中，用于修正模拟的 LAI。最后，用前面的精度指标评价同化性能。

4.4.3　WOFOST 作物生长模型校正和适用性评价

4.4.3.1　WOFOST 模型参数敏感性分析

利用 OAT 算法和 EFAST 算法计算的 17 个待校正参数的参数敏感性如表 4.8 和表 4.9 所示。根据 OAT 算法，当参数变化时，11 个参数的产量波动超过 1%，同时根据 EFAST 算法的结果，这 11 个参数的敏感性也是最高的。尤其是 SPAN 对产量的影响最大，当 SPAN 值减小 30% 时，最终的产量将会减少 58%，这同前面对 47 个参数均进行参数敏感性分析应用讨论的结果是一样的。其次，7 月初期的比叶面积（SLATB）参数也起了重要作用，当拔节期的比叶面积减小 30% 时，产量将减少 12.5%。另外，叶片生物量（干重）也有助于吸收更多的光能和提供更多的碳水化合物用于支持作物生长。最大叶 CO_2 同化速率（AMAXTB），表征叶片的碳同化能力，也是十分重要的。即使在开花后，保持较高的 CO_2 同化能力也对于高产十分有利。另外，我们也发现，最大叶 CO_2 同化速率温度校正因子（TMPFTB），以及出苗期的叶面积指数变化对最终产量几乎没有什么影响。

表 4.8　基于 OAT 算法的 WOFOST 模型 17 个参数的参数敏感性分析(参数扰动 30%)

参数名称	定义	单位	产量变化(默认参数扰动−30%)	产量变化(默认参数扰动+30%)
TDWI	初始生物量干重	kg/hm^2	0.01247	−0.00905
LAIEM	出苗期的叶面积指数	hm^2/hm^2	0.0	0.0
RGRLAI	叶面积指数最大相对增长速率	$hm^2/(hm^2 \cdot d)$	0.01243	−0.00377
$SLATB_{0.0}$	出苗期的比叶面积	hm^2/kg	0.02464	−0.00010
$SLATB_{0.78}$	比叶面积(DVS=0.78)	hm^2/kg	−0.12534	0.09512
$SLATB_{2.0}$	成熟期的比叶面积	hm^2/kg	−0.00543	0.00537
SPAN	叶片在 35 ℃时生长的天数	d	−0.58144	0.22525
$AMAXTB_{0.0}$	出苗期的最大叶 CO_2 同化速率	$kg/(hm^2 \cdot h)$	0.02831	−0.01737
$AMAXTB_{1.25}$	最大叶 CO_2 同化速率(DVS=1.25)	$kg/(hm^2 \cdot h)$	−0.05735	0.03884
$AMAXTB_{1.50}$	最大叶 CO_2 同化速率(DVS=1.50)	$kg/(hm^2 \cdot h)$	−0.06147	0.04706
$AMAXTB_{1.75}$	最大叶 CO_2 同化速率(DVS=1.75)	$kg/(hm^2 \cdot h)$	−0.06186	0.04838
$AMAXTB_{2.0}$	成熟期的最大叶 CO_2 同化速率	$kg/(hm^2 \cdot h)$	−0.01274	0.01092
$TMPFTB_0$	最大叶 CO_2 同化速率温度校正因子($T=0$ ℃)	—	0.0	0.0
$TMPFTB_9$	最大叶 CO_2 同化速率温度校正因子($T=9$ ℃)	—	−0.00002	0.00002
$TMPFTB_{16}$	最大叶 CO_2 同化速率温度校正因子($T=16$ ℃)	—	−0.00356	0.00271
$TMPFTB_{18}$	最大叶 CO_2 同化速率温度校正因子($T=18$ ℃)	—	−0.00705	0.00551
$TMPFTB_{20}$	最大叶 CO_2 同化速率温度校正因子($T=20$ ℃)	—	−0.08366	0.06653

注:DVS 生育期。

表 4.9　基于 EFAST 算法的 WOFOST 模型 17 个参数的参数敏感性分析

	TDWI	LAIEM	RGRLAI	$SLATB_{0.0}$	$SLATB_{0.78}$	$SLATB_{2.0}$
主敏感性指数	0.000606	0.000003	0.000219	0.000989	0.04765	0.000162
	SPAN	$AMAXTB_{0.0}$	$AMAXTB_{1.25}$	$AMAXTB_{1.5}$	$AMAXTB_{1.75}$	$AMAXTB_{2.0}$
主敏感性指数	0.883956	0.002575	0.009832	0.012791	0.012852	0.000645
	$TMPFTB_0$	$TMPFTB_9$	$TMPFTB_{16}$	$TMPFTB_{18}$	$TMPFTB_{20}$	
主敏感性指数	0.000001	0.000001	0.000045	0.000134	0.024284	

4.4.3.2　WOFOST 模型参数估计

根据在盈科试验点开展的碳通量、叶面积指数和产量观测试验,对 WOFOST 作物生长模型的模拟性能进行评价,同时基于这些地面观测数据对 WOFOST 模型进行校正,探讨融合多源观测数据估计模型参数的问题,最终对以上辨识的 11 个重要参数进行准确估计。

这 11 个参数均采用模拟退火算法,基于地面观测数据估计。由于表征碳通量的总初级生产力 GPP,以及叶面积指数和产量均在盈科站点进行观测,同时在 WOFOST 模型中也作为状态变量被模拟,因此开展了融合多源数据的数值试验,以便获得适合于盈科绿洲玉米生长模拟的最优参数数据集。

表 4.10　WOFOST 模型关键参数的参数估计

参数名称	单位	参数值							
		默认值	利用 GPP	利用 LAI	利用产量	利用 GPP 和 LAI	利用 GPP 和产量	利用 LAI 和产量	利用 GPP, LAI 和产量
TDWI	kg/hm^2	50.00	37.11	49.30	52.79	49.39	38.16	58.26	46.2
RGRLAI	$hm^2/(hm^2 \cdot d)$	0.0294	0.0219	0.0324	0.0296	0.0293	0.0292	0.0320	0.0342
$SLATB_{0.0}$	hm^2/kg	0.0026	0.0018	0.0018	0.0025	0.0019	0.0018	0.0019	0.0018
$SLATB_{0.78}$	hm^2/kg	0.0012	0.0008	0.0011	0.0015	0.0009	0.0008	0.001	0.001
SPAN	d	33.0	28.0	37.7	28.6	26.1	35.1	31.7	34.2
$AMAXTB_{0.0}$	$kg/(hm^2 \cdot h)$	70.0	49.43	50.75	60.22	49.12	49.17	49.867	50.57
$AMAXTB_{1.25}$	$kg/(hm^2 \cdot h)$	70.0	49.18	78.28	70.58	49.35	49.63	56.10	49.08
$AMAXTB_{1.5}$	$kg/(hm^2 \cdot h)$	63.0	71.1	61.44	71.38	75.94	67.68	52.99	47.31
$AMAXTB_{1.75}$	$kg/(hm^2 \cdot h)$	49.0	52.8	50.03	45.58	61.59	44.24	60.96	52.65
$AMAXTB_{2.0}$	$kg/(hm^2 \cdot h)$	21.0	27.0	16.0	20.83	22.47	25.98	17.55	19.67
$TMPFTB_{20}$	—	1.0	0.71	0.75	0.7	0.7	0.7	0.79	0.7

表 4.10 是 11 个参数的参数估计数值试验结果。该表中,大多数参数的默认值都被高估了,尤其是那些有关叶片扩展和叶片光合能力的参数。另外,当融合不同的观测数据时,得到的参数数据集也有明显差异。

4.4.3.3　WOFOST 作物生长模型适用性评价

张掖盈科绿洲位于干旱区,水分是作物生长的一个主要限制因素,但发展的灌溉农业有效地缓解了作物受旱情况,WOFOST 模型中并不模拟灌溉过程,灌溉水视为降水的一部分参与模拟,施肥也是一种主要的农田管理措施,在此模拟了水分限制和养分限制条件下的张掖绿洲玉米的生长状况。

根据大田生育期调查结果,首先采用默认参数模拟,在此选择从玉米出苗开始进行模拟,模拟作物的生长发育及碳循环过程相关状态变量,探讨 WOFOST 模型在盈科绿洲的适用性(图 4.15a—c)。模拟结果表明玉米从出苗到成熟生育期模拟值为 144 d,而生育期田间调查记录为 140 d,模拟的生育期比观测的生育期略微延长了 4 d,基本一致。同时也可看出,由于较高的比叶面积(SLATB)和最大叶 CO_2 同化速率(AMAXTB)取值,所以在大多数生育期,GPP 模拟结果比观测值高。但是模型很好地模拟了碳同化过程的峰值和谷值,非常敏锐地捕捉到了农田生态系统碳同化过程中的变化。此外,对产量和叶面积指数的模拟误差也比较大。这些结果说明 WOFOST 模型能比较准确地模拟作物生长发育过程,但同时也说明了模型校正的必要性。

将表 4.10 估计的参数值带入模型,模拟作物生长发育及作物产量,探讨参数估计后模型模拟结果,以及融合不同地面观测对模型模拟结果的影响。利用不同参数估计方案获取的参数校正值,得到的总初级生产力(GPP)、叶面积指数(LAI)和产量(Yield)的 7 种模拟结果如图 4.15d—x 所示。

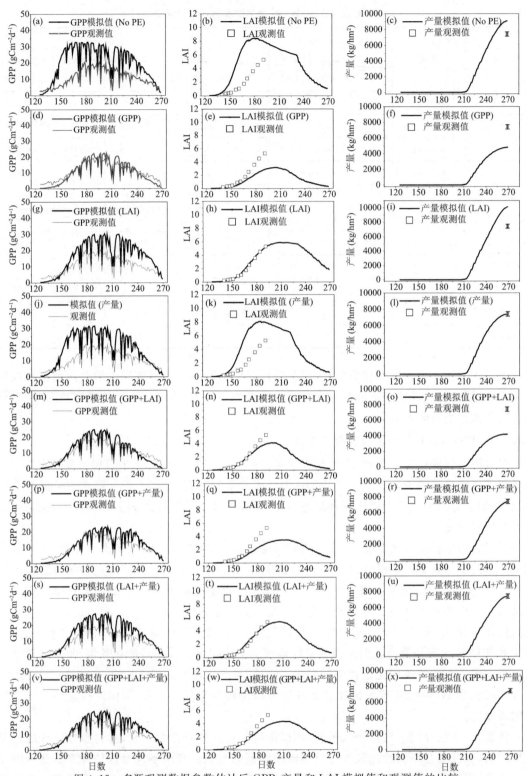

图 4.15　多源观测数据参数估计后 GPP、产量和 LAI 模拟值和观测值的比较

图中每一列表示不同的状态变量（GPP，LAI 和产量）；每一行代表在校正中使用的数据

（默认值，GPP，LAI，产量，GPP＋LAI，GPP＋产量，LAI＋产量，GPP＋LAI＋产量）

从图 4.15 中可以看出,参数估计前,模拟的 GPP、LAI 和产量存在较大误差,通过对地面 50 个小区的玉米观测产量和模拟产量进行比较,模拟产量明显较观测产量偏高,50 个小区的平均观测产量为 7409 kg/hm²(SD=279.25 kg/hm²),而模拟产量为 9085 kg/hm²,较观测值增加了 22.62%,根据各小区平均产量和模拟产量计算的产量平均误差、相对误差、和均方根误差均为 1676.00 kg/hm²,而 MRE 则为 0.23。对实地观测的 LAI 和模拟的 LAI 值进行比较,可看出同时期 LAI 观测值较低,而 LAI 模拟值较高,对整个生育期 10 次观测值和模拟值的比较,叶面积指数 4 种误差指标计算出来的误差分别为 3.19,2.49,3.19 和 3.70,根据模拟曲线可以看出,叶面积指数误差的产生主要是由于碳同化过程中对碳同化量模拟偏高引起。从同化速率和叶面积指数的模拟结果也可以说明产量的误差原因,因为产量的基础是净同化速率累积值,而净同化速率则主要同光合有效辐射和叶面积指数有关,在总同化速率和叶面积指数模拟偏高的情况下,产量模拟也会偏高。至于 GPP,4 种误差指标计算出来的误差分别为 9.45 g C/(m² · d),0.91,9.75 g C/(m² · d) 和 11.40 g C/(m² · d)。

参数估计后,这些状态变量的模拟结果得到不同程度的改善,模拟结果同观测结果比较一致(图 4.15)。但由于用于估计参数的地面观测的差异,所以得到的模拟结果也不相同。同时对融合几种观测值的模拟结果的误差进行了统计,结果如表 4.11 所示。

从图 4.15 和表 4.11 可以看出,仅采用 GPP 估计的参数带入模型后,同时改进了 GPP 和 LAI 的模拟结果,尤其是 GPP 的模拟结果,其中 GPP 模拟值的 RMSE 为 2.6787 g C/(m² · d),LAI 为 1.1239,但对产量的估计没有改善,模拟的产量误差从 1676.00 kg/hm² 增加到 2615 kg/hm²。如果仅采用 LAI 或者产量来估计参数,最后 LAI 和产量的模拟均会得到改善,但 GPP 的模拟结果,依然误差比较大。其次,可以看出,如果仅采用两种观测数据同化到作物生长模型中,优化模型参数,那么也不是所有的模型状态变量模拟结果都能被同时改进。例如,当 GPP 和 LAI 被同时引入到作物生长模型中,结果仅类似于单独同化 GPP 数据,产量估计仍然存在较大误差。只有同时采用 GPP、LAI 和产量的观测来估计参数,才能得到比较好的综合模拟结果,GPP 模拟值的 RMSE 为 4.1295 g C/(m² · d),产量为 3.67 kg/hm²,叶面积指数为 0.67,远低于未进行参数估计,以及仅采用单一观测估计参数的模拟结果,尤其是产量的估计结果,其他的误差指数也能很明显的说明这一情况(表 4.11)。这说明同时融合多源观测数据才能得到同作物生长发育全过程比较匹配的正确的参数数据集,能够校正整个作物生长模型动态曲线。

表 4.11　2008 年 WOFOST 模型模拟结果误差分析

误差指标	模拟误差							
	采用默认值	参数估计后						
		利用 GPP	利用 LAI	利用产量	利用 GPP 和 LAI	利用 GPP 和产量	利用 LAI 和产量	利用 GPP、LAI 和产量
ME								
GPP(g C/(m² · d))	9.4549	−1.0959	2.07	1.0513	0.985	1.6969	2.3526	2.5004
产量(kg/hm²)	1676	−2615	2702	−4	−3232	4	1	3
LAI	3.1933	−0.8085	0.0887	2.4624	−0.2858	−0.7622	0.0797	−0.4522
MRE								

误差指标	采用默认值	参数估计后						
		利用 GPP	利用 LAI	利用产量	利用 GPP 和 LAI	利用 GPP 和产量	利用 LAI 和产量	利用 GPP, LAI 和产量
GPP	0.91	−0.0987	0.1933	0.145	−0.0318	0.1812	0.2101	0.1346
产量(kg/hm²)	0.2262	−0.3529	0.3647	−0.0005	−0.4362	0.0005	0.0001	0.0004
LAI	2.4919	−0.4365	−0.0174	1.6425	−0.1288	−0.4070	0.0640	−0.2484
MAE								
GPP(g C/(m²·d))	9.745	1.522	2.2871	3.699	3.0856	1.6969	2.5631	3.4674
产量(kg/hm²)	1676	2615	2702	4.51	3232	4.11	1.23	3.67
LAI	3.1933	0.8085	0.1487	2.4624	0.3280	0.7622	0.2093	0.4522
RMSE								
GPP(g C/(m²·d))	11.4	2.6787	7.8534	9.2621	3.5118	3.6644	5.5501	4.1295
产量(kg/hm²)	1676.7	2615.0	2702.0	4.51	3232	4.11	1.23	3.67
LAI	3.7	1.1239	0.1991	2.9339	0.536	1.0673	0.2711	0.6733

在水分限制和养分限制条件下的玉米生产,和达到潜在作物产量和水分限制作物产量时所需的肥料施用量列于表 4.12。整个生长季,水分灌溉较为充分,所以水分仅仅对生物量累积有轻微影响,最终的产量也仅轻度受到这种胁迫的影响。轻度水分胁迫经常有助于生物量(干重)向生殖器官的转移。根据模拟结果,水分胁迫下的籽粒/茎秆比例更高,也证明了这一观点。养分对生物量积累和籽粒输出的影响也在表 4.12 中有所展示。在不施肥的情况下,产量减少 2.2%。要达到潜在条件和水分限制条件下的产量水平,仅需施少量的氮肥。土壤已经提供了较为充足的磷肥和钾肥,从土壤和肥料中得到的养分完全能够满足作物生长。

表 4.12　在水分限制条件下和养分限制条件下的玉米生长及施肥需求

	潜在生长	养分限制作物生长	水分限制作物生长
叶生物量(kg/hm²)	3928	3845	3696
茎生物量(kg/hm²)	7278	7124	7078
籽粒生物量(kg/hm²)	7414	7251	7412
籽粒/茎秆	0.66	0.66	0.69
收获指数	0.4	0.4	0.41
氮施肥量(kg/hm²)	10.3	—	3.2
磷施肥量(kg/hm²)	0.0	—	0.0
钾施肥量(kg/hm²)	0.0	—	0.0

4.4.3.4　参数估计后 WOFOST 模型验证

利用气象驱动数据、灌溉量和观测的作物生育期及校正后的参数数据集,模拟了 2009—2011 年盈科站点玉米生长发育过程。利用涡动相关系统观测的数据提取 GPP,用于验证模拟结果(图 4.16)。总体来说,模拟的 GPP 同观测的 GPP 一致,尤其是在 2010—2011 年,相关系数分别达到了 0.967 和 0.962,大多数时间模拟的 GPP 同观测的 GPP 非常一致(图 4.16b—c 和图 4.16e—f)。但 2011 年 7 月,玉米生长比较旺盛,模拟的 GPP 明显的比观测的 GPP 高。2009 年开花后,GPP 模拟值也比 GPP 观测值高,然而,即使在这种情况下,相关系数仍然达到了 0.941。另外,这一验证结果也表明,采用校正后的参数数据集,作物生长模型除了能较好地模拟作物生长外,也能较好的模拟碳循环过程的峰值和谷值。2009 年,GPP 模拟值的误差 ME、MRE、MAE 和 RMSE 分别是 1.83 g C/(m² · d),0.08,2.83 g C/(m² · d) 和 3.58 g C/(m² · d),2010 年分别是 −0.17 g C/(m² · d),−0.15,1.53 g C/(m² · d) 和 1.91 g C/(m² · d),2011 年则是 0.45 g C/(m² · d),−0.07,1.97 g C/(m² · d) 和 2.42 g C/(m² · d)。而采用默认参数值时,从 2009—2011 年,GPP 模拟值的 RMSE 分别是 10.62 g C/(m² · d),9.51 g C/(m² · d) 和 9.36 g C/(m² · d),GPP 模拟值误差明显高于参数校正前,其他的误差指标也能反映这一情况。

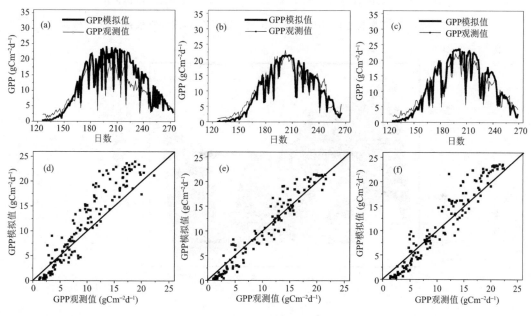

图 4.16　2009 年—2011 年 GPP 模拟值和观测值的比较

(a)—(c)为 2009—2011 年 GPP 模拟值和观测值的比较;(d)—(f)为 GPP 观测与模拟值的散点图

4.4.4　基于 EnKF 同化算法的区域玉米产量估计

4.4.4.1　基于 PROBE/CHRIS 数据提取区域 LAI

大量研究已经证明了冠层光谱反射率和植被指数能够反映 LAI 的变化,并可用于反演作物生物物理参数,因此在此基于 LAI 地面采样数据和遥感监测指标建立了 LAI 估算统计模型。某种程度上,统计模型暗示了一种尺度效应,如果混合像元中,作物所占比例较小的话,那么植被光谱信息或者植被指数就比较低。利用不同植被指数和统计表达式建立的统计模型结果表明,同其他的植被指数和统计关系模型相比,利用 6 月 18 日采集的 LAI 值和 NDVI 之间建立的统计关系,相关系数最高($R^2 = 0.5644$,图 4.17a)。利用其余的 LAI 观测值来验证建立的统计模型(图 4.17b),估计的 LAI 值和观测的 LAI 值的 RMSE 为 0.281,最大和最小相对误差分别为 0.353 和 −0.152。

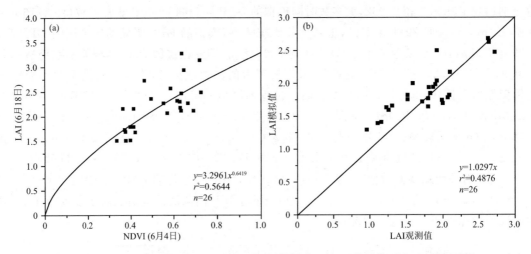

图 4.17　基于 LAI 观测值和 CHRIS-NDVI 数据建立的(a)统计模型和(b)模型验证

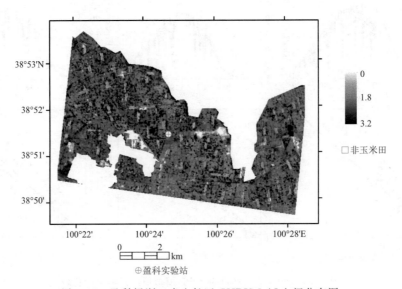

图 4.18　盈科绿洲玉米生长区 CHRIS-LAI 空间分布图

将建立的 LAI 统计模型用于反演区域玉米 LAI 空间分布图(图 4.18),从图 4.18 上可以看出,6 月 18 日玉米为生长初期,所以叶面积指数也比较小,LAI 值普遍小于 3.0,85.8% 的 LAI 值分布在 1.4~2.5(图 4.18),这主要是由于不同的作物生育期或者地表的空间异质性造成的 LAI 的空间变化。

4.4.4.2　基于 EnKF 同化算法的 CHRIS-LAI 估产同化试验

由于盈科绿洲普遍种植玉米品种 FL-2,所以校正的参数集可视为一个适应于该环境和该品种的参数数据集,可应用于该区域。由于地表特征和大田管理措施的空间异质性,区域尺度的玉米生长并不均匀。EnKF 可用于校正模型轨迹,按照 EnKF 算法的需求,需要提供模型误差和观测误差,以便于量化算法中模拟值和观测值的权重,在此采用文中和表 4.11 中的结果。在考虑 LAI 模拟和观测误差基础上,获得了 LAI 模拟集合和观测集合,最终得到更新的 LAI

值,用于接下来的作物生长模拟(图 4.19a),该状况更接近于区域作物生长和籽粒累积的真实情况,当应用到每一个像元时,模型曲线被校正,我们就能够获取一个能反映地面真实的区域作物生长情况的产量空间分布图,其空间分辨率同 CHRIS 数据一致。

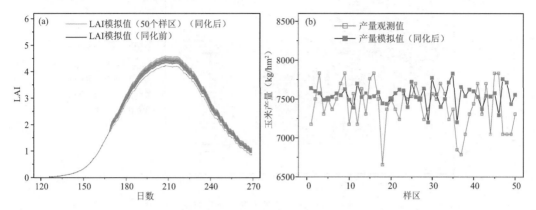

图 4.19　同化前后 50 个样区 LAI 模拟值比较(a)和同化后 50 个样区模拟产量和观测产量的比较(b)

利用黑河联合试验中盈科站点获取的 50 个样区的地面产量调查资料对同化结果进行评价。当没有观测信息融合到作物生长模型中时,整个研究区,仅能得到一个平均的 LAI 演化曲线和一个平均的产量值,在同化观测信息后,可以得到作物生长的空间异质性,提供了一个可视的区域作物生长空间分布状况。正如图 4.19a 所示,每一个样区都可以得到一个不同的生长曲线,偏离未融合 LAI 观测前的 LAI 演化曲线。每个样区的作物都按照不同的生长轨迹进行模拟,最终得到一个样区产量分布图(图 4.19b)。样区产量的 RMSE 为 339.14 kg/hm²。该同化试验表明,作物生长模型−观测同化技术提供了估计区域作物产量的新手段。

4.4.4.3　盈科绿洲玉米产量估计

作物生长模型−观测同化方法在预报区域作物产量方面提供了一种优势。在盈科绿洲的主要玉米种植区,我们应用作物产量估计同化方案,融合 CHRIS-LAI 数据,估计了盈科绿洲玉米种植区的玉米产量。利用每一个 CHRIS 像元作为一个模拟单元,并采用 EnKF 算法同化观测的状态变量值,每个像元的 CHRIS-LAI 都被视为同化状态变量的一个观测值。在每一个像元,EnKF 算法都被应用于作物生长模型中,同化观测的 LAI 值,用于 LAI 值的更新。通过逐像元模拟,整个 CHRIS-LAI 图像都被同化到 WOFOST 模型中,得到整个区域每个像元的 LAI 更新值,和最终的改进的产量空间估计结果。最终,区域尺度玉米产量的空间分布如图 4.20 所示。

从图 4.20 可以看出,该区域玉米产量主要分布在 8500 kg/hm² 以下,88.2% 的玉米种植区,产量为 7000～8000 kg/hm²,56.2% 的种植区域,玉米产量为 7000～7500 kg/hm²,32.0% 的区域玉米产量为 7500～8000 kg/hm²。如果该区域产量在平均值以下,那么可能这个区域的作物遭受了养分胁迫、病虫害、气象灾害等环境不利因素的影响。因此,这个结果也为灌溉、施肥和大田管理措施提供了直观的认识。

4.4.5　结论与讨论

作物生长模型主要用于模拟作物生长和产量预报。然而,模拟结果存在明显的不确定性,一方面是由模型结构引起的,由于模型仅仅是对作物生长的一种近似理解,但作物生长和产量

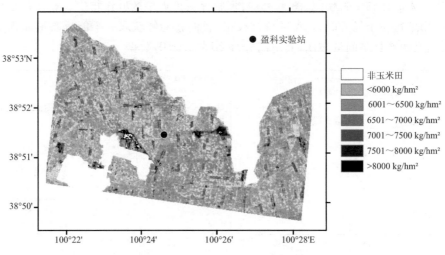

图 4.20　盈科绿洲产量空间分布图

形成则受到许多不确定因素的影响,如气象灾害等因子,在模型中尚不能完整体现,因此易使模拟结果偏离其作物生长实际轨迹和实际的最终产量。例如,在 WOFOST 模型中,仅考虑水分和养分限制因子,其他的产量限制因子(如病虫害、大田管理等)都没有考虑。一些过程,如灌溉,土壤水分平衡过程模拟,也都采用简化过程。通过比较不同的模拟方法,可以揭示模型在作物生长和产量预报过程中的不确定性,包括有关模型结构的不确定性,继而根据当地生态环境条件,改进模型结构和模型功能。

模拟结果不确定性的另一方面是由模型参数的不确定性引起的,精确的参数集对估计结果十分关键。然而,一些参数没有什么物理意义,或者很难获取。有的参数随时间变化,难以确定,有的参数无法同模型的时空尺度匹配。因此,参数误差是模型误差的另一个主要来源,通过参数校正可获取适应于当地环境的参数数据集。

为了减少模型参数和模型结构的不确定性,设计了通过两种同化算法用于区域产量估计。第一个同化过程,即参数估计方法,提供了一个适合于盈科绿洲的参数数据集,参数估计后,模拟结果明显改进,显示参数估计的必要性。Guerif 等(2000)也报道了采用参数估计算法后,对模型模拟结果的改进。同时探讨了同化多源观测资料在校正模型中的作用,3 个变量(GPP、LAI、产量)的多源观测,由于完整的描述了整个作物生长发育过程中的状态,所以同时同化这三种观测资料,可综合改进该区域作物生长模型对作物各生育过程的模拟精度。

但当应用到区域尺度上时,由于地表特征的异质性,模型参数表现了较大的空间差异,另外更多的分析也显示了参数随时间变化的特征(Zhu et al.,2011),如研究者在 6 个区域,对模型参数分别校正,结果表明 6 个区域参数后验分布存在明显差异(Ceglar et al.,2011)。但由于优化方法效率较低,对整个研究区的每个像元都进行参数估计并不现实。因此,采用了第二种同化方案,即顺序数据同化算法,提供了同化遥感数据,估计区域产量的可行方案,利用该方案,改进了区域尺度的产量估计。

此外,为了提高估算效果,减少空间异质性所产生的误差,在此选取了空间分辨率较高的PROBE/CHRIS 影像,来反演叶面积指数,由于区域叶面积指数采集时间同卫星过境时间不同,所以建立的统计模型存在一定的误差。作物整个生育期生物理化参数均有较大变化,尤其是生育盛期,变化迅速,也会在影像上及时反映,而获取同卫星影像实时匹配的、区域上的地面真实观测资料往往较为困难,因此增加了反演的困难。从前面的分析也可以看到,观测误差也会明显影响同化效果。随着未来野外观测试验的开展,获取更多的作物参数地面观测资料,以及反演算法的完善,会显著改善区域上状态变量的反演结果。另外,由于 CHRIS 数据具有较高的空间分辨率,但较低的时间分辨率,因此难以捕捉生长旺盛期的作物生长变化。因此,可尝试同化多种时空分辨率以及多源卫星影像数据,利用其多源信息的优势,得到更准确的作物长势变化图,并继而采用数据同化技术,得到更为准确的作物产量空间分布图。

其次,直接同化反演的状态变量值,观测误差中还包含了反演算法的误差,通过利用辐射传输模型作为观测模型,直接同化冠层反射率数据,也将降低观测误差对同化结果的影响。

WOFOST 模型中包含了土壤水分模块,但由于位于灌溉区域,灌溉水量较为充足,所以水分并不是其主要影响因子,通过模拟也发现,水分限制下的作物产量模拟结果和潜在生长条件下的作物产量模拟结果差异较小,但该模型应用于其他水分为限制因子的非灌溉农业区时,可通过直接同化微波获取的土壤水分产品,或土壤水分指数,或者直接采用微波辐射传输模型同化亮温数据等,来校正土壤水分的模拟,改进作物产量估计。

同时在此仅开展了小区域的玉米产量估计,相对于更大的空间尺度,如流域尺度,种植作物复杂多样,因此,利用细致的种植结构图,以及更为详细的多种作物地面观测资料,将得到更大空间尺度的、较为准确的作物产量空间分布图。

最后,WOFOST 模型是光能利用率模型,所以不仅能模拟作物产量,同时还可以模拟对 CO_2 的吸收和释放,描述农田生态系统碳循环过程,随着人类和气候变化之间的相互作用和响应,碳循环逐渐成为一个关注焦点,农田生态系统占了地表 1/3 面积,因此如何描述农田生态系统碳循环过程,估算农田生态系统碳吸收和碳释放量具有重要作用。前面的分析也表明了作物生长模型在估计总初级生产力中的潜力,然而,由于作物生长模型的目标主要是作物产量,对碳循环关注的较少,在作物生长模型中也缺少土壤呼吸模块,因此在 WOFOST 模型中,耦合土壤碳交换过程,将有助于精确地估计区域碳循环。

参考文献

包姗宁,曹春香,黄健熙,等,2015.同化叶面积指数和蒸散发双变量的冬小麦产量估测方法[J].地球信息科学学报,17(7):871-882.

蔡福,米娜,纪瑞鹏,等,2019.基于锦州春玉米田间试验的 WOFOST 模型参数的确定及性能评价[J].生态学杂志,38(4):1238-1248.

曹卫星,罗卫红,2000.作物系统模拟及智能管理[M].北京:华文出版社.

陈浩,2021.基于无人机遥感与 WOFOST 模型数据同化的夏玉米产量估计[D].杨凌:西北农林科技大学.

陈劲松,黄健熙,林珲,等,2010.基于遥感信息和作物生长模型同化的水稻估产方法研究[J].中国科学:信息科学,40(S1):173-183.

陈思宁,赵艳霞,申双和,2012.基于集合卡尔曼滤波的 PyWOFOST 模型在东北玉米估产中的适用性验证[J].中国农业气象,33(2):245-253.

陈艳玲,顾晓鹤,宫阿都,2018.基于 EFAST 方法的 WOFOST 作物模型参数敏感性分析[J].河南理工大学学报(自然科学版),37(3):72-78.

陈振林,张建平,王春乙,等,2007.应用 WOFOST 模型模拟低温与干旱对玉米产量的综合影响[J].中国农业气象,28(4):440-442.

段丁丁,2019.基于遥感信息和DSSAT-SUBSTOR模型数据同化的区域马铃薯产量估算[D].北京:中国农业科学院.

冯利平,1995.小麦生长发育模拟模型(WHEAT SM)的研究[D].南京:南京农业大学.

高亮之,金之庆,李林,1982.中国不同类型水稻生育期的气象生态模式及其应用[J].农业气象(2):1-8.

高亮之,金之庆,黄耀,等,1994.作物模拟与栽培优化原理的结合—RCSODS[J].作物杂志(3):4-7.

高永刚,那济海,顾红,等,2007.黑龙江省马铃薯气候生产力特征及区划[J].中国农业气象,28(3):275-280.

何亮,赵刚,靳宁,等,2015.不同气候区和不同产量水平下APSIM-Wheat模型的参数全局敏感性分析[J].农业工程学报,31(14):148-157.

黄健熙,马鸿元,田丽燕,等,2015.基于时间序列LAI和ET同化的冬小麦遥感估产方法比较[J].农业工程学报,31(4):197-203.

黄健熙,贾世灵,马鸿元,等,2017.基于WOFOST模型的中国主产区冬小麦生长过程动态模拟[J].农业工程学报,33(10):222-228.

江铭诺,2018.基于资料同化方法的山东省夏玉米估产研究试验[D].上海:华东师范大学.

姜浩,2011.基于作物模型同化遥感物候信息的冬小麦估产方法研究[D].成都:电子科技大学.

姜志伟,陈仲新,任建强,等,2012.粒子滤波同化方法在CERES-Wheat作物模型估产中的应用[J].农业工程学报,28(14):138-146.

金秀良,2015.基于Aqoa Crop模型与多源遥感数据的北方冬小麦水分利用效率估算[D].扬州:扬州大学.

靳华安,王锦地,柏延臣,等,2012.基于作物生长模型和遥感数据同化的区域玉米产量估算[J].农业工程学报,28(6):162-173.

李颖,陈怀亮,田宏伟,等,2019.同化遥感信息与Wheat SM模型的冬小麦估产[J].生态学杂志,38(7):2258-2264.

李振海,2016.基于遥感数据和气象预报数据的DSSAT模型冬小麦产量和品质预报[D].杭州:浙江大学.

刘维,王冬妮,侯英雨,等,2018.基于吉林省观测土壤水分的WOFOST模型模拟研究[J].气象,44(10):1352-1359.

刘正春,徐占军,毕如田,等,2021.基于4DVAR和EnKF的遥感信息与作物模型冬小麦估产[J].农业机械学报,52(6):223-231.

潘海珠,2020.基于作物多模型遥感数据同化的区域冬小麦生长模拟研究[D].北京:中国农业科学院.

潘学标,韩湘玲,石元春,1996.一个可用于栽培管理的棉花生长发育模拟模型——COTGROW[J].中国农业科学,29(1):94.

彭星硕,2021.基于无人机多光谱遥感与作物模型耦合的旱区夏玉米估产研究[D].杨凌:西北农林科技大学.

戚昌瀚,谢大海,1994.水稻生长日历模拟模型(RICAM)的调控决策系统(RICOS)研究:I.水稻调控决策系统(RICOS)的系统结构设计[J].江西农业大学学报,16(4):323-327.

任建强,陈仲新,唐华俊,等,2011.基于遥感信息与作物生长模型的区域作物单产模拟[J].农业工程学报,27(8):257-264.

宋艳玲,董文杰,2006.1961—2000年干旱对我国冬小麦产量的影响[J].自然灾害学报,15(6):235-240.

孙妍,2012.MODIS LAI与作物生长模型同化方法研究[D].长春:中国科学院研究生院(东北地理与农业生态研究所).

孙忠富,陈人杰,2003.温室番茄生长发育动态模型与计算机模拟系统初探[J].中国生态农业学报,11(2):90-94.

谭君位,崔远来,汪文超,2020.中国不同水稻生长环境下ORYZA(v3)模型参数全局敏感性分析[J].农业工程学报,36(20):153-163.

谭正,2012.基于SAR数据和作物生长模型同化的水稻长势监测与估产研究[D].北京:中国地质大学.

滕晓伟,董燕生,沈家晓,等,2015.Aqua Crop模型对旱区冬小麦抗旱灌溉的模拟研究[J].中国农业科学,48

(20):4100-4110.

汪存华,于敏,李旭青,等,2018.遥感大数据在我国县域农业中的应用[J].伊犁师范学院学报(自然科学版),
　　12(3):47-52.

王东伟,王锦地,梁顺林,2010.作物生长模型同化 MODIS 反射率方法提取作物叶面积指数[J].中国科学:地
　　球科学,40(1):73-83.

王航,朱艳,马孟莉,等,2012.基于更新和同化策略相结合的遥感信息与水稻生长模型耦合技术的研究[J].
　　生态学报,32(14):4505-4515.

王利民,姚保民,刘佳,等,2019.基于 SWAP 模型同化遥感数据的黑龙江南部春玉米产量监测[J].农业工程
　　学报,35(22):285-295.

王鹏新,孙辉涛,解毅,等,2016.基于 LAI 和 VTCI 及粒子滤波同化算法的冬小麦单产估测[J].农业机械学
　　报,47(4):248-256.

王鹏新,胡亚京,李俐,等,2020.基于 EnKF 和随机森林回归的玉米单产估测[J].农业机械学报,51(9):
　　135-143.

王维,刘翔舸,王鹏新,等,2011.条件植被温度指数的四维变分与集合卡尔曼同化方法[J].农业工程学报,27
　　(12):184-190.

王伟童,2020.基于遥感和 DSSAT 模型的夏玉米优化模式研究[D].郑州:郑州大学.

王一明,2018.干旱条件下基于 WOFOST 模型与遥感数据同化的玉米产量模拟改进研究[D].北京:中国科
　　学院大学(中国科学院遥感与数字地球研究所).

吴伶,刘湘南,周博天,等,2012.多源遥感与作物模型同化模拟作物生长参数时空域连续变化[J].遥感学报,
　　16(6):1173-1191.

吴尚蓉,2019.基于流依赖背景误差同化系统的冬小麦估产研究[D].北京:中国农业科学院.

项艳,2009.AquaCrop 模型在华北地区夏玉米生产中的应用研究[D].泰安:山东农业大学.

解毅,王鹏新,刘峻明,等,2015.基于四维变分和集合卡尔曼滤波同化方法的冬小麦单产估测[J].农业工程
　　学报,31(1):187-195.

解毅,王鹏新,张树誉,等,2017.基于粒子滤波和多变量权重的冬小麦估产研究[J].农业机械学报,48(10):
　　148-155.

谢文霞,王光火,张奇春.2006.WOFOST 模型的发展及应用[J].土壤通报(1):154-158.

邢会敏,李振海,徐新刚,等,2017a.基于遥感和 Aqua Crop 作物模型的多同化算法比较[J].农业工程学报,
　　33(13):183-192.

邢会敏,相诗尧,徐新刚,等,2017b.基于 EFAST 方法的 Aqua Crop 作物模型参数全局敏感性分析[J].中国
　　农业科学,50(1):64-76.

邢亚娟,刘东升,王鹏新,2009.遥感信息与作物生长模型的耦合应用研究进展[J].地球科学进展,24(4):
　　444-451.

闫岩,柳钦火,刘强,等,2006.基于遥感数据与作物生长模型同化的冬小麦长势监测与估产方法研究[J].遥
　　感学报,10(5):804-811.

杨鹏,吴文斌,周清波,等,2007.基于作物模型与叶面积指数遥感影像同化的区域单产估测研究[J].农业工
　　程学报,23(9):130-136.

姚宁,周元刚,宋利兵,等,2015.不同水分胁迫条件下 DSSAT-CERES-Wheat 模型的调参与验证[J].农业工
　　程学报,31(12):138-150.

殷新佑,1994.水稻发育温度效应的非线性模型及其应用[J].作物学报,20(6):692-699

于海洋,2020.基于作物生长模型的吉林西部地块玉米产量遥感估算研究[D].长春:吉林大学.

张超,2018.基于高光谱数据与 SAFY-FAO 作物模型同化的冬小麦生长监测与模拟研究[D].杨凌:西北农林
　　科技大学.

张树誉,孙辉涛,王鹏新,等,2017.基于同化叶面积指数和条件植被温度指数的冬小麦单产估测[J].干旱地区农业研究,35(6):266-271.

张铁楠,付驰,李晶,等,2013.基于寒地春小麦 Aqua Crop 与 WOFOST 模型适应性验证分析[J].作物杂志(3):121-126.

张阳,2018.基于 LAI 的吉林春玉米作物模型与遥感的同化及灌溉模拟[D].南京:南京信息工程大学.

赵艳霞,秦军,周秀骥,2005.遥感信息与棉花模型结合反演模型初始值和参数的研究[J].棉花学报,17(5):280-284.

周彤,2019.基于 WOFOST 模型与无人机图像同化的小麦产量估测[D].扬州:扬州大学.

朱元励,朱艳,黄彦,等,2010.应用粒子群算法的遥感信息与水稻生长模型同化技术[J].遥感学报,14(6):1226-1240.

BENSON J,ZIEHN T,DIXON N S,et al,2008. Global sensitivity analysis of a 3D street canyon model—Part Ⅱ:Application and physical insight using sensitivity analysis[J]. Atmospheric Environment,42:1874-1891.

BORGONOVO E,CASTAINGS W,TARANTOLA S,2012. Emulators in Moment Independent Sensitivity Analysis:An Application to Environmental Modelling[J]. Environmental Modelling & Software,34:105-115.

CEGLAR A,CREPINSEK Z,KAJFEZ-BOGATAJ L,et al,2011. The simulation of phenological development in dynamic crop model:The bayesian comparison of different methods[J]. Agricultural and Forest Meteorology,151:101-115.

CHILDS S W,GILLEY J R,SPLINTER W E,1977. A simplified model of corn growth under moisture stress[J]. Transactions of the ASAE,20(5):858-865.

CONFALONIERI R,2010. Monte Carlo based sensitivity analysis of two crop simulators and considerations on model balance[J]. European Journal of Agronomy,33:89-93.

DEJONGEA KC,ASCOUGH J C,AHMADI M,et al,2012. Global sensitivity and uncertainty analysis of a dynamic agroecosystem model under different irrigation treatments[J]. Ecological Modelling,231:113-125.

DE WIT C T,1965. Photosynthesis of leaf canopies[M]. Netheralnds Wageningen:Centre for Agricultual Publications and Doucumentation:Agricultural Research Report,No 663.

De Wit C T,1970. Dynamic concepts in biology[C]//Predictdin and management of photosynthetic productivity. Proceedings International Biological Program/Plant Production Technical Meeting. Netheralnds Wageningen:Centre for Agricultual Publications and Doucumentation:17-23.

DE WIT A J W,VANDIEPEN C A,2007. Crop model data assimilation with the ensemble Kalman filter for improving regional crop yield forecasts[J]. Agricultural and Forest Meteorology,146(1-2):38-56.

DENTE L,SATALINO G,MATTIA F,et al,2008. Assimilation of leaf areas index derived from ASAR and MERIS data into CERES-Wheat model to map wheat yield[J]. Remote Sensing of Environment,112(4):1395-1407.

DENTE L,RINALDI M,MATTIA F,et al,2005. Retrieval of wheat LAI and yield maps from ENVISAT ASAR AP data:Matera case study[C]//AIP Conference Proceedings. Naples,Italy,852(1):250-257.

DONG Y,WANG J,LI C,et al,2013. Comparison and analysis of data assimilation algorithms for predicting the leaf area index of crop canopies[J]. IEEE Journal of Selected Topics in Applied Earth Observations and Remote Sensing,6(1):188-201.

DONG T F,LIU J G,QIAN B D,et al,2016. Estimating winter wheat biomass by assimilating leaf area index derived from fusion of Landsat-8 and MODIS data[J]. International Journal of Applied Earth Observation and Geoinformation,49:63-74.

DORAISWAMY P C,SINCLAIR T R,HOLLINGER S,et al,2005. Application of MODIS derived parameters for regional crop yield assessment[J]. Remote Sensing of Environment,97(2):192-202.

DUAN Q, SOROOSHIAN S,GUPTA V,1992. Effective and efficient global optimization for conceptual rainfall-runoff models[J]. Water Resource Research,28(4):1015-1031.

FANG H L,LINAG S L,HOOGEBBOOM G,et al,2008. Corn yield estimation through assimilation of remotely sensed data into the CSM-CERES-Maize model[J]. International Journal of Remote Sensing,29(10):3011-3032.

FANG H L,LINAG S L,HOOGEBBOOM G,2011. Integration of MODIS LAI and vegetation index products with the CSM-CERES-Maize model for corn yield estimation[J]. International Journal of Remote Sensing,32(4):1039-1065.

FARAHANI H J,IZZI G,OWEIS T Y,2009. Parameterization and evaluation of the AquaCrop model for full and deficit irrigated cotton[J]. Agronomy Journal,101(3):469-476.

FOSCARINI F,BELLOCCHI G,CONFALONIERI R,et al,2010. Sensitivity analysis in fuzzy systems:Integration of SimLab and DANA[J]. Environmental Modelling & Software,25:1256-1260.

FRANCOS A,ELORZA FJ,BOURAUI F,et al,2003. Sensitivity analysis of distributed environmental simulation models:understanding the model behaviour in hydrological studies at the catchment scale[J]. Reliability Engineering & System Safety,79:205-218.

GAO C,WANG H,WENG E S,et al,2011. Assimilation of multiple data sets with the Ensemble Kalman filter to improve forecasts of forest carbon dynamics[J]. Ecological Application,21(5):1461-1473.

GARCÍA-VILA M, FERERES E, MATEOS L, et al, 2009. Deficit irrigation optimization of cotton with AquaCrop[J]. Agronomy Journal,101(3):447.

GEERTS S,RAES D,GARCIA M,2010. Using AquaCrop to derive deficit irrigation schedules[J]. Agricultural Water Management,98(1):213-216.

GILARDELLI C,CONFALONIERI R,CAPPELLI G A,et al,2018. Sensitivity of WOFOST-based modelling solutions to crop parameters under climate change[J]. Ecological Modelling,368:1-14.

GINOT V,GABA S,BEAUDOUIN R,et al,2006. Combined use of local and ANOVA-based global sensitivity analysed for the investigation of a stochastic dynamic model:application to the case study of an individual-based model of a fish population[J]. Ecological Modelling,193:479-491.

GUERIF M,DUKE C,1998. Calibration of the SUCROS emergence and early growth module for Sugarbeet using optical remote sensing data assimilation[J]. European Journal of Agronomy,9(2-3):127-136.

GUERIF M,DUKE C L,2000. Adjustment procedures of a crop model to the site specific characteristics of soil and crop using remote sensing data assimilation[J]. Agriculture,Ecosystems and Environment,81:57-59.

HAN X J,LI X,2008. An evaluation of the nonlinear/non-Gaussian filters for the sequential data assimilation [J]. Remote Sensing of Environment,112:1434-1449.

HEINZEL V,WASKE B,BRAUN M,et al,2007. Remote sensing data assimilation for regional crop growth modelling in the region of Bonn(Germany)[C]. Geoscience and Remote Sensing Symposium,IGARSS.

HELTON J C,DAVIS F J,JOHNSON J D,2005. A comparison of uncertainty and sensitivity analysis results obtained with random and Latin hypercube sampling[J]. Reliability Engineering and System Safety,89:305-330.

HU S,SHI L S,ZHA Y Y,et al,2017. Simultaneous state-parameter estimation supports the evaluation of data assimilation performance and measurement design for soil-water-atmosphere-plant system[J]. Journal of Hydrology,555:812-831.

HUANG Y,YU Y Q,ZHANG W,et al,2009. Agro-C:A biogeophysical model for simulating the carbon budget of agroecosystems[J]. Agricultural and Forest Meteorology,149(1):106-129.

HUANG J X,MA H Y,SU W,et al,2015. Jointly assimilating MODIS LAI and ET products into the SWAP model for winter wheat yield estimation[J]. IEEE Journal of Selected Topics in Applied Earth Observations and Remote Sensing,8(8):4060-4071.

HUANG J X,TIAN L Y,LIANG S L,et al,2015. Improving winter wheat yield estimation by assimilation of the leaf area index from Landsat TM and MODIS data into the WOFOST model[J]. Agricultural and Forest Meteorology,204:106-121.

HUANG J X,SEDANO F,HUANG Y B,et al,2016. Assimilating a synthetic Kalman filter leaf area index series into the WOFOST model to improve regional winter wheat yield estimation[J]. Agricultural and Forest Meteorology,216:188-202.

HUFFMAN E,YANG J,GAMEDA S,et al,2001. Using simulation and budget models to scale up nitrogen leaching from field to region in Canada[J]. The Scientific World Journal,1:699-706.

INES A V M,HONDA K,DASGUPTA A,et al,2006. Combining remote sensing-simulation modeling and genetic algorithm optimization to explore water management options in irrigated agriculture[J]. Agricultural Water Management,83(3):221.

JANSSEN B H,GUIKING F,EIJK D,et al,1990. A system for quantitative evaluation of the fertility of tropical soils(QUEFTS)[J]. Geoderma,46(4):299-318.

JÉGO G,PATTEY E,LIU J G,2012. Using leaf area index,retrieved from optical imagery,in the STICS crop model for predicting yield and biomass of field crops[J]. Field Crops Research,131:63-74.

JI J M,CAI H J,HE J Q,et al,2014. Performance evaluation of CERES-Wheat model in Guanzhong Plain of Northwest China[J]. Agricultural Water Management,144:1-10.

JIN H A,LI A N,WANG J D,et al,2016. Improvement of spatially and temporally continuous crop leaf area index by integration of CERES-Maize model and MODIS data[J]. European Journal of Agronomy,78:1-12.

JIN X L,LI Z H,YANG G J,et al,2017. Winter wheat yield estimation based on multi-source medium resolution optical and radar imaging data and the AquaCrop model using the particle swarm optimization algorithm[J]. ISPRS Journal of Photogrammetry and Remote Sensing,126:24-37.

KRUGER J,1993. Simulated annealing-a tool for data assimilation into an almost steady model state[J]. Journal of Physical Oceanography,23(4):679-688.

LAMBONI M,MAKOWSKI D,LEHUGER S,et al,2009. Multivariate global sensitivity analysis for dynamic crop models[J]. Field Crops Research,113:312-320.

LI X,LI X W,LI Z Y,et al,2009. Watershed applied telemetry experimental research[J]. Journal of Geophysical Research,114(D22103).

LI Y,ZHOU Q G,ZHOU J,et al,2014. Assimilating remote sensing information into a coupled hydrology-crop growth model to estimate regional maize yield in arid regions[J]. Ecological Modelling,291:15-27.

LIU J G,PATTEY E,MILLER J R,et al,2010. Estimating crop stresses,aboveground dry biomass and yield of corn using multi-temporal optical data combined with a radiation use efficiency model[J]. Remote Sensing of Environment,114(6):1167-1177.

LIU J M,HUANG J X,TIAN L Y,et al,2014. Particle filter-based assimilation algorithm for improving regional winter wheat yield estimation[J]. Sensor Letters,12(3-4):763-769.

LOOMIS R S,WILLIAMS W A,1963. Maximum crop productivity:an estimate[J]. Crop Science,3:67-72.

LUQUET D,DINGKUHN M,KIM H,et al,2006. Eco Meristem,a model of morphogenesis and competition among sinks in rice. Ⅰ. Concept, validation and sensitivity analysis[J]. Functional Plant Biology, 33: 309-323.

MA Y P, WANG S L, ZHANG L, et al, 2008. Monitoring winter wheat growth in North China by combining a crop model and remote sensing data[J]. International Journal of Applied Earth Observation and Geoinformation, 10(4): 426-437.

MA G N, HUANG J X, WU W B, et al, 2013. Assimilation of MODIS-LAI into the WOFOST model for forecasting regional winter wheat yield[J]. Mathematical and Computer Modelling, 58(3-4): 634-643.

MANGIAROTTI S, MAZZEGA P, JARLAN L, et al, 2008. Evolutionary biobjective optimization of a semi-arid vegetation dynamics model with NDVI and σ^0 satellite data[J]. Remote Sensing of Environment, 112(4): 1365-1380.

MARLETTO V, VENTURA F, FONTANA G, et al, 2007. Wheat growth simulation and yield prediction with seasonal forecasts and a numerical model[J]. Agricultural and Forest Meteorology, 147(1-2): 71-79.

MARTRE P, WALLACH D, ASSENG S, et al, 2015. Multimodel ensembles of wheat growth: many models are better than one[J]. Global Change Biology, 21(2): 911-925.

MASS S J, 1988. Using satellite data to improve model estimates of crop yield[J]. Agronomy Journal, 80(4): 655-662.

MCCOWN R L, HAMMER G L, HARGREAVES J N G, et al, 1996. APSIM: a novel software system for model development, model testing, and simulation in agricultural systems research[J]. Agricultural Systems, 50(3): 255-271.

MONSI M, SAEKI T, 1953. Über den Lichtfaktor in den Pflanzengesellschaften und seine Bedeutung für die Stoffproduktion[J]. Japanese Journal of Botany, 14: 22-52.

NEARING G S, CROW W T, THORP K R, et al, 2012. Assimilating remote sensing observations of leaf area index and soil moisture for wheat yield estimates: an observing system simulation experiment[J]. Water Resources Research, 48(5): W05525.

PENNING DE VRIES F W T, VAN LAAR H H, 1982. Simulation of plant growth and crop production[M]. Wageningen: Simulation Monographs Pudoc: 307.

SILVESTRO P, PIGNATTI S, PASCUCCI S, et al, 2017. Estimating wheat yield in China at the field and district scale from the assimilation of satellite data into the AquaCrop and simple algorithm for yield(SAFY) models[J]. Remote Sensing, 9(5): 509.

SOBOL I M, 1993. Sensitivity estimates for nonlinear mathematical models[J]. Math Modeling & Computational Experiment, 14: 407-414.

STAPLETON H N, MEYERS R P, 1971. Modelling subsystems for cotton-the cotton plant simulation[J]. Transactions of the ASAE, 14(5): 950-953.

STEDUTO P, HSIAO T C, RAES D, et al, 2009. AquaCrop-the FAO crop model to simulate yield response to water: I. concepts and underlying principles[J]. Agronomy Journal, 101(3): 426-437.

SUPIT I, HOOIJER A A, VAN DIEPEN C A, 1994. System description of the WOFOST 6.0 crop simulation model implemented in CGMS. Volume 1: Theory and Algorithms[M]. Luxembourg: Office for Official Publications of the European Communities, EUR 15956.

TAO F L, ZHANG Z, LIU J Y, et al, 2009. Modelling the impacts of weather and climate variability on crop productivity over a large area: a new super-ensemble-based probabilistic projection[J]. Agricultural and Forest Meteorology, 149(5): 1266-1278.

THORP K R, WANG G, WEST A L, et al, 2012. Estimating crop biophysical properties from remote sensing data by inverting linked radiative transfer and ecophysiological models[J]. Remote Sensing of Environment,124:224-233.

VAN GRIENSVEN A,MEIXNER T,GRUNWALD S,et al,2006. A global sensitivity analysis tool for the parameters of multi-variable catchment models[J]. Journal of Hydrology,324:10-23.

VAN KEULEN H,1975. Simulation of water use and herbage growth in arid regions[M]. Netherlands, Wageningen:Simulation Monographs Pudoc.

VERHOEF W,BACH H,2003. Remote sensing data assimilation using coupled radiative transfer models[J]. Physics and Chemistry of the Earth,28(1-3):3-13.

VILLA-VIALANEIX N,FOLLADOR M,RATTO M,et al,2012. A comparison of eight metamodeling techniques for the simulation of N_2O fluxes and N leaching from corn crops[J]. Environmental Modelling & Software,34:51-66.

WANG T,LU C H,YU B H,2011. Production potential and yield gaps of summer maize in the Beijing-Tianjin-Hebei region[J]. Journal of Geographical Sciences,21(4):677-688.

XIE Y,WANG P X,BAI X J,et al,2017. Assimilation of the leaf area index and vegetation temperature condition index for winter wheat yield estimation using Landsat imagery and the CERES-Wheat model[J]. Agricultural and Forest Meteorology,246:194-206.

ZHANG X Y,WANG S F,SUN H Y,et al,2013. Contribution of cultivar,fertilizer and weather to yield variation of winter wheat over three decades:A case study in the North China Plain[J]. European Journal of Agronomy,50:52-59.

ZHU G F,LI X,SU Y H,et al,2011. Seasonal fluctuations and temperature dependence in photosynthetic parameters and stomatal conductance at the leaf scale of Populus euphratica Oliv[J]. Tree Physiology,31 (2):178-195.

第 5 章 展 望

粮食安全是关系到国计民生的战略性问题,是国家繁荣昌盛和人民安定生活的重要基础前提,重视农作物生产、稳定作物播种面积、优化作物品种结构、提高作物单产水平,对于保障粮食安全具有重要意义。其中,及时准确地监测作物生长状况,预测粮食产量,为农户实施田间管理措施和政府部门进行农业生产决策提供科学依据具有重要作用。

本书介绍了现有的作物生长发育监测和产量预报的统计学和动力学方法,详细梳理了利用这些方法开展作物生长监测和产量预报的国内外进展和存在的问题,并利用这些方法,开展了甘肃省多种作物的生长发育和产量预报研究。研究结果表明:以上方法可有效应用于作物生长监测和产量预报,不仅在实验研究中得到明显改善,而且在业务应用中可广泛推广。但在具体应用中,仍然存在一些明显的不足以及有意义的科学问题,需要在今后的工作中逐步改进完善,并进行深入研究,如:

(1)随着传感器、物联网、互联网、大数据、人工智能的发展,及现代农业发展的需求,可建立业务化运行的作物种植面积、长势、产量、病虫害状况的高效遥感监测与预警系统,推进遥感数据在农业领域的深层应用。

(2)不同尺度遥感技术存在各自优势,但基于多尺度遥感技术作物监测的研究相对较少,为了提高监测精度、稳定性和实用性,可结合作物特点进行数据融合,综合不同尺度遥感数据的优势,最终实现"星-空-地"一体化同步实时监测。

(3)高光谱遥感技术通过提取不同生物化学参数相对应的高光谱反射的敏感波段,并建立相应的估算数学模型,从而可对农作物水分变化、叶绿素含量、氮素含量等生物化学参数进行监测,还能够对植被种类、病虫害状况、土壤含水量、重金属含量等环境参数间接测量,从而能够对长势、产量、墒情等农业生产参数进行准确评估,为推动精准农业、智慧农业及农业可持续发展提供了有效手段。因此,可应用高光谱遥感技术,对农作物生长状态、产品品质、病害虫害等信息进行全面、快速、准确的监测。

(4)随着作物生长模型的发展,越来越多的生态环境过程将包含在作物生长模型中,更加复杂的参数化过程和更多的参数也增加了作物生长模型应用的难度。仿真模型的发展为模型简化提供了切实可行的办法,也为模型测试提供了一条新的途径,因此在未来的研究中,将仿真技术应用到作物生长模型以及相关模型中,测试新的参数敏感性算法和新的数据同化算法,将更加有利于对模型参数的了解和模型结构的改进,反之,也更有利于对作物生理生态过程的理解。

(5)在 WOFOST 模型中,针对作物生长发育的主要生理生态过程(光合、呼吸、蒸腾等)进行了建模,并且主要考虑了气象条件、水分和养分的作用,但在实际作物生产中,作物产量影响因素很多,如类似的病虫害、气象灾害等自然因素,以及除草、灌溉等人为因素。这些因素对产量的影响经常超过了作物自身的生长发育规律所形成的产量结果,但是这些因素,由于难以模拟,所以在目前的作物生长模型中很少涉及,即使涉及,参数化过程,以及参数的获取也很难实现。因此,在未来的模型发展中,可结合当地的自然以及人为环境,初步实现小区域尺度的、考虑更多的现实影响因素、适合当地生态环境和管理措施的,结合易用和全面的特征,对 WOFOST 模型进行改进。

(6)观测误差和模型误差是集合卡尔曼滤波算法中的一个关键要素,直接影响状态变量的更新和最终的模拟结果,也是该算法实现的一个难点,尤其是当应用到区域尺度时。因此,采用多源观测信息,尤其是大量的、密集的地面观测信息,度量误差信息,也可以提高模型模拟的精度。

附录 A 2017 年甘肃省冬小麦单产及总产量预报

A1 预报结论

依据冬小麦播种以来的农业气象条件、病虫害发生情况,通过冬小麦产量动态模型计算并参照未来农业气象条件预测,预计 2017 年甘肃省冬小麦单产量为 3060 kg/hm²,按照 56.33 万 hm² 播种面积计算,总产量为 172.4 万 t(表 A.1 和表 A.2)。

表 A.1 2016 年和 2017 年甘肃省冬小麦产量

作物种类	2016 年实际值			2017 年预报值		
	面积(万 hm²)	总产量(万 t)	单产量(kg/hm²)	面积(万 hm²)	总产量(万 t)	单产量(kg/hm²)
冬小麦	56.21	170.5	3033.5	56.33	172.4	3060

表 A.2 2017 年甘肃省冬小麦产量增减幅度

作物种类	趋势预报		定量预报(与上年相比)		
	单产量	总产量	单产量(%)	面积(%)	总产量(%)
冬小麦	平产年	平产年	0.9	0.2	1.1

A2 预报依据

A2.1 气象条件分析

2016 年冬前生长期(9—11 月),大部地方 0～30 cm 土壤相对湿度在 60% 以上,利于冬小麦苗期生长;其后冬季少雨干旱但影响不大。2017 年春季以来,冬麦区降水较多、场次分布比较均匀,冬麦返青起身生长条件较好。虽然去年伏秋降水少影响收墒,但预计 5 月中旬 6 月中旬冬麦区大部降水有偏多的趋势,冬小麦后期生长条件较好,需注意小麦条锈病的监测防治。

A2.1.1 主要有利气象条件分析

(1)播种至越冬前光、温、水匹配较好,冬小麦长势良好。

2016 年播种至越冬前(9 月下旬至 11 月),冬麦区大部耕作层土壤相对湿度在 60% 以上,气象条件利于冬小麦播种和苗期生长。10 月,冬麦区降水量较常年同期偏多 2～5 成,各地冬小麦播种质量高、苗壮苗全、无缺苗断垄现象。11 月,冬麦区气温偏高,墒情良好,光、温、水条件利于冬小麦冬前分蘖形成壮苗。

(2)冬小麦返青前后降水偏多,利于冬小麦返青起身。

2017 年 2 月 20—21 日、3 月 10—14 日冬麦区出现强降水过程,第一场透雨异常偏早,较常年提早约 50 d,基本解除了河东大部地方的前期旱情。3 月降水量与常年同期相比,冬麦区大部降水偏多 5 成至 2 倍,冬麦区墒情普遍良好,对冬小麦返青起身非常有利。

(3)需水关键期降水偏多,土壤墒情较好,利于冬小麦拔节孕穗和抽穗开花。

4 月 7—10 日、5 月 2—3 日,冬麦区出现强降水过程,过程累积降水部分地方超过 40 mm。4 月至 5 月上旬,冬麦区降水较常年同期偏多 2～7 成,充沛的降水对冬小麦拔节孕穗和抽穗开花都非常有利。

A2.1.2　主要不利气象条件分析

(1)2016 年伏秋降水少,对今年冬麦生产造成潜在威胁。

2016 年,甘肃省伏秋旱明显,7～9 月冬麦区降水量偏少 2～4 成,7 月 26 日至 8 月 15 日出现了最大范围的、持续时间最长的高温天气过程,影响麦田休闲期土壤蓄墒收墒。

(2)越冬期降水偏少,气温偏高,部分地方出现旱象。

冬麦区越冬期(2016 年 12 月至 2017 年 2 月中旬)气温偏高 2～3 ℃,降水大部分地方偏少 3～6 成,地面未形成积雪,部分地方冬小麦受旱,同时气象条件也易于麦田病菌孢子和虫卵越冬。

A2.2　冬小麦苗情状况与病虫害

截至 5 月 14 日,甘肃省冬小麦多为抽穗开花期,陇南市白龙江、白水江低半山及以下区域为灌浆乳熟期。从各市苗情调查情况来看,各市均以一、二类苗为主,麦苗植株健壮、叶色正常,总体好于去年同期。

小麦条锈病等病虫害在冬麦区各地已有不同程度发生,但程度较去年同期为轻。

A2.3　植被长势遥感监测

2017 年 5 月 3—5 日卫星合成资料监测分析,冬麦区的植被指数均在 0.3 以上。与去年同期相比,天水市西北部好于去年,陇南东部、天水东南部、平凉东部地区略差于去年,其余地方变化不大。

A2.4　社会经济因素

各级政府认真贯彻落实党中央和省委省政府一系列强农惠农政策,重点落实农业支持保护补贴、农机具购置补贴、种粮大县奖励、制种大县奖励、旱作农业等粮食生产的优惠扶持政策,支持耕地地力保护和粮食适度规模经营,充分调动农民种粮积极性。

A2.5　气象模型计算结果

基于气候适宜度、积分回归的冬小麦产量动态评估预报模型计算结果,2017 年甘肃省冬小麦单产量为 3060 kg/hm² 左右。

A2.6　未来天气展望

据短期气候预测:春末夏初(5 月中旬至 6 月中旬),临夏州、定西市南部、天水市、陇南市降水偏多 1～2 成,冬麦区其余地方偏少 2 成左右。

A3　生产建议

(1)加强麦田管理,及时中耕除草,苗势较弱的田块,及时增施化肥,促苗情转化升级。

(2)密切关注小麦病虫草害的发生发展动态,尤其是加强小麦条锈病的监测防治工作。

(3)进入汛期,甘肃省的局地对流性天气将逐渐增多,提请做好防灾减灾工作。

附录 B 2017 年甘肃省春小麦单产及总产量预报

B1 预报结论

根据全省春小麦播种以来的农业气象条件分析,通过其产量动态预报模型计算并参照未来农业气象条件预测等综合分析,预计 2017 年春小麦平均单产量为 4875 kg/hm²,按照 201.3 千公顷播种面积,总产量为 98.15 万 t(表 B.1)。

表 B.1 2017 年甘肃省春小麦单产、总产量预报

作物种类	预 报 值		与 2016 年相比		与近 5 年平均相比	
	单产量(kg/hm²)	总产量(万 t)	单产量(%)	总产量(%)	单产量(%)	总产量(%)
春小麦	4875	98.15	0.4	0.9	11.1	−1.3

B2 预报依据

B2.1 气象条件分析

B2.1.1 主要有利气象条件分析

(1)春播期天气晴好,春小麦播种进展顺利。

春播期(3 月中下旬),春麦区大部地方降水偏少,气温偏高,耕作层墒情较适宜,春小麦播种进展顺利。

(2)苗期光温水匹配较好,春小麦生长良好。

4 月春麦区气温偏高 1~2 ℃,降水比常年同期偏多 2 成以上,其中河西中部偏多 2~6 倍,利于春小麦苗期生长。

(3)拔节至开花期降水偏多,利于春小麦生长发育。

5 月上旬至中旬,春麦区降水较常年同期偏多 2~7 成,气温偏高,对春小麦拔节孕穗较为有利。进入 6 月以来,春麦区气温偏高,降水较常年同期偏多 2~9 成,对春小麦抽穗开花比较有利。

B2.1.2 主要不利气象条件分析

(1)2016 年伏秋降水少,对 2017 年粮食生产造成潜在威胁。

2016 年,甘肃省伏秋旱明显,7 月 26 日至 8 月 15 日出现了范围大的、持续时间长的高温天气过程,影响土壤蓄墒收墒。

(2)冬季降水偏少,气温偏高,不利于土壤蓄墒保墒。

2016/2017 年冬季春麦区气温偏高 2~3 ℃,降水大部分地方偏少 3~6 成,土壤失墒严

重,山旱地出现不同程度干旱,同时气象条件也易于病虫虫卵越冬。

B2.2　苗情分析与病虫害

截至 6 月底,全省大部春小麦处于灌浆乳熟期。据各市州苗情监测点监测:酒泉市一类苗占 40%,二类苗占 48%,三类苗占 12%。张掖市春小麦叶色正常、高度整齐、密度均匀,整体长势好于去年同期。武威市一类苗占 30%,二类苗占 50%,三类苗占 20%。兰州市旱地多为二类苗,共占播种面积的 50%左右,水地多为一类苗,占总播种面积 80%。临夏州一类苗占80%,二类苗占 15%、三类苗占 5%。

病虫害方面:总体来看,今年小麦病虫害对全省春小麦正常生长影响相对较轻,属正常年份,只要及时加以防治,不会对春小麦产量构成较大威胁。

B2.3　未来天气展望

据短期气候预测:预计 2017 年 7 月降水量与常年同期相比,河西大部降水偏多 2～3 成,省内其余地方偏少 2～3 成;气温与常年同期相比,全省偏高 1 ℃左右。

B3　生产建议

(1)加强春小麦后期田间管理工作,河西注意干热风的防御。

(2)做好小麦条锈病等病虫害的监测防治。

(3)注意局地暴雨、冰雹、阵性大风等灾害性天气的防御。

附录 C　2017 年甘肃省玉米产量、粮食产量预报

C1　预报结论

根据全省前期农业气象条件分析、主要农作物产量动态预报模型计算并参照未来农业气象条件预测等综合分析,预计:2017 年甘肃省玉米、粮食平均单产量分别为 5685 kg/hm^2 和 4095 kg/hm^2,面积分别按 97.0 万 hm^2 和 277.8 万 hm^2 计算,总产量分别为 551.4 万 t 和 1137.6 万 t(表 C.1 和表 C.2)。

表 C.1　甘肃省 2017 年玉米、粮食产量预报

作物种类	2016 年实际值			2017 年预报值		
	面积(万 hm^2)	总产量(万 t)	单产量(kg/hm^2)	面积(万 hm^2)	总产量(万 t)	单产量(kg/hm^2)
玉米	100.08	560.6	5601.0	97.00	551.4	5685
粮食	281.40	1140.6	4053.5	277.80	1137.6	4095

表 C.2　甘肃省 2017 年玉米、粮食产量增减幅度

作物种类	与 2016 年比		与近 5 年平均比	
	单产量(%)	总产量(%)	单产量(%)	总产量(%)
玉米	1.5	−1.6	0.2	−0.7
粮食	1.0	−0.3	1.7	−0.5

C2　预报依据

C2.1　夏粮生产形势概况

2016 年,甘肃省伏秋旱明显,其中 7—8 月全省降水量较常年偏少 2～4 成,影响麦田收墒;其后冬季降水偏少,但对冬小麦影响不大;2017 年春季以来,全省大部降水较多、场次分布比较均匀,冬、春小麦生长发育农业气象条件较好,入汛以来局地冰雹、暴雨等灾害天气较多,但对夏粮产量总体影响不大,甘肃省夏粮丰收已成定局。

C2.2　秋粮气象条件分析

2017 年秋粮播种至苗期生长阶段光、温、水匹配较好,降水场次较多、墒情适宜;进入夏季以来,甘肃省降水偏少、出现持续高温天气,部分地方旱象明显,对秋粮造成一定影响;关键期出现几次持续性降水过程,缓解旱区旱情,对秋粮产量形成较为有利。总体来看,今年秋粮生产形势略好于 2016 年。

C2.2.1　主要有利气象条件分析

(1)大秋作物播种期降水偏多,墒情适宜,播种出苗质量较高。

4月甘肃省气温偏高,上旬(4月7—10日)全省大部分地方出现强降水过程,各地墒情适宜,非常利于玉米、马铃薯播种出苗。

(2)秋粮苗期光温水适宜,长势良好。

秋粮苗期(5月上旬至6月上旬)气温适宜、日照充足,甘肃省大部地方降水偏多2~8成,其中5月2—3日、6月4—6日,全省大部出现强降水过程,墒情良好,利于玉米、马铃薯苗期生长,各地秋粮作物长势较好。

(3)需水关键期降水及时,旱情缓解,利于秋粮产量形成。

7月下旬以来,甘肃省张掖以东出现几次持续降雨天气过程,其中7月26—27日、8月6—7日,降水范围广、强度大,河东大部降水量普遍为20~50 mm,甘肃省大部地方旱情得到缓解,部分地方旱情解除,对玉米灌浆、马铃薯块茎膨大及小秋作物生长发育较为有利。

C2.2.2　主要不利气象条件分析

(1)伏期高温少雨,旱情发展,不利于玉米等作物生长发育。

6月中旬至7月中旬,甘肃省气温偏高1~3 ℃、降水大部偏少4~9成,陇中北部、庆阳市西北部、天水市西北部等地旱情发展蔓延,对玉米拔节孕穗、马铃薯开花不利。其中7月9—24日,全省大部出现持续高温天气,影响玉米开花授粉,导致结实率下降,同时也造成马铃薯结薯量减少。

(2)入汛以来,局地灾害性天气对粮食作物造成一定影响。

入汛以来,甘肃省河东局地阵性冰雹、雷雨、大风等强对流天气频次较多,造成部分地方作物不同程度受灾,对粮食生产有一定影响。

C2.3　苗情分析与病虫害

苗情:截至8月20日,甘肃省小麦已基本收割完毕,玉米大多处于灌浆乳熟期,马铃薯为块茎膨大期,小秋作物处在苗期生长阶段。据各市(州)气象局苗情监测点提供的资料,除庆阳市北部、白银市中南部,各地苗情以一、二类苗为主,长势与去年同期持平。

病虫害:据各市(州)气象局苗情监测点资料显示,玉米螟、红蜘蛛、大斑病、蚜虫在各地有不同程度发生,但对产量不构成威胁。

C2.4　气象卫星遥感资料分析

根据2017年8月EOS/MODIS卫星资料监测分析:与去年同期相比,酒泉东南部、张掖部分、金昌局部、天水东南部、陇南部分、庆阳北部局部地区植被好于去年,甘南部分、庆阳局部、临夏局部地区植被差于去年,其他地区植被变化不大。

C2.5　农业投入及农业技术措施改进情况

各级政府认真贯彻落实党中央和省委省政府一系列强农惠农政策,重点落实农业支持保护补贴、农机具购置补贴、种粮大县奖励、制种大县奖励、旱作农业等粮食生产的优惠扶持政策,支持耕地地力保护和粮食适度规模经营,充分调动农民种粮积极性。

C2.6　未来天气和气候预测

预计2017年8月21日至2017年9月20日,甘南州、陇南市、天水市降水偏多2成左右,省内其余地方偏少 1～2 成；全省大部气温偏高 1 ℃左右。

C3 生产建议

(1)汛期，加强雷雨、大风、冰雹等局地灾害性天气防范，旱区做好抗旱工作。

(2)加强玉米田间管理，谨防倒伏。

(3)加强马铃薯晚疫病等病虫害的监测防治。

附录 D　2017 年甘肃省马铃薯单产及总产量预报

D1　预报结论

依据马铃薯播种以来的农业气象条件、病虫害发生情况，通过马铃薯气象产量动态预报模型计算，预计 2017 年甘肃省马铃薯单产量为 3450 kg/hm²，按照 68.67 万 hm² 播种面积计算，总产量为 236.9 万 t（表 D.1）。

表 D.1　2017 年甘肃省马铃薯产量预报

作物种类	2017 年预报值		与 2016 年相比		与近 5 年相比	
	单产量(kg/hm²)	总产量(万 t)	单产量(%)	总产量(%)	单产量(%)	总产量(%)
马铃薯	3450	236.9	2.8	4.8(丰)	0.1	1.0

D2　预报依据

D2.1　气象条件分析

D2.1.1　主要有利气象条件分析

2017 年马铃薯播种前(4 月上中旬)，气温偏高，4 月 7—10 日全省大部分地方出现强降水过程，各地墒情适宜，为马铃薯播种出苗保证了水分条件。

播种至苗期(4 月下旬至 6 月上旬)，气温适宜、日照充足，甘肃省大部地方降水偏多 2～8成，其中 5 月 2—3 日、6 月 4—6 日，全省大部出现强降水过程，墒情适宜，各地马铃薯播种质量较高，出苗后长势良好。

块茎膨大—淀粉积累期(7 月下旬至 9 月中旬)，张掖以东出现几次持续降雨天气过程，解除甘肃省前期旱情，全省大部墒情良好，对马铃薯块茎膨大及淀粉积累较为有利。

D2.1.2　主要不利气象条件分析

分枝—开花期(6 月中旬至 7 月中旬)，甘肃省气温偏高 1～3 ℃、降水大部偏少 4～9 成，陇中北部、庆阳市西北部、天水市西北部等地旱情发展蔓延，对马铃薯生长发育不利。其中 7月 9—24 日，全省大部出现持续高温天气，土壤失墒严重，导致部分地方马铃薯底部叶片干枯，上部卷曲萎蔫，生育进程减缓或停滞，造成马铃薯结薯量减少。

8 月中、下旬，全省出现持续阴雨寡照天气易造成马铃薯晚疫病滋生蔓延。

D2.2　马铃薯苗情状况与病虫害

截至 9 月 20 日，甘肃省大部地方马铃薯正在收获或将要收获。据各市(州)气象局提供的资料，近期马铃薯晚疫病发生发展的气象风险等级较高，但由于防治及时，对产量不构成威胁。

D2.3　农业投入及农业技术措施改进情况

2017 年,大部地方普遍推广脱毒马铃薯和全膜双垄沟播马铃薯抗旱技术,科技含量进一步提高,为今年马铃薯稳产奠定了基础。

D2.4　未来天气展望

据短期气候预测:2017 年 9 月 21 日至 10 月 20 日,临夏州、甘南州、陇南市降水偏多 1～2 成,省内其余地方偏少 2 成左右;全省大部气温略偏高。

D3　生产建议

加强马铃薯田间管理,谨防马铃薯晚疫病,及时收获已成熟马铃薯,并做好存储。